DIFFERENTIAL EQUATIONS

제3판

미분방정식과 응용

김혜현 · 김경수 · 이선미 · 최선호 · 박준표 지음

KM 경문사

머리말

미분방정식은 17세기부터 체계적으로 발전되어 온 수학의 한 분야로 자연과학과 공학을 공부하는 학생들은 필수적으로 학습해야 하는 과목이다.

일반적으로 자연과학, 공학의 문제에 대한 수학의 응용은 크게 세 단계로 나누어 생각할 수 있다. 먼저 주어진 여러 정보를 수학적 형태로 바꾸고, 수학적 방법을 활용하여 주어진 문제에 대한 모형과 수식을 얻고, 마지막으로 수학적 해법으로 얻은 결과를 각 문제에 적합하게 해석하는 것이다. 기본적인 미분적분학의 지식을 가진 학생이 소개한 응용의 세 단계를 모두 다루어 각 전공의 문제에 응용하고 본질을 이해할 수 있도록 이 책을 구성하였다. 또한 가능한 한 친절한 개념 정리와 해설, 관련 예제와 응용 문제의 풀이, 풍부한 연습 문제를 제시하고, 대부분 연습문제의 해답을 제공하여 학습에 많은 도움을 줄 수 있을 것으로 기대한다. 이를 통하여 실제 현장에서 일어나는 여러 가지 응용 문제의 해법을 개딸을 수 있을 것이다.

전반적인 내용은 일변수 함수의 상미분방정식의 다양한 해법과 이변수 이상의 다변수 함수에 대한 편미분방정식, Fourier 급수 등을 포함하고 있다. 따라서 이 책은 미분방정식을 필요로 하는 자연과학, 공학 전공의 학생들을 위한 기본 교과서 또는 참고 도서로 적당할 것이다. 이러한 취지에 부응하기 위하여 최선을 다했지만 아직 보완해야 할 많은 점이 있으리라 생각하며, 앞으로 많은 분들의 조언을 얻어 점차 수정하려고 한다.

마지막으로 어려운 여건 중에서도 이 책이 출간될 수 있도록 힘써 주신 경문사 관계자 여러분께 진심으로 감사드린다.

2022년 여름

저자 일동

차례

제1장 미분방정식의 기초와 일계미분방정식

제2장 선형미분방정식

제3장

연립미분방정식, 상평면, 안정성

제4장

미분방정식의 거듭제곱급수 해법

제5장

Laplace 변환

제6장

Fourier 급수

제7장

편미분방정식

부록

01 미분방정식의 기초와 일계미분방정식

1.1 미분방정식의 기초와 응용

일반적으로 도함수를 포함하는 방정식을 미분방정식(differential equation)이라 한다. 이때 미분방정식에 포함되는 도함수가 일변수함수의 도함수인 경우와 이변수 이상의 다변수함수인 경우로 나누어 이 미분방정식을 각각 상미분방정식(ordinary differential equation), 편미분방정식(partial differential equation)이라 한다. 예를 들어

$$\frac{dy}{dx}=x+2,\ \ \frac{d^2y}{dx^2}+4\frac{dy}{dx}+3y=0,\ \ \left(\frac{d^2y}{dx^2}\right)^3+2y\left(\frac{dy}{dx}\right)^2=3e^{3x} \qquad (1)$$

는 상미분방정식이며

$$\frac{\partial z}{\partial x}+\frac{\partial z}{\partial y}=0,\ \ \frac{\partial^2 z}{\partial x^2}+\frac{\partial^2 z}{\partial y^2}-z=0,\ \ \left(\frac{\partial z}{\partial x}\right)^2+\left(\frac{\partial z}{\partial y}\right)^2=z \qquad (2)$$

은 편미분방정식이다.

또한 미분방정식에 포함되는 최고계의 도함수의 계수를 그 미분방정식의 계수(order)라 하고, 최고계의 도함수의 차수를 그 미분방정식의 차수(degree)라 한다. 즉 식 (1)의 세 번째는 2계 3차이며, 식 (2)의 세 번째는 1계 2차이다. 이제부터 이 장에서는 상미분방정식을 미분방정식이라 부르기로 한다. 함수 $y=g(x)$가 어떤 구간, 예를 들어 $a<x<b$(무한구간도 가능)에서 정의되고 미분가능하며 또 구간 $a<x<b$에서, 주어진 어떤 일계미분방정식이 y와 y' 대신에 g와 g'를 각각 대입하여 미분방정식이 항등적으로 성립하면 함수 $y=g(x)$를 이 미분방정식의 해(solution)라고 한다.

예를 들면 함수 $y=g(x)=e^{2x}$은 모든 x에 대하여 일계미분방정식 $y'=2y$의 하나의 해가 된다. 왜냐하면 $y=e^{2x}$, $y'=2e^{2x}=2y$이기 때문이다.

다음으로 각 함수

$$y=e^x,\ \ y=2e^x,\ \ y=-\frac{8}{3}e^x$$

는 모든 x에 대하여 미분방정식 $y' = y$의 해임을 쉽게 알 수가 있다. 뒤에서 이 방정식의 임의의 해는

$$y = ce^x \tag{3}$$

와 같은 형태가 되는 것을 알게 된다. 여기에서 c는 상수이다. 임의의 상수 c에 대해 (3)은 방정식 $y' = y$의 모든 해를 나타낸다(그림 1.1 참조).

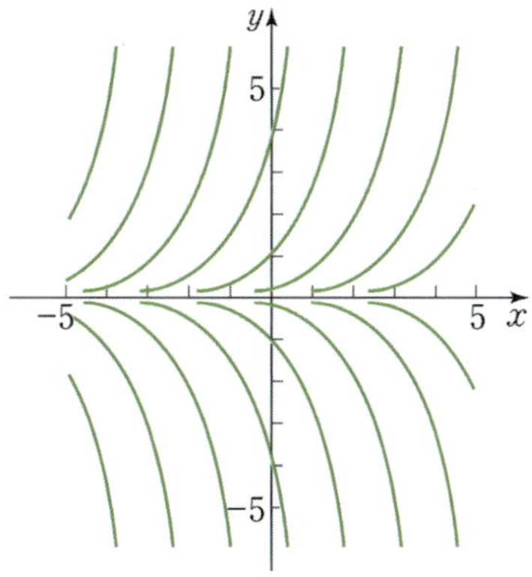

그림 1.1 ▌ $y' = y$의 해

따라서 하나의 미분방정식은 한 개 이상의 해 또는 무한히 많은 해를 가질 수 있고, 이것은 임의 상수 c를 포함하는 단 하나의 식으로 표시될 수 있다. 하나의 임의 상수를 포함하는 이와 같은 함수를 이에 대응하는 미분방정식의 일반해(general solution)라고 부른다. 또 이 상수에 특정한 값을 주어서 얻는 해를 특수해(particular solution)라고 부른다. 그러므로 $y = ce^x$는 방정식 $y' = y$의 일반해이고, $y = e^x$, $y = 2e^x$, $y = -\frac{8}{3}e^x$는 특수해이다.

한편 방정식

$$(y')^2 - xy' + y = 0 \tag{4}$$

의 일반해는 $y = cx - c^2$이다. 이것은 각 직선이 c의 정해진 값에 대응하는 하나의 직선 군을 나타낸다. 그런데 $y = \frac{x^2}{4}$은 일반해의 c에 특정한 값을 대입하여 얻을 수는 없지만 미분방정식 (4)의 해가 됨을 알 수 있다. 이와 같은 해를 그 미분방정식의 특이해(singular solution)라 한다. 따라서 $y = (x-c)^3$은

$(y')^3 = 27y$의 일반해이며, $y = x^3$은 특수해, $y = 0$은 특이해이다.

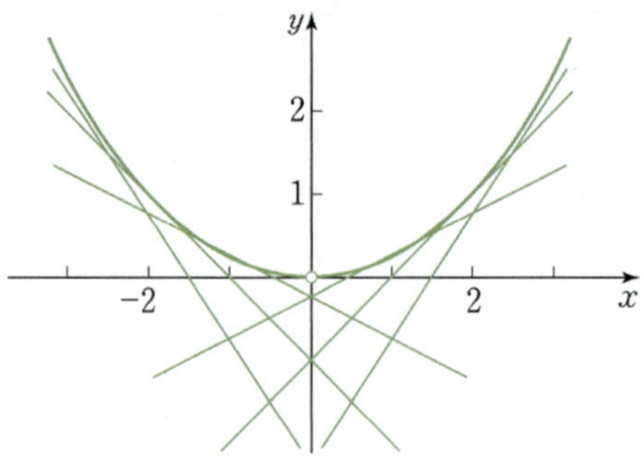

그림 1.2 ▌ 미분방정식(4)의 특이해와 특수해

주의 해를 전혀 갖지 않는 간단한 방정식이 존재하는가 하면, 또 일반해를 갖지 않는 방정식도 존재한다. 예를 들면, 방정식 $y'^2 = -1$은 분명히 실수 y에 대하여 해를 갖지 않고, 방정식 $|y'| + |y| = 0$은 그 유일한 해가 $y = 0$이므로 일반해를 갖지 않는다.

공학계의 응용문제에서는 대개의 경우, 주어진 미분방정식의 일반해에 관심이 있는 것이 아니라 주어진 초기조건, 즉 어떤 점 x_0에서 해 $y(x)$가 지정된 수치 y_0를 가질 조건, 예를 들면

$$y(x_0) = y_0 \tag{5}$$

를 만족하는 특수해에만 관심을 갖게 된다.

초기조건을 갖는 일계미분방정식을 초기값 문제(initial value problem)라고 부른다. 이와 같은 문제를 풀기 위하여는 주어진 초기조건을 만족하는 방정식의 특수해를 구하여야 한다. "초기값 문제"란 용어는 독립변수가 가끔 시간이라는 사실에서 얻어졌고, 따라서 식 (5)는 어떤 순간의 초기상태를 규정해 주며, 그 문제의 해는 그 후에 어떻게 되는지 보여준다.

예제 1 어떤 도시의 인구증가율은 그 인구에 비례하고, 또 포화인구 A와 각 시점에 있어서의 인구와의 차에 비례한다고 한다. 단 A는 어떤 상수이다. 이때 이 도시의 인구변화의 모양을 미분방정식으로 표시하여라.

풀이 시각 t에 있어서 인구를 $P=P(t)$로 표시하면, 인구의 증가율 dP/dt는 P와 $A-P$에 비례한다. 비례상수를 $\lambda(>0)$라 하면 $\frac{dP}{dt}=\lambda P(A-P)$가 구하는 미분방정식이다. ■

예제 2 평면곡선 C의 각점에서의 법선이 항상 한 정점 B를 지난다고 한다. 곡선 C의 성질을 미분방정식으로 나타내어라.

풀이 정점 B의 좌표를 (a, b)라 하고, 곡선 C의 방정식을 $y=y(x)$라 하면, C 위의 임의의 점 (x, y)에 있어서 법선의 방정식은

$$Y-y=-\frac{1}{\frac{dy}{dx}}(X-x)$$

이다. 법선이 (a, b)를 지나므로 $(b-y)\frac{dy}{dx}+(a-x)=0$가 성립하며, 이 식이 구하는 미분방정식이다. ■

이제 주어진 미분방정식과 초기조건을 만족하는 해를 단계별로 나누어 풀어 봄으로서 이해를 돕도록 한다.

예제 3 실험에 의하면 방사능 물질은 현존하는 양에 비례하는 비율로 붕괴한다. 어떤 시각, $t=0$에서 주어진 양의 방사능 물질이 일정한 시각 후에 남아 있을 양은 얼마가 된다고 말할 수 있겠는가?

풀이 제1단계(미분방정식과 물리적 과정의 수식화). 시각 t에서 아직 남아 있는 방사능 물질의 양을 $y(t)$라 하면 변화율은 dy/dt이다. 방사과정에 대한 법칙에 의하면 dy/dt는 y에 비례하므로

$$\frac{dy}{dt}=ky \tag{6}$$

이다. 여기서 k는 정해진 물리적 상수로서 이 수치는 여러 가지 방사능 물질에 따라서 달라진다. 물질의 양은 양(positive)이고, 시간에 따라 감소하므로 dy/dt는 음이며, k 역시 음이다. 이와 같이 이러한 물리학적인 과정은 수학적

으로는 일계선형미분방정식으로 설명된다는 것을 알 수가 있다. 일반적으로 어떤 물리학적인 법칙이 속도, 가속도 등과 같이 하나의 함수변화율로 나타날 때는 언제나 미분방정식에 귀착된다. 이와 같은 이유로 미분방정식은 물리학 및 공학문제에서 자주 나타나게 된다.

제2단계(미분방정식의 풀이). 지금까지 소개된 지식으로는 (6)를 풀 수 없다. 그러나 만약, 미분방정식 (6)이 해 $y(t)$를 갖는다면, 그 도함수는 y에 비례해야 한다. 미적분학에 의하면 지수함수가 바로 이와 같은 성질을 갖고 있다. 실제로, 함수 e^{kt} 또는 더욱 일반적으로

$$y(t) = ce^{kt} \quad (\text{단, } c\text{는 임의 상수}) \tag{7}$$

는 모든 t에 대하여 (6)의 해가 되는데, 이것은 (7)을 (6)에 대입함으로써 쉽게 확인할 수가 있다. (7)은 하나의 임의 상수를 포함하고 있으므로 일계미분방정식 (6)의 일반해이다.

제3단계(특수해 발견). 별도로 주어진 자료를 사용하여 일정한 수치를 택하고 이것을 (7)에 들어 있는 c에 대입하면 그 결과로서 특수해를 얻으며, 이 해는 그 과정을 올바르게 나타낼 것이다. 시각 t에 아직 남아 있는 물질의 양 $y(t)$는 주어진 물질의 초기량에 관계될 것이다. 이 양은 $t=0$에서 $2g$이다. 그러므로 $t=0$일 때 $y=2$가 되도록 c의 값을 결정해야 한다. 이 조건을 **초기조건**(initial condition)이라고 하는데, 이것은 이 물리학적 체계의 초기상태를 나타내기 때문이다. 이 초기조건

$$y(0) = 2 \tag{8}$$

를 (7)에 대입하면 $y(0) = ce^0 = 2$, $c = 2$을 얻는다. 이제 이 c의 값을 사용하면, (7)은

$$y(t) = 2e^{kt} \tag{9}$$

와 같이 된다. (6)의 특수해는 임의 시각. $t \geq 0$에서 아직도 남아 있는 물질의 양을 나타낸다. 물리학적 상수 k는 음이고, $y(t)$는 그림 1.3에서 보는 바와 같이 감소한다.

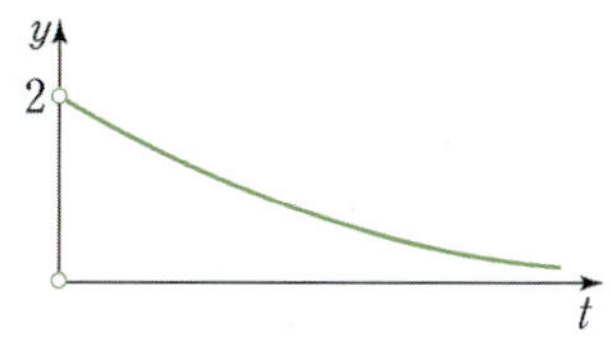

그림 1.3 ▌ 방사능(지수적 붕괴)

제4단계(확인). 식 (9)로부터

$$\frac{dy}{dt} = 2ke^{kt} = ky, \quad y(0) = 2e^0 = 2$$

를 얻는다. 즉, 식 (9)는 초기조건 (8)뿐만 아니라 미분방정식 (6)도 만족함을 알 수 있다. ■

예제 4 다음 미분방정식을 풀어라.

$$(x^2+1)y' + y^2 + 1 = 0, \quad y(0) = 1$$

풀이 제1단계. 주어진 미분방정식에서 변수를 분리하면 (1.2절 참조)

$$\frac{dy}{1+y^2} = -\frac{dx}{1+x^2}$$

이고, 적분하여 $\tan^{-1} y = -\tan^{-1} x + c$ (c는 임의의 상수), 즉 $\tan^{-1} y + \tan^{-1} x = c$를 얻는다.

$$\tan(\tan^{-1} x + \tan^{-1} y) = \tan c \tag{10}$$

이므로 삼각함수 $\tan(a+b) = \dfrac{\tan a + \tan b}{1 - \tan a \tan b}$에 $a = \tan^{-1} x$, $b = \tan^{-1} y$를 대입하면 이 식은 $\tan(\tan^{-1} y + \tan^{-1} x) = \dfrac{x+y}{1-xy}$가 된다. 따라서 (10)은

$$\frac{x+y}{1-xy} = \tan c \tag{11}$$

와 같이 쓸 수 있다.

제2단계. 주어진 미분방정식의 일반해인 (11)과 초기조건으로부터 c를 결정한

다. 해 (11)에서 $x=0,\ y=1$이라 놓으면 $1=\tan c$를 얻고, 따라서 $\dfrac{x+y}{1-xy}=1$, 즉

$$y=\frac{1-x}{1+x} \tag{12}$$

가 주어진 미분방정식과 초기조건을 만족하는 특수해이다.

제3단계. 결과를 확인한다. 즉, $y=\dfrac{1-x}{1+x}$는 주어진 미분방정식과 초기조건을 만족한다. ■

미분방정식의 해는 때에 따라서 $G(x,\ y)=0$과 같은 음함수(implicit function) 형태로 표시되는데, 이와 같은 해는 양함수(explicit function) 형태 $y=f(x)$와 구별된다. 예를 들면 $x^2+y^2-1=0\ (y>0)$은 구간 $-1<x<1$에서 미분방정식

$$yy'=-x$$

의 하나의 음함수해이다.

앞의 예제를 통하여 미분방정식은 수학, 과학, 공학, 사회과학 등 여러 분야의 현상과 특징을 설명하는 문제들과 관련이 있으며, 따라서 해를 구하는 것은 의미가 있음을 알게 되었다. 예제 1을 통해서는 인구증가문제, 예제 2를 통하여 기하학적문제인 법선의 방정식, 예제 3을 통하여 방사능물질 등이 미분방정식과 관련되어 있음을 보았다.

다음으로 음함수로 표현된 미분방정식에 대하여 알아보자. 일계미분방정식

$$F(x,\ y,\ y')=0 \tag{13}$$

은 약간의 조건(음함수정리 참조)이 만족되면

$$y'=f(x,\ y) \tag{14}$$

의 형태로 쓸 수 있다. 먼저 (14) 형태의 미분방정식의 해법을 설명하기 전에 이 방정식이 가지고 있는 기하학적 의미를 살펴보기로 하자. 이렇게 하면 미분방정식을 풀지 않고 (14)의 특수해에 대한 개형을 얻는 방법을 알게 된다. 지금 함수 f가 xy평면의 어떤 영역에서 정의되고, 따라서 f는 그 영역의 각 점

에 오직 한 개의 값만을 대응시킨다고 가정하자. 그러면 방정식 (14)의 해는 xy평면에서 곡선으로 표시된다. 그 해는 아직 모르지만 방정식 (14)로부터 점 $(x_0,\ y_0)$를 지나는 한 해는 이 점에서 기울기 $f(x_0,\ y_0)$를 가져야 한다는 것을 알 수 있다. 이로부터 다음과 같은 방법을 얻을 수 있다.

먼저 xy평면에 $f(x,\ y)$가 그 곡선을 따라서 상수인 몇 개의 곡선을 그린다. 이 곡선을 방정식 (14)의 기울기가 일정한 곡선(curve of constant slope) 또는 등경사선(isocline)이라 한다. 따라서 (14)의 모든 등경사선은 $f(x,\ y)=k$(단, 상수 k는 각 등경사선에 따라 다른 값)로 주어진다. 등경사선 $f(x,\ y)=k$를 따라서 기울기가 k인 평행한 짧은 선분을 많이 그린다. 여기서 k는 그 등경사선의 임의의 점에서의 (14)의 해곡선의 기울기이다. 우리가 그린 모든 등경사선에 대하여 이와 같은 작업을 한다. 이렇게 하여 방정식 (14)의 방향장(direction field)이라 불리는 하나의 선의 장을 얻을 수 있고, 이것을 이용하여 주어진 (14)의 해곡선에 대한 근사곡선을 쉽게 그릴 수 있다. 다음의 예제를 생각해 보자.

예제 5 일계미분방정식

$$y' = xy \tag{15}$$

의 방향장을 그리고 점 $(1,\ 2)$를 지나는 해곡선의 근사곡선을 그려라.

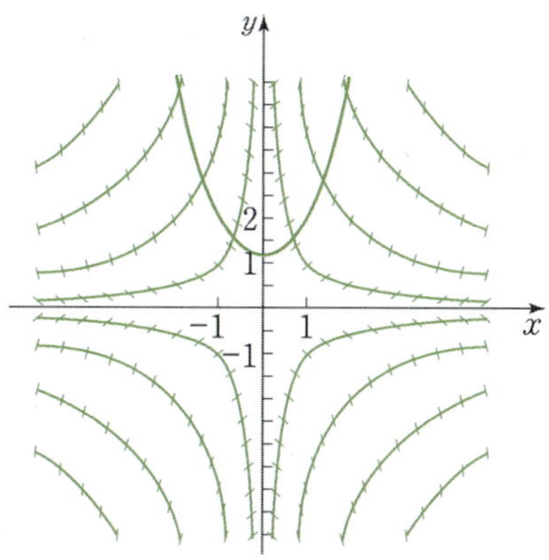

그림 1.4 ▌ 미분방정식 (15)의 방향장

풀이 두 좌표축과 쌍곡선 $xy = k$가 그 등경사선이 된다. 그림 1.4에서 이 결과를 볼 수 있으며, 점 $(1, 2)$를 지나는 해곡선의 근사곡선도 볼 수 있다. ■

연습문제 1.1

01 미분방정식 $y' = x^2 + y^2$의 방향장을 그려라.

02 $3x^3y + 2y^2 - 2 = 0$은 미분방정식 $9x^2ydx + (3x^3 + 4y)dy = 0$의 음함수해임을 보여라.

03 $y = ce^{\frac{x^2}{2}}$이 점 $(1, 2)$을 지날 때 c의 값을 구하여라.

04 $(y')^2 = 4y$에 대하여 $y = (x + c)^2$, $y = 0$, $y = x^2$이 그 해임을 보이고 일반해, 특수해, 특이해를 구별하여라.

05 $y = \alpha\cos x + \beta\sin x$가 미분방정식 $y'' + y = 0$의 일반해임을 보여라 (단 α, β는 상수). 또한 초기조건 $y(0) = 1$, $y'(0) = 2$를 만족하는 해를 구하여라.

1.2 변수분리형 미분방정식

$f(x)$가 x의 함수, $g(y)$가 y의 함수일 때

$$\frac{dy}{dx} = f(x)g(y) \tag{1}$$

와 같은 형태의 미분방정식을 변수분리형(separation of variables)이라고 한다. 이 경우 $g(y) \neq 0$이면 $\frac{1}{g(y)}\frac{dy}{dx} = f(x)$이므로 양변을 x에 대해 적분하면

$$\int \frac{1}{g(y)}\frac{dy}{dx}dx = \int f(x)dx + c \quad (c\text{는 임의의 상수})$$

즉,

$$\int \frac{1}{g(y)}dy = \int f(x)dx + c \tag{2}$$

이 (1)의 일반해가 됨을 알 수 있다. 만약 $g(y) = 0$이 되는 y의 값 k가 존재하면 $y = k$도 (1)을 만족하는 해가 된다. 이 해는 일반해인 (2)의 특수해로서 생각되는 경우가 많다.

예제 1 미분방정식 $x^2 - y^2y' = 0$을 풀어라.

풀이 주어진 미분방정식은 $y^2\frac{dy}{dx} = x^2$이 된다. 양변을 x에 대해 적분하면

$$\int y^2\frac{dy}{dx}dx = \int x^2 dx.$$

따라서 $\frac{y^3}{3} = \frac{x^3}{3} + c_1$이 되고 정리하면 $y^3 = x^3 + c_2$가 구하는 일반해이다. 단 $c_2 = 3c_1$이다. ■

물체의 온도를 T라 하고, T의 시간에 대한 변화를 $\frac{dT}{dt}$라고 하면 $\frac{dT}{dt}$는 T와 이 물체를 둘러싼 매체의 온도 T_1의 차이에 비례함이 알려져 있다. 이

것을 뉴턴의 냉각법칙(Newton's law of cooling)이라 하며 $\frac{dT}{dt} = \lambda(T - T_1)$으로 나타낼 수 있다. 이와 관련된 예제를 설명한다.

예제 2 $t=0$일 때 70°C인 녹차를 온도가 20°C인 방안에 놓아두었더니 3분 후에 50°C가 되었다고 하자. 10분 후의 녹차의 온도를 구하여라.

풀이 t분 후의 녹차의 온도를 T라 하면 뉴턴의 냉각법칙에 의해

$$\frac{dT}{dt} = \lambda(T - 20), \quad (\lambda \in R)$$

이것으로부터 $\frac{dT}{T-20} = \lambda dt$이다. 변수분리형이므로 양변을 적분하면

$$\ln|T - 20| = \lambda t + c_1 \ (c_1 \in R)$$

이고 $T = 20 + c_2 e^{\lambda t}$ 이다 $(c_2 = e^{c_1})$. $T(0) = 70$이므로 $c_2 = 50$이다. 따라서 $T = 20 + 50e^{\lambda t}$이고 $T(3) = 50$이므로 $\lambda = \frac{1}{3}\ln\left(\frac{3}{5}\right)$이다. 그러므로 일반해는

$$T = 20 + 50\left(\frac{3}{5}\right)^{\frac{t}{3}}$$

이고, 10분 후 온도는 $T(10) = 20 + 50\left(\frac{3}{5}\right)^{\frac{10}{3}}$ 이다. ■

예제 3 미분방정식 $(x^2+1)\frac{dy}{dx} + y^2 + 1 = 0$을 만족하고 $y(0) = 1$인 해를 구하여라.

풀이 주어진 미분방정식으로부터 $\frac{dy}{1+y^2} = -\frac{dx}{1+x^2}$를 얻고, 양변을 적분하면

$$\tan^{-1}x + \tan^{-1}y = c \ (c \in R)$$

즉, $\tan(\tan^{-1}x + \tan^{-1}y) = \tan c$이므로, $\tan^{-1}x = \lambda$, $\tan^{-1}y = \mu$라 하고 tan 함수에 대한 덧셈정리를 이용하면 $\frac{x+y}{1-xy} = \tan c$이다. $y(0) = 1$이므로 $\tan c = 1$이고 초기조건 $y(0) = 1$을 만족하는 해는 $y = \frac{1-x}{1+x}$이다. ■

주어진 미분방정식의 모양을 잘 살피고 치환하면 변수분리형이 되는 경우가 있다.

예제 4 미분방정식 $(2x-4y+5)y'+x-2y+3=0$의 일반해를 구하여라.

풀이 $x-2y=t$라 두면 $y'=\dfrac{1}{2}(1-t')$, 따라서 주어진 미분방정식은

$$(2t+5)t'=4t+11$$

이 된다. 따라서 변수를 분리하고 적분하면

$$\left(1-\frac{1}{4t+11}\right)dt=2dx,\quad t-\frac{1}{4}\ln|4t+11|=2x+c\ (c\in R)$$

이고, $t=x-2y$이므로 $4x+8y+\ln|4x-8y+11|=c$이 일반해이다. ■

미분방정식 $(x^2+y^2)\dfrac{dy}{dx}=2xy$의 계수 x^2+y^2과 $2xy$는 모두 x와 y의 2차의 동차식이다. 이 경우 주어진 미분방정식을

$$\frac{dy}{dx}=\frac{2xy}{x^2+y^2}=\frac{2\dfrac{y}{x}}{\left(\dfrac{y}{x}\right)^2+1}$$

로 변형하면 우변은 y/x만의 함수가 된다.

일반적으로

$$\frac{dy}{dx}=f\left(\frac{y}{x}\right) \tag{3}$$

모양의 미분방정식의 경우

$$\frac{y}{x}=v \tag{4}$$

로 두면, $y=vx$이고 $\dfrac{dy}{dx}=v+x\dfrac{dv}{dx}$이므로, 이것과 (4)를 (3)에 대입하면

$$v+x\frac{dv}{dx}=f(v),\ \text{즉},\ x\frac{dv}{dx}=f(v)-v.$$

변수를 분리하면 $\dfrac{dv}{f(v)-v} = \dfrac{dx}{x}$ 이므로

$$\int \frac{dv}{f(v)-v} = \ln x + c$$

이고 $v = y/x$를 대입하면 일반해가 구해진다.

예제 5 미분방정식 $x\dfrac{dy}{dx} = y + \sqrt{x^2+y^2}$ 을 풀어라.

풀이 양변을 $x(x>0$이라 가정)로 나누면

$$\frac{dy}{dx} = \frac{y}{x} + \sqrt{1+\left(\frac{y}{x}\right)^2}$$

이므로 동차형이다. $y = vx$라 두면 $y' = v + xv'$이고 주어진 미분방정식은

$$v + x\frac{dv}{dx} = v + \sqrt{1+v^2}$$

즉, $x\dfrac{dv}{dx} = \sqrt{1+v^2}$ 이므로 변수분리하면 $\dfrac{dv}{\sqrt{1+v^2}} = \dfrac{dx}{x}$.

양변을 적분하면

$$\ln\left(v + \sqrt{1+v^2}\right) = \ln x + c_1$$

이고 $c_1 = -\ln c_2$라 두면 $v + \sqrt{1+v^2} = \dfrac{x}{c_2}$ 이다.

따라서 $v = \dfrac{y}{x}$를 대입하면 주어진 미분방정식의 일반해는 $y + \sqrt{x^2+y^2} = \dfrac{x^2}{c_2}$ 즉, $x^2+y^2 = \left(\dfrac{x^2}{c_2} - y\right)^2$ 이다. $x<0$인 경우에도 같은 해가 얻어진다. ■

예제 6 미분방정식 $(2x-y+1)dx-(x-2y+5)dy=0$을 풀어라.

풀이 두 직선 $2x-y+1=0$과 $x-2y+5=0$의 교점을 구하면 $(1, 3)$이다. 그 점을 원점으로 하는 좌표축의 평행이동

$$x = X+1, \quad y = Y+3 \tag{5}$$

을 시행하면 $dx=dX$, $dy=dY$이고 주어진 미분방정식은

$$(2X-Y)dX-(X-2Y)dY=0,$$

즉, $\dfrac{dY}{dX}=\dfrac{2X-Y}{X-2Y}$이다. $Y=vX$라 두면 $v+X\dfrac{dv}{dX}=\dfrac{2-v}{1-2v}$이다. 따라서 $X\dfrac{dv}{dX}=\dfrac{2-2v+2v^2}{1-2v}$이므로 $2\dfrac{dX}{X}=\dfrac{1-2v}{1-v+v^2}dv$이며 양변을 적분하면

$$2\ln X=-\ln(1-v+v^2)+c$$

가 된다. 따라서 $X^2(1-v+v^2)=C(C=e^c)$이고 $X^2-XY+Y^2=C$가 된다. 이것은 좌표계 (X, Y)에 있어서 곡선군의 방정식이므로 (5)를 대입하면 일반해 $x^2-xy+y^2+x-5y+7=C$를 얻는다. ■

연습문제 1.2

■ 다음 미분방정식의 일반해를 구하여라.

01 $yy'-x=0$

02 $x(y^2-1)+y(x^2-1)y'=0$

03 $2xyy'-y^2+x^2=0$

04 미분방정식 $xy'=y^2+y$에서 $\dfrac{y}{x}=t$라 두고 일반해를 구하여라.

■ 다음 미분방정식

$$yf(xy)dx+xg(xy)dy=0$$

은 $xy=v$로 두면 변수분리형 미분방정식이 됨을 보여라. 이것을 이용하여 다음 미분방정식을 풀어라.

05 $(1-xy)y\,dx-(1+xy)x\,dy=0$

06 $(1+xy)y\,dx+(1+xy+x^2y^2)x\,dy=0$

07 미분방정식 $xyy'=2y^2+4x^2$을 만족하고 $y(2)=4$인 해를 구하여라.

08 미분방정식 $y' = y^2 - 4$를 만족하고 초기조건 $y(0) = 2$, $y\left(\frac{1}{4}\right) = 1$인 해를 각각 구하여라.

■ 다음 미분방정식을 풀어라.

09 $(x+y)+(x-y)y' = 0$

10 $x^2 + y^2 - 2xyy' = 0$

11 $xy' = y + \sqrt{x^2 + y^2}$

12 $\left(x\cos\frac{y}{x}\right)y' = y\cos\frac{y}{x} + x$

13 $(x^3 + y^3)dx - 3xy^2dy = 0$

■ 다음 미분방정식을 풀어라.

14 $(2x + 2y - 1)y' = 6x - 2y - 3$

15 $(3x - y + 4)y' = 6x - 2y - 7$ (힌트: $Y = 3x - y$로 둔다)

1.3 완전미분방정식과 적분인수

일계미분방정식

$$2x^3y\frac{dy}{dx}+3x^2y^2=0 \tag{1}$$

의 좌변은 $\frac{d}{dx}(x^3y^2)$이므로 주어진 미분방정식은 $\frac{d}{dx}(x^3y^2)=0$이다. 양변을 x에 관해 적분하면 $x^3y^2=c$를 얻을 수 있고, 이것이 주어진 미분방정식의 일반해이다. 이때 $f(x, y)=x^3y^2$라 두면

$$df=\frac{\partial f}{\partial x}dx+\frac{\partial f}{\partial y}dy=3x^2y^2dx+2x^3ydy$$

이며, (1)과 비교하면

$$2x^3ydy+3x^2y^2dx=0$$

이 된다. 이와 같이 일계미분방정식이 전미분방정식의 형태인

$$P(x, y)dx+Q(x, y)dy=0 \tag{2}$$

의 형태이고, 좌변이 적당한 $f(x, y)$의 $df(x, y)$와 같을 때, 이와 같은 미분방정식을 완전미분방정식(exact differential equation)이라고 한다. 이 경우 일반해는 $f(x, y)=c$로 주어진다. 이때

$$P(x, y)dx+Q(x, y)dy=df=\frac{\partial f}{\partial x}dx+\frac{\partial f}{\partial y}dy$$

이므로, $P=\frac{\partial f}{\partial x}$, $Q=\frac{\partial f}{\partial y}$이고 $\frac{\partial P}{\partial y}=\frac{\partial^2 f}{\partial y\partial x}=\frac{\partial^2 f}{\partial x\partial y}=\frac{\partial Q}{\partial x}$, 즉

$$\frac{\partial P}{\partial y}=\frac{\partial Q}{\partial x} \tag{3}$$

이다. 역으로 (3)이 성립할 때 $\int P(x, y)dx=g(x, y)$로 두면 $\frac{\partial g}{\partial x}=P$이고

$$\frac{\partial Q}{\partial x}=\frac{\partial P}{\partial y}=\frac{\partial^2 g}{\partial y\partial x}=\frac{\partial^2 g}{\partial x\partial y}$$

이므로 $\dfrac{\partial}{\partial x}\left(Q-\dfrac{\partial g}{\partial y}\right)=0$이며, 이것은 $Q-\dfrac{\partial g}{\partial y}$가 y만의 함수라는 의미이다. 따라서 $Q-\dfrac{\partial g}{\partial y}=h(y)$로 두면

$$df = Pdx + Qdy = \frac{\partial g}{\partial x}dx + \left(\frac{\partial g}{\partial y} + h(y)\right)dy = dg + h(y)dy$$

가 되므로 $Pdx+Qdy$는

$$f(x,\ y) = g(x,\ y) + \int h(y)dy \tag{4}$$

의 미분임을 알 수 있다. 따라서 다음이 성립한다.

정리 1.1

미분방정식 (2)가 완전미분방정식이 되기 위한 필요충분조건은 $\dfrac{\partial P}{\partial y}=\dfrac{\partial Q}{\partial x}$가 성립하는 것이다. 또한 (4)에 g와 h를 대입하면 완전미분방정식 (2)의 일반해는

$$f(x,\ y) = \int Pdx + \int\left(Q - \frac{\partial}{\partial y}\int Pdx\right)dy = c$$

이다.

예제 1 미분방정식 $(2x-y+1)dx+(2y-x-5)dy=0$을 풀어라.

풀이 $\dfrac{\partial}{\partial y}(2x-y+1)=-1=\dfrac{\partial}{\partial x}(2y-x-5)$이므로 완전미분방정식이다. 따라서 일반해는

$$f(x,\ y) = \int(2x-y+1)dx + \int(2y-x-5+x)dy = c$$

즉, $x^2-xy+x+y^2-5y=c$이다. ■

예제 2 미분방정식 $xy'+y+4=0$을 풀어라.

풀이 $(y+4)dx+xdy=0$이고 $\frac{\partial}{\partial y}(y+4)=1=\frac{\partial}{\partial x}(x)$이므로 완전미분방정식임을 알 수 있다. 따라서 예제 1과 같은 방법으로 풀면 일반해는 $xy+4x=c$이다. 양변을 x로 나누면 $y=\frac{c}{x}-4$가 된다. ■

예제 3 미분방정식 $(x^3+2xy+y)dx+(y^3+x^2+x)dy=0$과 초기조건 $y(0)=1$을 만족하는 해를 구하여라.

풀이 $P=x^3+2xy+y$, $Q=y^3+x^2+x$이므로 $\frac{\partial}{\partial y}=\frac{\partial}{\partial x}$이 성립하여 완전미분방정식임을 알 수 있다. 일반해는 $\frac{x^4}{4}+x^2y+xy+\frac{y^4}{4}=c$임을 알 수 있다. 초기조건을 이용하면 $c=\frac{1}{4}$이므로 구하는 해는

$$\frac{x^4}{4}+x^2y+xy+\frac{y^4}{4}=\frac{1}{4}$$

이다. ■

한편 주어진 미분방정식이 완전미분방정식은 아니지만 적당한 함수를 곱하면 완전미분방정식이 되는 경우가 있다. 예를 들면 $dx+\frac{x}{y}dy=0$은 $P=1$, $Q=\frac{x}{y}$이므로 $\frac{\partial P}{\partial y}\neq\frac{\partial Q}{\partial x}$이 되어 완전미분방정식이 아니다. 그러나 양변에 y를 곱하면 $ydx+xdy=0$이 되고 이 미분방정식은 완전형이 된다.

일반적으로 주어진 미분방정식 $Pdx+Qdy=0$이 완전미분방정식은 아니지만 적당한 함수 $\lambda(x, y)$를 곱하여 완전미분방정식이 될 때 $\lambda(x, y)$를 주어진 미분방정식 $Pdx+Qdy=0$의 적분인수(integrating factor)라 한다.

적분인수를 찾기 위한 일반적인 해법은 없지만 다음 공식은 적분인수를 찾을 때 유용하다.

$$d(xy)=xdy+ydx,$$
$$d\left(\frac{y}{x}\right)=\frac{xdy-ydx}{x^2},$$

$$d(x^2 \pm y^2) = 2xdx \pm 2ydy,$$
$$d\left(\tan^{-1}\frac{y}{x}\right) = \frac{xdy - ydx}{x^2 + y^2},$$
$$d\left(\frac{x-y}{x+y}\right) = \frac{2ydx - 2xdy}{(x+y)^2}.$$

예제 4 다음 미분방정식의 일반해를 구하여라.

(1) $(x^2 + y)dx - xdy = 0$

(2) $xdy - ydx - 2x(x^2 + y^2)dx = 0$

풀이 (1) $ydx - xdy + x^2dx = 0$이므로 $\frac{1}{x^2}$을 곱하면 $dx + \frac{ydx - xdy}{x^2} = 0$이다. 따라서 $d\left(x - \frac{y}{x}\right) = 0$이므로 일반해는 $x - \frac{y}{x} = c$이다.

(2) 미분방정식의 양변에 $\frac{1}{x^2 + y^2}$을 곱하면 $\frac{xdy - ydx}{x^2 + y^2} - 2xdx = 0$이다. 따라서 $d\left(\tan^{-1}\frac{y}{x} - x^2\right) = 0$이므로 일반해는 $\tan^{-1}\frac{y}{x} - x^2 = c$이다. ■

또한 항상 성립하는 것은 아니지만 다음과 같은 방법으로 적분인수를 찾을 수도 있다.

$Pdx + Qdy = 0$는 완전미분방정식이 아니지만 $\lambda Pdx + \lambda Qdy = 0$는 완전미분방정식이라 하자. $\frac{\partial(\lambda P)}{\partial y} = \frac{\partial(\lambda Q)}{\partial x}$이므로

$$\frac{\partial \lambda}{\partial y}P + \lambda\frac{\partial P}{\partial y} = \frac{\partial \lambda}{\partial x}Q + \lambda\frac{\partial Q}{\partial x}$$

인데 $\lambda(x, y)$를 x만의 함수라고 가정하면 $\lambda\frac{\partial P}{\partial y} = \frac{\partial \lambda}{\partial x}Q + \lambda\frac{\partial Q}{\partial x}$이 되고, 이를 변형하면 $\frac{\partial \lambda}{\partial x} = \frac{1}{Q}\left(\frac{\partial P}{\partial y} - \frac{\partial Q}{\partial x}\right)\lambda$이 된다. 따라서 $\frac{1}{Q}\left(\frac{\partial P}{\partial y} - \frac{\partial Q}{\partial x}\right)$가 x만의 함수로 표현되면, 즉 $\frac{1}{Q}\left(\frac{\partial P}{\partial y} - \frac{\partial Q}{\partial x}\right) = R(x)$이면 적분인수는 다음과 같다.

$$\lambda(x) = e^{\int \frac{1}{Q}\left(\frac{\partial P}{\partial y} - \frac{\partial Q}{\partial x}\right)dx}.$$

마찬가지로 $\frac{1}{P}\left(\frac{\partial Q}{\partial x}-\frac{\partial P}{\partial y}\right)$가 y만의 함수 $R(y)$로 표현되면 $\lambda(x, y)$도 y만의 함수가 되고 $\lambda(y)=e^{\int \frac{1}{P}\left(\frac{\partial Q}{\partial x}-\frac{\partial P}{\partial y}\right)dy}$가 된다.

예제 5 다음 미분방정식의 적분인수를 구하고, 초기조건을 만족하는 해를 구하여라.

$$2\sin(y^2)dx+xy\cos(y^2)dy=0,\ (x, y)=(2, \sqrt{\pi/2}).$$

풀이 $P=2\sin(y^2)$, $Q=xy\cos(y^2)$이라 하면,

$$\frac{\partial P}{\partial y}=4y\cos(y^2)\neq\frac{\partial Q}{\partial x}=y\cos(y^2)$$

이므로 완전미분방정식이 아니다. 이때

$$R=\frac{1}{Q}\left(\frac{\partial P}{\partial y}-\frac{\partial Q}{\partial x}\right)=\frac{1}{xy\cos(y^2)}\left[4y\cos(y^2)-y\cos(y^2)\right]=\frac{3y}{xy}=\frac{3}{x}$$

이므로 적분인수 $\lambda(x)=e^{\int R(x)dx}=e^{\int \frac{3}{x}dx}=x^3$이다. 이제 완전 미분방정식 $2x^3\sin(y^2)dx+x^4y\cos(y^2)dy=0$의 해를 구해 보자.

먼저 $\frac{\partial u}{\partial x}=2x^3\sin(y^2)$인 이변수 함수 $u(x, y)$를 구하면

$$u=\int 2x^3\sin(y^2)dx=\frac{1}{2}x^4\sin(y^2)+k(y)$$

이고, $\frac{\partial u}{\partial y}=x^4y\cos(y^2)+k'(y)=x^4y\cos(y^2)$이므로 $k(y)$는 상수이다. 따라서, 주어진 미분방정식의 일반해는 $u(x, y)=\frac{1}{2}x^4\sin(y^2)=c$이고, 초기조건을 대입하면, $\frac{1}{2}\times 2^4\sin\frac{\pi}{2}=8=c$이므로 특수해는 $x^4\sin(y^2)=16$이다. ■

연습문제 1.3

■ 다음 미분방정식을 풀어라.

01 $(y-2x)dx+xdy=0$

02 $(x^2-4xy-2y^2)dx+(y^2-4xy-2x^2)dy=0$

03 $(\tan y-3x^2)dx+\dfrac{x}{\cos^2 y}dy=0$

04 $(x^2+y^2)dx-2xydy=0$

05 $(2x+y)dx+(2y-x)dy=0$

■ 다음 미분방정식의 적분인수 $\lambda(x, y)$를 구하고, 해를 구하여라.

06 $2dx-e^{y-x}dy=0$

07 $2x\tan y\,dx+\sec^2 y\,dx=0$

08 $xdy-ydx-2(x^2+y^2)dx=0$

09 $(3xy-x^2)dx+x^2dy=0$

10 $\left(\dfrac{2x^2}{y}-\dfrac{1}{x}\right)dx+\left(\dfrac{2x^3}{y^2}+\dfrac{1}{y}\right)dy=0$

1.4 일계 선형미분방정식

미분방정식 $\frac{dy}{dx}+\frac{1}{x}y=x$에 대하여 양변에 x를 곱하면 $x\frac{dy}{dx}+y=x^2$이 되고 $\frac{d}{dx}(xy)=x\frac{dy}{dx}+y$이므로 $\frac{d}{dx}(xy)=x^2$이 된다. 양변을 x로 적분하면 $xy=\frac{x^3}{3}+c$가 되고 이것이 일반해이다.

일반적으로

$$\frac{dy}{dx}+P(x)y=Q(x) \tag{1}$$

모양의 미분방정식을 일계 선형미분방정식(first order linear differential equation)이라 한다.

이제 이 미분방정식의 일반해를 구하는 방법을 생각해 보자. 미분방정식 (1)의 양변에 $e^{\int Pdx}$를 곱하면

$$\frac{dy}{dx}e^{\int Pdx}+Pye^{\int Pdx}=Qe^{\int Pdx}$$

이 되고

$$\frac{d}{dx}\left(ye^{\int Pdx}\right)=\frac{dy}{dx}e^{\int Pdx}+y\frac{d}{dx}\left(e^{\int Pdx}\right)=\frac{dy}{dx}e^{\int Pdx}+yPe^{\int Pdx}$$

이므로 주어진 미분방정식은

$$\frac{d}{dx}\left(ye^{\int Pdx}\right)=Qe^{\int Pdx}$$

가 된다. 양변을 x로 적분하면

$$ye^{\int Pdx}=\int Qe^{\int Pdx}dx+c$$

이고, 양변을 $e^{\int Pdx}$로 나누면

$$y = e^{-\int P dx}\left[\int Q e^{\int P dx} dx + c\right] \tag{2}$$

가 된다. 따라서 다음을 알 수 있다.

정리 1.2

일계 선형미분방정식 $\dfrac{dy}{dx} + P(x)y = Q(x)$의 일반해는

$$y = e^{-\int P dx}\left[\int Q e^{\int P dx} dx + c\right]$$

이다.

예제 1 다음 미분방정식 $y' + y = xe^{-x}$를 풀어라.

풀이 $P = 1,\ Q = xe^{-x}$이므로 양변에 $e^{\int 1\, dx} = e^{x}$를 곱하고 일반해를 구하면 $y = \dfrac{1}{2}x^2 e^{-x} + ce^{-x}$이다. ■

예제 2 다음 미분방정식 $(1 + x^2)y' = xy + 1$을 풀어라.

풀이 $P = -\dfrac{x}{1 + x^2},\ Q = \dfrac{1}{1 + x^2}$이므로 일반해는 (2)를 이용하면

$$\begin{aligned} y &= e^{\int \frac{x}{1+x^2} dx}\left[\int \frac{1}{1 + x^2} e^{-\int \frac{x}{1+x^2} dx} dx + c\right] \\ &= \sqrt{1 + x^2}\left[\int \frac{dx}{(1 + x^2)\sqrt{1 + x^2}} + c\right] \end{aligned}$$

$x = \tan t$로 두면 $dx = \sec^2 t\, dt$이므로

$$\int \frac{dx}{(1 + x^2)\sqrt{1 + x^2}} = \int \cos t\, dt = \sin t = \frac{x}{\sqrt{1 + x^2}}.$$

따라서 일반해는 $y = x + c\sqrt{1 + x^2}$이다. ■

다음 모양의 미분방정식

$$y' + P(x)y = Q(x)y^n \tag{3}$$

을 베르누이 방정식(Bernoulli equation)이라 한다. 단 n은 0 또는 1이 아닌 정수이다. 만약 $n=0$이면 식 (3)는 $y'+P(x)y=Q(x)$가 되어 선형미분방정식이 되며, $n=1$이면 $y'+[P(x)-Q(x)]y=0$이 되어 변수분리형이다.

미분방정식 (3)에서 $u=y^{1-n}$이라 두면 $u'=(1-n)y^{-n}y'$가 되고, 이를 대입하면 $\frac{y^n}{1-n}u'+P(x)y^n u=Q(x)y^n$, 즉 $u'+(1-n)P(x)u=(1-n)Q(x)$가 되는데, 이는 선형미분방정식이다. 따라서 (2)를 이용하여 일반해를 구할 수 있다.

예제 3 $y'+\frac{y}{x}=x^2y^3$의 해를 구하여라.

풀이 $u=y^{-2}$로 두면 $u'=-2y^{-3}y'$가 되어 주어진 미분방정식은 $u'-\frac{2}{x}u=-2x^2$이 된다. 따라서 (2)의 공식을 이용하면

$$u=e^{\int \frac{2}{x}dx}\left[-2\int x^2 e^{-\int \frac{2}{x}dx}dx+c\right]=-2x^3+cx^2$$

즉, $y^{-2}=-2x^3+cx^2$이므로, 일반해는 $-2x^3y^2+cx^2y^2=1$이다. ■

선형미분방정식

$$y'+P(x)y=Q(x) \tag{4}$$

의 일반해를 얻는 또 다른 방법을 알아보자. $y'+P(x)y=0$는 변수분리형이므로 해가 $v(x)=e^{-\int P(x)dx}$임을 알 수 있다. 이 함수 $v(x)$를 사용하여

$$y(x)=u(x)v(x) \tag{5}$$

가 (4)의 일반해가 되도록 함수 $u(x)$를 결정해 보자.

(5)를 (4)에 대입하면

$$u'v+u(v'+Pv)=Q$$

을 얻는다. 여기서 v는 $v'+Pv=0$의 한 해이므로, 이 식은 $u'v=Q$ 또는 $u'=\frac{Q}{v}$이 되며, 적분하면 $u=\int\frac{Q}{v}dx+c$이고, 따라서

$$y=uv=v\left(\int\frac{Q}{v}dx+c\right)$$

가 일반해임을 알 수 있다.

이와 같은 방법은 라그랑쥐(Lagrange)가 완성하였으며 이와 같은 해법을 매개변수변화법(method of variation of parameters)이라고 부른다. 이것은 고계 미분방정식에 이르기까지 일반화할 수 있고, 또 거기에서도 이 방법은 대단히 중요하다. 위와 같은 간단한 경우는 그 기본방법을 이해하는 데 도움이 될 것이다.

예제 4 미분방정식 $y'-\frac{2y}{x}=x^2\cos 3x$를 풀어라.

풀이 $y'-2y/x=0$의 하나의 해는 x^2이므로 $y=ux^2$, $y'=u'x^2+2ux$를 주어진 방정식에 대입하면 $u'x^2+2ux-2ux=x^2\cos 3x$이므로 $u'=\cos 3x$ 즉,

$$u=\frac{1}{3}\sin 3x+c$$

를 얻고, 이로부터 일반해는 $y=ux^2=\left(\frac{1}{3}\sin 3x+c\right)x^2$이다. ■

연습문제 1.4

■ 다음 미분방정식을 풀어라.

01 $y'+y=x$

02 $y'=x^2y^6-\frac{y}{x}$

03 $y'-y=3$

04 $y'+y=\sin x$

05 $(y-2x)dx+xdy=0$

06 $e^y dx+xe^y dy=0$

■ 다음 베르누이 방정식의 해를 구하여라.

07 $y' - 2y = -4y^2$

08 $y' + xy = xy^{-1}$

09 $xy' + y = y^2 \ln x$

10 초기조건 $y(1) = 0$을 만족하는 미분방정식 $xy' + y = x \ln x$의 해를 구하여라.

■ 매개변수변화법을 이용하여 다음 미분방정식을 풀어라.

11 $(2x + y^4)y' = y$

12 $y' + 4y = 17\sin x$

1.5 일계미분방정식의 응용

일계미분방정식의 여러 분야에 대한 응용에 대하여 알아본다. 먼저 기하학적인 문제를 생각해보자.

예제 1 법선의 그림자의 길이가 다음 그림과 같이 a로 일정한 곡선을 구해보자.

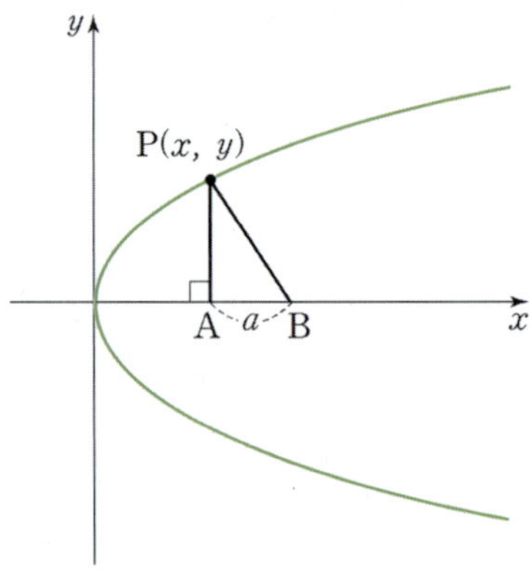

또 이 성질을 가지는 곡선으로 원점을 지나는 것을 구하여라. 법선의 그림자의 길이는 $\mathrm{P}(x,\ y)$에서의 법선과 x축과의 교점을 B라 하고 $\mathrm{P}(x,\ y)$에서 x축에 내린 수선과 x축과의 교점을 A라 할 때 선분 AB의 길이를 말한다.

풀이 구하는 곡선의 방정식을 $y=y(x)$라 하면 $\mathrm{P}(x,\ y)$에서 법선의 방정식은 $Y-y=-\dfrac{1}{y'}(X-x)$이므로 B의 좌표는 $(x+yy',\ 0)$이고, A의 좌표는 $(x,\ 0)$이다. 따라서 선분 AB의 길이는 yy'이다. 따라서 $yy'=a$이므로 변수를 분리하면 $ydy=adx$가 된다. 양변을 적분하고 원점을 지나는 것을 적용하면

$$\frac{1}{2}y^2 = ax \quad \text{또는} \quad y^2 = 2ax.$$

■

다음으로 전기회로와 관련하여 다음 그림을 생각해보자. 그림에서 스위치를 닫으면 전류 I는 저항기를 통하여 흐르게 되고, 이로 인해 저항기 양끝의 전위

가 달라진다. 이 전위차를 전압계로 측정할 수 있으며, 실험에 의해 $E_R = RI$ (ohm의 법칙)을 얻는다. 이때 E_R은 저항기를 통한 전압강하, I는 순간전류, R은 비례상수로서 저항기의 저항이다. 즉, 저항기를 통한 전압강하는 순간전류에 비례한다는 것이다.

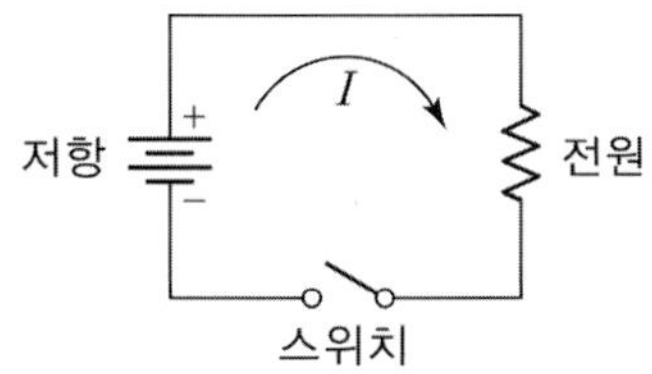

그림 1.5 ▌ 회로

전류 I는 암페어(ampere)로 측정되며, 저항 R은 옴(ohm)으로, 그리고 전압 E_R은 볼트(volt)로 측정된다. 좀 더 복잡한 회로에서 또 다른 중요한 두 요소는 인덕터(inductor)와 커패시터(capacitor)이다. 인덕터는 전류의 변화를 방해하는데, 이것은 역학에서의 질량에 대한 관성효과와 유사한 전기에서의 관성효과라고 볼 수 있다. 실험에 의하면 다음 법칙이 성립한다.

인덕터에 의한 전압강하 E_L은 전류 I의 시간에 대한 순간변화율에 비례한다. 즉

$$E_L = L\frac{dI}{dt}$$

이다. 여기서 비례상수 L은 인덕터의 인덕턴스(inductance)라고 부르고 헨리(henry)로 측정되며, 시간 t는 초로 측정된다. 커패시터는 에너지를 저장하는 요소이다. 실험에 의하면 커패시터에 의한 전압강하 E_C는 커패시터 내의 순간전하 Q에 비례한다. 즉

$$E_C = \frac{1}{C}Q \tag{1}$$

이다. 여기서 C는 커패시턴스(capacitance)라고 부르고 패럿(farad)으로 측정되며, 전하 Q는 쿨롱(coulomb)으로 측정된다.

한편, $I(t) = \dfrac{dQ}{dt}$이므로, $E_C = \dfrac{1}{C}\displaystyle\int_{t_0}^{t} I(t^*)dt^*$와 같이 쓸 수 있다.

한 회로에서의 전류 $I(t)$는 다음의 물리학적인 법칙을 적용하여서 얻은 방정식(하나 또는 여러 개의 방정식)을 풀어서 구할 수 있다.

Kirchhoff의 전압법칙이란 임의의 폐회로 내의 모든 순간적인 전압강하의 대수적 합은 0인 것이다. 또는 한 폐회로에 가해진 전압은 나머지 회로에서의 전압강하의 합과 같다는 것이다.

예제 2 RL-회로

풀이 그림 1.6에 있는 RL-회로에서 Kirchhoff의 전압법칙과 ohm의 법칙 및 (1)로부터

$$L\frac{dI}{dt}+RI=E(t) \tag{2}$$

를 얻는다. 이때 다음 두 가지 경우로 나누어 생각해 보자.

(i) 기전력이 일정한 경우: $E=E_0=$상수이면 그 일반해는

$$\begin{aligned} I(t) &= e^{-at}\left[\frac{E_0}{L}\int e^{at}dt+c\right] \quad (a=R/L) \\ &= \frac{E_0}{R}+ce^{-(R/L)t} \end{aligned} \tag{3}$$

가 된다. 여기서 $t\to\infty$일 때 (3)의 두 번째 항은 0에 수렴한다. 따라서 $I(t)$는 극한값 E_0/R에 수렴하고, 충분히 오랜 시간 후에는 I는 사실상 일정하게 되는데 그 값은 c와 무관하다. 따라서 초기조건과도 무관하다. 초기조건 $I(0)=0$에 대응하는 특수해는(그림 1.7 참조)

$$I(t)=\frac{E_0}{R}\left(1-e^{-(R/L)t}\right)=\frac{E_0}{R}\left(1-e^{-t/\tau_L}\right)$$

이고, 여기서 $\tau_L=L/R$은 회로의 유도시상수(inductive time constant)라고 부른다.

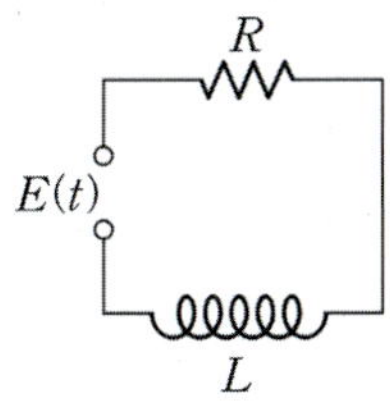

그림 1.6 ▌ RL-회로

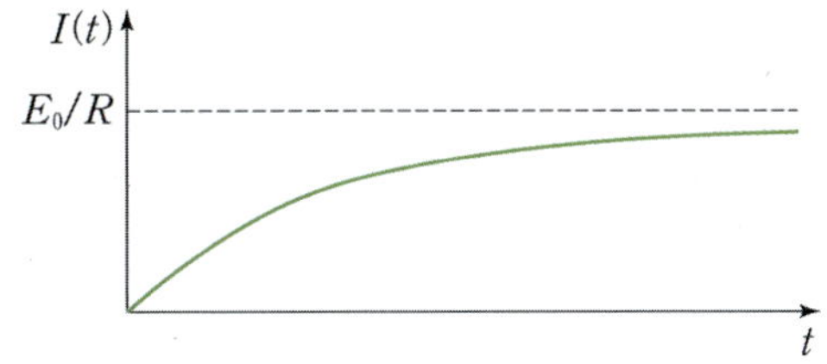

그림 1.7 ▌ 일정한 기전력에 의한 RL-회로에서의 교류

(ii) 주기적인 기전력의 경우: $E(t)=E_0 \sin \omega t$이면 그 일반해는

$$I(t) = e^{-at}\left[\frac{E_0}{L}\int e^{at}\sin\omega t\,dt + c\right] \quad (a = R/L)$$

이다. 부분적분을 하면

$$I(t) = ce^{-(R/L)t} + \frac{E_0}{R^2+\omega^2L^2}(R\sin\omega t - \omega L\cos\omega t)$$

가 되고, 이 식은 다음과 같이 쓸 수 있다.

$$I(t) = ce^{-(R/L)t} + \frac{E_0}{\sqrt{R^2+\omega^2L^2}}\sin(\omega t-\delta),$$

$$\delta = \tan^{-1}\frac{\omega L}{R} \tag{4}$$

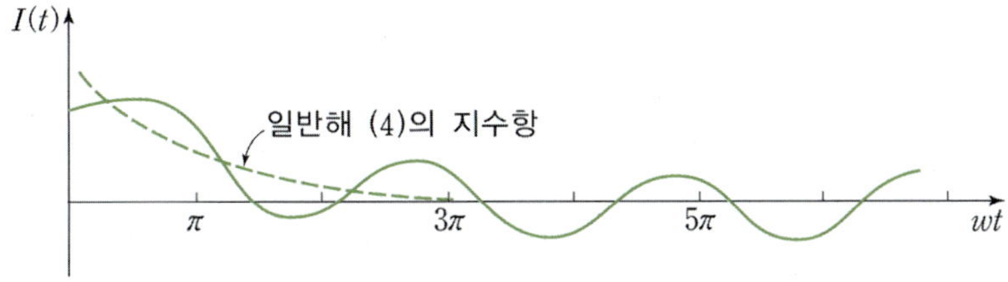

그림 1.8 ▌ 일반해 (4)로 주어진 sine 파형 기전력에 의한 RL–회로의 전류 $(\delta = \pi/4)$ ■

전기(또는 동력학)계는 그 변화를 표시하는 변수가 시간에 관한 주기함수이거나 또는 상수일 때 정상상태(steady state)에 있다고 말하고, 정상상태에 있지 않을 때는 과도상태(transient state) 또는 비정상상태(unsteady state)에 있다고 말한다. 이에 대응하는 변수를 각각 정상상태함수(steady state function), 과도

상태함수(transient function)라고 부른다. 예제 2의 경우 (i)에서 함수 E_0/R는 (2)의 정상상태함수 또는 정상상태해(steady state solution)이고, 경우 (ii)에서 정상상태해는 (4)의 두 번째 항으로 표시된다. 회로가 (실용적으로) 정상상태에 도달하기 전에는 그것은 과도상태에 있게 된다. 이와 같은 중간기 또는 과도기는 인덕터와 커패시터가 에너지를 저장하므로, 이에 대응하는 인덕터 전류와 커패시터 전압이 순간적으로 변할 수 없기 때문에 생기게 된다. 실제로 이 같은 과도상태는 짧은 시간 내에 끝이 난다.

일계 미분방정식의 또 다른 응용으로 공학적 응용문제와 관련하여 하나의 주어진 곡선군의 각 곡선과 직각으로 교차하는 다른 곡선들을 구하는 경우가 많다. 이때 두 곡선군을 서로 직교한다고 하고 두 곡선군은 직교망(orthogonal net)을 형성한다고 하며, 새로 얻어진 곡선군을 원래 곡선의 직교절선군(orthogonal trajectories)이라 한다. 이제 주어진 곡선군의 직교절선군을 구하는 방법을 생각해 보자.

미분방정식

$$y' = f(x, y) \tag{4}$$

로 표시되는 하나의 곡선군 $F(x, y, c) = 0$이 주어졌을 때, 이에 대응하는 직교절선군은 다음과 같이 구할 수 있다. 미분방정식 (4)에서 알 수 있는 바와 같이 한 점 (x_0, y_0)를 지나는 주어진 곡선군에 속하는 한 곡선은 이 점에서 기울기 $f(x_0, y_0)$를 갖는다. 점 (x_0, y_0)를 지나는 직교절선의 이 점에서의 기울기는 $-1/f(x_0, y_0)$이다. 따라서 직교절선군은 미분방정식

$$y' = -\frac{1}{f(x, y)} \tag{5}$$

를 풀어서 구할 수 있다.

예제 3 $y^2 = 4c(x+c)$의 직교절선군을 구하여라.

풀이 주어진 식 $y^2 = 4c(x+c)$과 이를 미분한 $yy' = 2c$을 이용하여 c를 소거하면

$$y = 2xy' + yy'^2$$

이다. 이 식에 y' 대신 $-1/y'$을 대입하면

$$y = -\frac{2x}{y'} + \frac{y}{(y')^2}$$

이고 이를 변형하면 $y = 2xy' + yy'^2$이다. 따라서 주어진 곡선군의 직교절선군은 자기 자신이다. ■

예제 4 다음 원의 직교절선군을 구하여라.

$$x^2 + (y-c)^2 = c^2 \tag{6}$$

풀이 먼저 주어진 곡선군의 미분방정식을 결정한다. 함수 (6)를 x에 관하여 미분하면

$$2x + 2(y-c)y' = 0 \tag{7}$$

이 되고, 여기서 c를 소거하기 위해 (6)을 c에 관해서 풀면 $c = \dfrac{x^2+y^2}{2y}$이다. 이것을 (7)에 대입하고 정리하면

$$x + \frac{y^2 - x^2}{2y}y' = 0 \quad \text{또는} \quad y' = \frac{2xy}{x^2 - y^2}$$

를 얻는다. y' 대신 $-1/y'$을 대입하면 직교절선군의 미분방정식은

$$y' = -\frac{x^2 - y^2}{2xy} \quad \text{또는} \quad 2xyy' - y^2 + x^2 = 0$$

임을 알 수 있다. 이 방정식을 풀어서 얻은 직교절선군은 $(x-\tilde{c})^2 + y^2 = \tilde{c}^2$ 즉, 원이다(그림 1.9). ■

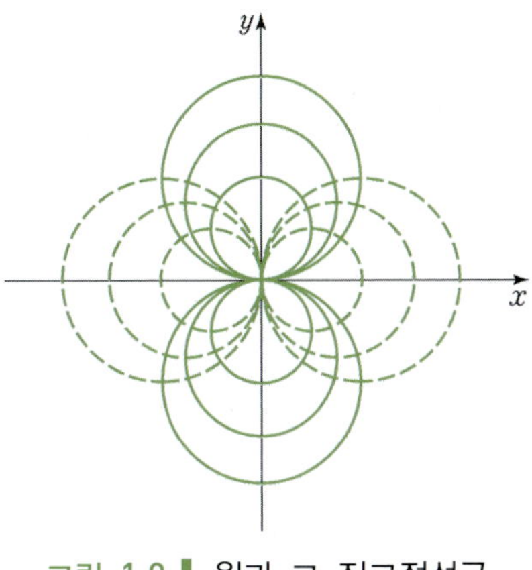

그림 1.9 ▌원과 그 직교절선군

연습문제 1.5

■ 다음 곡선군의 직교절선군을 구하여라.

01 $y^2 = 4(x - c)$

02 $2x^2 + 3y^2 = c$

03 $xy = c$

04 $x^2 - xy + y^2 = c^2$

05 $y = cx$

■ 열을 발산하거나 흡수하는 점이 없고, 균질인 매체로 채워진 영역의 온도장에서 $T(x, y) = c$(c는 상수)로 표시되는 곡선을 등온곡선(isotherms)이라 한다. 이 온도장의 직교절선은 열이 흐르는 방향을 따르는 곡선이 되며, 이를 열류곡선이라 한다.

06 등온곡선이 $y = c - \frac{1}{2}x^2$이면 열류곡선은 무엇인지 구하여라.

1.6 해의 존재성과 유일성

선형대수학에서 다음의 연립방정식은 각각

(a) $\begin{cases} 2x+y=3 \\ 4x+2y=4 \end{cases}$: 해가 없다.

(b) $\begin{cases} x+y=1 \\ x-y=3 \end{cases}$: 유일한 해가 있다.

(c) $\begin{cases} 3x-y=2 \\ 6x-2y=4 \end{cases}$: 해가 무수히 많다.

임을 알 수 있다. 마찬가지로 초기값 문제

$$y' = f(x, y), \quad y(x_0) = y_0 \tag{1}$$

의 경우에도 해의 존재성과 유일성에 대하여 생각할 수 있다.

예를 들어 초기값 문제

$$|y'| + |y| = 0, \ \ y(0) = 1$$

은 $y=0$이 $|y'| + |y| = 0$의 유일한 해이지만 초기조건 $y(0)=1$을 만족하지 않기 때문에 해가 존재하지 않는다. 또한 초기값 문제

$$y' + 2x = 0, \ \ y(0) = 0$$

은 유일한 해 $y=-x^2$을 갖는다.

한편 초기값 문제

$$xy' - y = 1, \ \ y(0) = -1$$

의 해는 $y=cx-1$이다. 이때 $y(0)=-1$이기 때문에 c는 임의 상수이다. 따라서 이 경우 해가 무수히 많다. 이와 같이 초기값 문제 (1)의 해는 존재하지 않거나, 유일하거나, 두 개 이상 존재할 수 있다. 따라서 해에 관하여 다음과 같은 근본적인 의문이 제기된다.

■ 해의 존재성

어떤 조건에서 초기값 문제 (1)은 적어도 하나의 해를 갖는가?

■ 해의 유일성

어떤 조건에서 초기값 문제 (1)은 유일한 해를 갖는가?

이와 같은 조건을 제시하는 정리를 각각 존재 정리(existence theorem), 유일성 정리(uniqueness theorem)라고 한다.

물론 앞의 세 예제는 매우 간단하여 문제의 해를 구할 수 있다. 그러나 복잡한 미분방정식의 경우 쉽게 해를 구할 수 없기 때문에 존재 정리와 유일성 정리가 매우 중요하다. 이제 이들 정리를 명확하게 기술하여 보자.

정리 1.3 존재 정리

초기값 문제

$$y' = f(x, y), \quad y(x_0) = y_0 \tag{2}$$

의 $f(x, y)$가 적당한 직사각형 영역

$$R = \{(x, y) \mid |x - x_0| < a, \ |y - y_0| < b\}$$

의 모든 점 (x, y)에서 연속이고, 유계, 즉 적당한 양의 실수 K가 존재하여

$$|f(x, y)| \le K \tag{3}$$

이라 하면, 초기값 문제 (2)는 적어도 하나의 해를 갖는다. 이때 해 $y(x)$는 구간 $|x - x_0| < a$의 부분 구간 $|x - x_0| < \alpha$의 모든 x에 대하여 정의된다. 여기서 α는 a와 b/K 중 작은 값이다.

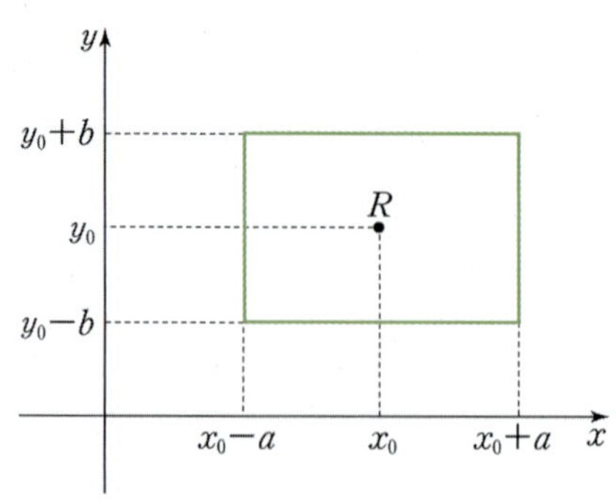

그림 1.10

예를 들어

$$R = \{(x,\ y) \mid |x| < 1,\ |y| < 1\}$$

이라 할 때 $f(x,\ y) = x^2 + y^2$은 모든 $(x,\ y) \in R$에 대하여 $|f(x,\ y)| \le 2$를 만족한다. 한편 $f(x,\ y) = \tan(x+y)$는 $|x+y| < 2$이므로 유계가 아니다.

정리 1.4 유일성 정리

$f(x,\ y)$와 $\dfrac{\partial f}{\partial y}$가 영역 R의 모든 점 $(x,\ y)$에서 연속이고 유계, 즉 적당한 양의 실수 K와 M이 존재하여

$$\text{(a)}\ |f(x,\ y)| \le K, \quad \text{(b)}\ \left|\frac{\partial f}{\partial y}(x,\ y)\right| \le M \tag{4}$$

이라 하면 초기값 문제 (2)는 유일한 해 $y(x)$를 갖는다. 이때 $y(x)$는 적어도 정리 1.3의 부분구간 $|x - x_0| < \alpha$의 모든 x에 대하여 정의된다.

존재 정리와 유일성 정리를 증명하려면 평등수렴을 명확히 알아야 하며, 이 책의 뒷부분에서 배울 내용이 필요하므로 증명은 생략한다. 이제 존재 정리와 유일성 정리의 이해를 돕기 위하여 몇 가지 사항을 살펴보도록 하자.

$y' = f(x,\ y)$이므로 조건 (3)은 $|y'| \le K$를 의미한다. 즉 영역 R의 모든 점에서의 해곡선 $y = y(x)$의 기울기는 최대가 K, 최소가 $-K$이다. 따라서 점 $(x_0,\ y_0)$를 지나는 해 곡선 $y(x)$는 기울기가 각각 $-K$와 K인 직선 l_1과 l_2를

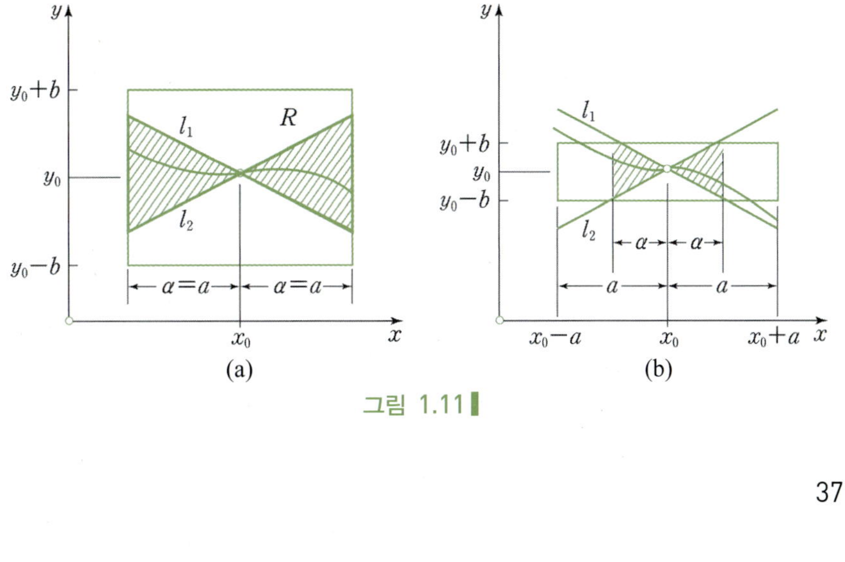

그림 1.11

경계로 이루어진 빗금친 영역 사이에 위치한다. 그림 1.11(a)를 참조하여라.

영역 R의 형태에 따라 두 가지 다른 경우가 발생한다. 첫 번째 경우는 그림 1.11(a)와 같이 $b/K \geq a$이다. 따라서 $\alpha = a$이므로 해는 모든 $x \in (x_0 - a, x_0 + a)$에 대하여 존재한다. 두 번째 경우는 그림 1.11(b)와 같이 $b/K < a$이다. 따라서 $\alpha = K/b < a$이고, 정리에 의하여 해는 모든 $x \in (x_0 - b/K, x_0 + b/K)$에 대하여 존재한다. 이보다 크거나 작은 x에 대하여 해 곡선은 직사각형 R 밖으로 나갈 수 있고, R 밖에서는 $f(x, y)$에 대한 아무런 가정이 없으므로 이에 대응하는 x에 대한 해 $y(x)$에 관하여 어떠한 결론도 낼 수 없다.

예제 1 $R = \{(x, y) \mid |x| < 5, \ |y| < 3\}$에 대하여 초기값 문제

$$y' = 1 + y^2, \quad y(0) = 0$$

을 생각하면 $a = 5, b = 3$이므로

$$|f| = |1 + y^2| \leq 1 + |y|^2 \leq 10 = K, \quad \left|\frac{\partial f}{\partial y}\right| = 2|y| \leq 6 = M$$

이다. 따라서 $\alpha = b/K = 3/10 < 5 < a$이다. ■

실제로 초기값 문제의 해가 $y = \tan x$이고, $x = \pm \dfrac{\pi}{2}$에서 불연속이므로 주어진 구간 $|x| < 5$ 전체에서 $y = \tan x$가 해가 될 수는 없다.

존재 정리와 유일성 정리의 조건은 필요조건이 아닌 충분조건이고 이들을 약화시킬 수 있다. 특별히 미분의 평균값 정리를 쓰면 y_2와 y_1 사이의 적당한 점 $\tilde{y}$에 대하여

$$f(x, y_2) - f(x, y_1) = (y_2 - y_1)\frac{\partial f}{\partial y}(\tilde{y})$$

를 만족한다. 이 식에 조건 (4)의 (b)를 적용하면

$$|f(x, y_2) - f(x, y_1)| \leq M|y_2 - y_1| \tag{5}$$

가 성립한다. 조건 (5)를 Lipschitz 조건(Lipschitz Condition)이라 하고, 약화된

조건 (5)를 조건 (4)의 (b) 대신 쓸 수 있다는 사실을 증명할 수 있다.

한편 $f(x, y)$의 연속성만으로는 해의 유일성을 보장할 수 없다. 다음의 예가 이를 보여준다.

예제 2 초기값 문제

$$y' = \sqrt{|y|}, \quad y(0) = 0$$

을 생각하면 비록 $f(x, y) = \sqrt{|y|}$가 모든 y에 대하여 연속이지만 두 개의 해

$$y = 0, \; y^* = \begin{cases} \dfrac{x^2}{4}, & x \geq 0 \\ -\dfrac{x^2}{4}, & x < 0 \end{cases}$$

가 존재한다. Lipschitz 조건 (5)가 $y = 0$을 포함하는 임의의 영역에서 만족하지 않는다. 왜냐하면 $y_1 = 0$, y_2를 임의의 양의 실수라고 하면

$$\left| \frac{f(x, y_2) - f(x, y_1)}{y_2 - y_1} \right| = \frac{\left| \sqrt{|y_2|} - \sqrt{|y_1|} \right|}{|y_2 - y_1|} = \frac{\sqrt{y_2}}{y_2} = \frac{1}{\sqrt{y_2}} \tag{6}$$

이므로 y_2를 충분히 작게 잡으면 $\dfrac{1}{\sqrt{y_2}}$을 얼마든지 크게 만들 수 있다. 따라서 y_2가 충분히 작으면 $\dfrac{1}{\sqrt{y_2}}$는 Lipschitz 조건 (5)의 고정된 상수 M 보다 크기 때문이다. ■

연습문제 1.6

■ 다음 미분방정식의 해를 구하려고 한다.

$$xy' = y$$

01 초기조건이 $y(0) = 0$일 때 해를 모두 구하고, 그 그래프를 그려라.

02 미분방정식의 해가 (a) 존재하지 않을 때, (b) 유일할 때, (c) 두 개 이상 존재할 때의 초기조건 $y(x_0) = y_0$를 구하여라.

03 다음 초기값 문제

$$(x^3 - x)y' = (3x^2 - 1)y, \quad y(x_0) = y_0$$

가 무수히 많은 해를 갖기 위한 x_0와 y_0의 조건을 구하여라.

04 $f(x, y) = \sqrt{y}$는 Lipschitz 조건을 만족하는가?

05 영역 $R = \{(x, y) \mid |x-1| < a, |y-1| < b\}$에 대하여 초기값 문제

$$y' = y^2, \quad y(1) = 1$$

의 해가 존재하는 최대 α를 구하여라.

06 $f(x, y) = |x| + |y|$가 $R = \{(x, y) \mid -\infty < x < \infty, -\infty < y < \infty\}$에서 Lipschitz 조건을 만족하는가? $\dfrac{\partial f}{\partial y}$는 존재하는가?

02 선형미분방정식

2.1 n계 선형미분방정식

정의 1

n계 선형미분방정식은 다음과 같은 형태의 방정식이다.

$$y^{(n)} + b_1(x)y^{(n-1)} + \cdots + b_n(x)y = R(x) \tag{1}$$

이때 $b_1(x), \cdots, b_n(x)$를 방정식의 계수(coefficients)라 한다.

정의에서 선형이라는 뜻은 방정식이 y와 y의 도함수에 대하여 선형임을 말한다. 한편 $R(x) = 0$이면 동차방정식, $R(x) \neq 0$이면 비동차방정식이라 정의한다. 예를 들어

$$(x-2)y' + y = \cos x$$

는 일계 비동차선형미분방정식이고,

$$y'' + xy' + y = 0$$

은 이계 동차선형미분방정식이다. 비선형방정식은 (1)의 형태로 쓸 수 없는 미분방정식을 의미하며,

$$y'' + y'y = 0, \quad y''\sqrt{y'} = \sin x$$

와 같은 것이 비선형방정식의 예이다.

정의 2

함수 $y = \Phi(x)$가 주어진 구간 I에서 미분방정식 (1)의 해라 함은 $y = \Phi(x)$가 주어진 구간 I에서 정의되고 n번 미분 가능하며, 미분방정식 (1)을 만족하는 것이다. 즉

$$\Phi^{(n)}(x) + b_1(x)\,\Phi^{(n-1)}(x) + \cdots + b_n(x)\,\Phi^{(n)}(x) = R(x)$$

이다.

연습문제 2.1

■ 다음 n계 미분방정식에 대하여 n, 동차, 비동차, 선형, 비선형을 결정하여라.

01 $y''' + xy'' + y = 0$

02 $y^{(4)} + yy'' + xy' = \sin x$

03 $y^{(5)} + \sqrt{y'''} + y = 0$

04 $y^{(4)} + y' = \ln x$

2.2 이계 동차선형미분방정식

앞에서 일반적인 n계 선형미분방정식에 대하여 정의하였다. 이 절에서는 이계 선형미분방정식에 대하여 공부한다. 앞에서 정의한 바에 따르면 이계 동차선형미분방정식의 형태는

$$y'' + b_1(x)y' + b_2(x)y = 0 \tag{1}$$

이다.

만일 y_1과 y_2가 이계 동차선형미분방정식 (1)의 해라 가정하면

$$y_1'' + b_1(x)y_1' + b_2(x)y_1 = 0 \tag{2}$$

이고

$$y_2'' + b_2(x)y_2' + b_2(x)y_2 = 0 \tag{3}$$

이다. 이때 방정식 (2)와 (3)에 각각 임의의 상수 c_1과 c_2를 곱하여 더하면

$$\begin{aligned} 0 &= c_1(y_1'' + b_1(x)y_1' + b_2(x)y_1) + c_2(y_2'' + b_1(x)y_2' + b_2(x)y_2) \\ &= (c_1y_1'' + c_2y_2'') + b_1(x)(c_1y_1' + c_2y_2') + b_2(x)(c_1y_1 + c_2y_2) \\ &= (c_1y_1 + c_2y_2)'' + b_1(x)(c_1y_1 + c_2y_2)' + b_2(x)(c_1y_1 + c_2y_2) \end{aligned}$$

를 얻고, 이는

$$y = c_1y_1 + c_2y_2 \tag{4}$$

도 이계 동차선형미분방정식 (1)의 해가 됨을 의미한다.

정리 2.1

주어진 구간 I에서 함수 y_1과 y_2가 이계 동차선형미분방정식의 해이면 임의의 상수 c_1과 c_2에 대하여

$$y = c_1y_1 + c_2y_2 \tag{5}$$

도 해가 된다. 이때 $c_1y_1 + c_2y_2$를 y_1과 y_2의 일차결합(linear combination)이라 한다.

예제 1 함수 $y_1 = \sin x$, $y_2 = \cos x$가 이계 동차선형미분방정식

$$y'' + y = 0 \tag{6}$$

의 해임을 쉽게 보일 수 있다. 따라서 임의의 상수 c_1과 c_2에 대하여 $y = c_1 \sin x + c_2 \cos x$도 주어진 동차방정식 (6)의 해이다. 만일 $c_1 = 5$, $c_2 = 0$이면 $y = 5\sin x$이고, 이것도 (6)의 해이다. 그러나 비동차방정식과 비선형방정식인 경우에는 (5)의 성질을 만족하지 않는다. 이를 기억하기 위하여 다음의 예제를 공부하자. ■

예제 2 함수 $y_1 = \sin x + 5$, $y_2 = \cos x + 5$가 비동차방정식

$$y'' + y = 5 \tag{7}$$

의 해임을 쉽게 보일 수 있다. 그러나

$$\begin{aligned} y &= 5(\sin x + 5) + 0(\cos x + 5) \quad (c_1 = 5,\ c_2 = 0) \\ &= 5(\sin x + 5) \end{aligned}$$

와

$$y = (\sin x + 5) + (\cos x + 5) \qquad (c_1 = c_2 = 1)$$

는 방정식 (7)의 해가 아님을 쉽게 보일 수 있다. ■

예제 3 $y_1 = -x^2$과 $y_2 = 1$이 비선형방정식

$$y''y + xy' = 0 \tag{8}$$

의 해임을 보일 수 있다. 그러나

$$y = x^2 \quad (c_1 = -1,\ c_2 = 0)$$

과

$$y = -x^2 + 1 \quad (c_1 = c_2 = 1)$$

은 비선형방정식 (8)의 해가 아니다. ■

이계 미분방정식이 종속변수 x를 제외한 $y(x)$, $y'(x)$, $y''(x)$만 포함하고 있으면 $z=y'$의 치환과 연쇄법칙을 이용하여 원래의 방정식을 z에 관한 일계미분방정식으로 전환할 수 있다. 따라서 1장에서 배운 방법으로 일계 미분방정식의 해 z를 구하고, $z=y'$을 적분하여 원래의 미분방정식의 해 y를 구할 수 있다.

예제 4 이계 미분방정식

$$y''+(y')^2=0 \tag{9}$$

을 일계 미분방정식으로 전환하여 해 $y(x)$를 구하여라.

풀이 $y'=z$라 하면

$$y''=\frac{dy'}{dx}=\frac{dz}{dx}=\frac{dz}{dy}\frac{dy}{dx}=\frac{dz}{dy}y'=\frac{dz}{dy}z$$

이다. 이를 (9)에 대입하면 일계 미분방정식

$$\frac{dz}{dy}z+z^2=0 \tag{10}$$

을 얻는다. (10)은 변수분리형 방정식

$$\frac{1}{z}dz+dy=0 \tag{11}$$

이므로 1장의 방법으로 해를 구하면

$$\ln|z|+y=c_1$$

이다. 따라서 $z=c_2e^{-y}$이므로 $y'=c_2e^{-y}$이고, 이는 $e^y\,dy=c_2\,dx$이다. 양변을 적분하면 $e^y=c_2x+c_3$이다. 따라서 해는 임의 상수 c_1, c_2에 대하여 다음과 같이 나타낼 수 있다.

$$e^y=c_1x+c_2.$$ ■

여기서 방정식 (9)를 (10)과 같이 y에 대한 미분으로 변형하는 대신 x에 대한 미분으로 변형하여 $\dfrac{dz}{dx}+z^2=0$를 풀이하는 방법도 가능하다.

연습문제 2.2

■ 다음 미분방정식을 일계로 전환하여 해를 구하여라.

01 $y''-2(y')^2=0$

02 $y''+3y'=0$

03 $xy''+y'=0$

04 $y''+(y')^2=0$

05 $xy''-2y'=0$

06 $xy''-(y')^2+y'=0$

07 $yy''+(y+1)(y')^2=0$

08 $y''=y,\ y(0)=0$을 만족하고, 원점에서의 접선이 $y=2x$인 곡선 $y(x)$를 구하여라.

2.3 기저, 일반해, 초기값 문제

1장에서 배운 바와 같이 일계미분방정식의 초기값 문제는 일계미분방정식과 초기값 $y(x_0)=y_0$으로 이루어져 있다. 초기값 $y(x_0)=y_0$는 일반해의 임의의 상수 c를 결정하는 데에 사용하였다. 초기값 $y(x_0)=y_0$을 이용하여 임의의 상수 c를 특수한 숫자로 바꾼 해를 특수해(particular solution)라 했다.

이계 동차선형미분방정식의 초기값 문제는 이계 동차선형미분방정식

$$y''+b_1(x)y'+b_2(x)y=0 \tag{1}$$

과 주어진 초기값

$$y(x_0)=K_1,\ \ y'(x_0)=K_2 \tag{2}$$

로 이루어져 있다. 초기값 또는 초기조건 (2)는 이계 동차선형미분방정식 (1)의 일반해(general solution)

$$y=c_1y_1(x)+c_2y_2(x) \tag{3}$$

의 임의의 상수 c_1과 c_2를 특수한 숫자로 바꾸는 데에 이용된다. 여기서 일반해 (3)은 함수 $y_1(x)$와 $y_2(x)$가 일차독립(linearly independent)인 해를 의미하며, 일차독립의 개념은 다음의 예제 1을 공부한 후에 다룬다.

정리 2.2 이계 선형미분방정식의 초기값 문제의 해의 존재성과 유일성

$b_1(x)$, $b_2(x)$, $R(x)$가 x_0를 포함하는 구간 I에서 연속이면 초기값 문제

$$y''+b_1(x)y'+b_2(x)y=R(x),\quad y(x_0)=K_1,\ \ y'(x_0)=K_2 \tag{4}$$

는 구간 I에서 오직 한 개의 해를 갖는다. 그리고 해의 존재구간은 I이다.

예제 1 다음 초기값 문제의 해를 구하여라.

$$y'' + y = 0, \quad y(0) = 1, \quad y'(0) = 2$$

풀이 2.2절의 예제 1에서 공부한 바와 같이 $y_1 = \sin x$와 $y_2 = \cos x$는 미분방정식의 해이고,

$$y = c_1 \sin x + c_2 \cos x$$

도 해이다.

이제 $y(0) = 1$의 조건을 이용하면

$$1 = y(0) = c_1 \sin 0 + c_2 \cos 0 = c_2$$

이고

$$y'(x) = c_1 \cos x - c_2 \sin x$$

이므로

$$2 = y'(0) = c_1 \cos 0 - c_2 \sin 0 = c_1$$

이다. 따라서 해는

$$y = 2\sin x + \cos x$$

이다. ■

주의 K가 0이 아닌 상수이고, $y_1 = \sin x$, $y_2 = K\sin x$라 하면 $\dfrac{y_2}{y_1} = K$이다. 이제 $y = c_1 y_1 + c_2 y_2$라 하면 $y = c_1 \sin x + c_2 (K \sin x) = c \sin x$, 이때 $c = c_1 + c_2 K$이다. 한편 $y = c \sin x$에는 임의의 상수가 하나 밖에 없기 때문에 초기조건 $y(0) = 1$과 $y'(0) = 2$를 동시에 만족시킬 수 없다. 따라서 일반해(general solution) (3)이 정의되기 위해서는 한 해가 다른 해의 상수 배가 되어서는 안 된다. 일반해의 정확한 정의를 위하여 다음의 개념을 도입한다.

정의 3

모든 $x \in I$에 대하여

$$c_1 y_1(x) + c_2 y_2(x) = 0$$

일 때, $c_1 = c_2 = 0$이면 함수 y_1과 y_2를 구간 I에서 일차독립(linearly independent)이라 한다. 만일 y_1과 y_2가 일차독립이 아니면, y_1과 y_2를 구간 I에서 일차종속(linearly dependent)이라 한다.

위의 정의로부터 모든 x에 대하여 함수 $y_1(x)$와 $y_2(x)$가 일차종속이 되기 위한 필요충분조건은 $y_1(x)$가 $y_2(x)$의 0이 아닌 상수배이다.

예제 2 $y'' + y = 0$의 해인 $y_1 = \sin x$와 $y_2 = \cos x$가 구간 $(-\infty, \infty)$에서 일차독립임을 보여라.

풀이 모든 $x \in (-\infty, \infty)$에 대하여

$$c_1 \sin x + c_2 \cos x = 0$$

이라 하자. $x = 0$, $x = \frac{\pi}{2}$를 대입하면

$$c_1 = c_2 = 0$$

을 얻는다. 따라서 $y_1 = \sin x$와 $y_2 = \cos x$는 $(-\infty, \infty)$에서 일차독립이다. ■

예제 3 $y_1 = e^{-x}$와 $y_2 = e^{x}$가 구간 $(-\infty, \infty)$에서 일차독립임을 보여라.

풀이 모든 $x \in (-\infty, \infty)$에 대하여

$$c_1 e^{-x} + c_2 e^{x} = 0$$

이라 하고, $x = 0$, $x = 1$을 대입하면

$$c_1 + c_2 = 0$$
$$c_1 e^{-1} + c_2 e = 0$$

의 c_1과 c_2에 관한 연립방정식을 얻는다. 이 연립방정식의 해는 $c_1 = c_2 = 0$임을 쉽게 보일 수 있다. 따라서 $y_1 = e^{-x}$와 $y_2 = e^{x}$는 $(-\infty, \infty)$에서 일차독립이다. ■

예제 4 $y_1 = \sinh x$와 $y_2 = e^x - e^{-x}$이 $(-\infty, \infty)$에서 일차종속임을 보여라.

풀이 $y_1 = \sinh x = \dfrac{e^x - e^{-x}}{2}$이므로

$$y_1 = \frac{1}{2} y_2$$

이다. 따라서 y_1이 y_2의 0이 아닌 상수배이므로 $y_1 = \sinh x$와 $y_2 = e^x - e^{-x}$은 $(-\infty, \infty)$에서 일차종속이다. ■

정리 2.3 론스키안(Wronskian)

이계 동차선형미분방정식

$$y'' + b_1(x)y' + b_2(x)y = 0 \tag{4}$$

의 계수 $b_1(x)$와 $b_2(x)$가 주어진 개구간 I에서 연속이라 하자. 그러면 이 방정식의 두 해 $y_1(x)$와 $y_2(x)$가 일차종속이기 위한 필요충분조건은 적당한 $x_0 \in I$에 대하여 론스키안(Wronskian)이라 하는 행렬식

$$W[y_1, y_2](x_0) = \begin{vmatrix} y_1(x_0) & y_2(x_0) \\ y_1'(x_0) & y_2'(x_0) \end{vmatrix} = y_1(x_0)y'_2(x_0) - y_2(x_0)y'_1(x_0) \tag{5}$$

의 값이 0이다. 즉 $W[y_1, y_2](x_0) = 0$이다. 또한 $x_0 \in I$에서 $W[y_1, y_2](x_0) = 0$이면 모든 $x \in I$에 대하여 $W[y_1, y_2](x) = 0$이다.

따라서 적당한 $x_0 \in I$에 대하여 $W[y_1, y_2](x_0) \neq 0$이면 y_1과 y_2는 개구간 I에서 일차독립이다.

풀이 (a) 일차종속인 경우만 증명하고, 일차독립의 경우는 생략한다. y_1과 y_2가 일차종속이라 가정하자. 그러면 적당한 0이 아닌 상수 k가 존재하여 $y_2 = ky_1$이다. 따라서

$$W[y_1, y_2](x_0) = y_1(x_0)y_2{}'(x_0) - y_2(x_0)y_1{}'(x_0)$$
$$= y_1(x_0)ky_1{}'(x_0) - ky_1(x_0)y_1{}'(x_0) = 0$$

(b) 반대로 적당한 점 $x_0 \in I$에 대하여 $W[y_1, y_2](x_0) = 0$이라 하자.

이제 미지수가 k_1과 k_2인 연립방정식

$$\begin{aligned} k_1y_1(x_0) + k_2y_2(x_0) &= 0 \\ k_1y_1{}'(x_0) + k_2y_2{}'(x_0) &= 0 \end{aligned} \tag{6}$$

을 생각하자. y_1과 y_2가 일차종속임을 보이기 위하여 구간 I에서 k_1과 k_2가 동시에 0이 아님을 보이면 된다. k_2를 제거하기 위하여 연립방정식 (6)의 첫 번째 방정식에 $y_2{}'(x_0)$을 곱하고, 두 번째 방정식에 $-y_2(x_0)$을 곱하여 더하면

$$k_1y_1(x_0)y_2{}'(x_0) - k_1y_1{}'(x_0)y_2(x_0) = k_1 W[y_1, y_2](x_0) = 0$$

이다. 마찬가지로 연립방정식 (6)의 첫 번째 방정식에 $-y_1{}'(x_0)$을 곱하고, 두 번째 방정식에 $y_1(x_0)$를 곱하여 더하면

$$k_2y_1(x_0)y_2{}'(x_0) - k_2y_1{}'(x_0)y_2(x_0) = k_2 W[y_1, y_2](x_0) = 0$$

을 얻는다. $W[y_1, y_2](x_0) = 0$이므로 (6)의 미지수 k_1과 k_2는 동시에 0일 필요가 없다. 이제 함수

$$y(x) = k_1y_1(x) + k_2y_2(x) \tag{7}$$

는 이계 동차선형미분방정식 (4)의 해이다.

또한 연립방정식 (6)으로부터 (7)의 $y(x)$는 초기값 $y(x_0) = 0$과 $y'(x_0) = 0$을 만족함을 알 수 있다. 그런데 $y^* = 0$도 이계 동차선형방정식 (4)와 초기값 (6)을 만족하는 또 다른 해이다. 계수함수 $b_1(x)$와 $b_2(x)$가 구간 I에서 연속이므로 정리 2.2로부터 $y = y^*$이다. 따라서 구간 I에서

$$k_1 y_1 + k_2 y_2 = 0$$

이다. 그런데 k_1과 k_2가 동시에 0일 필요가 없으므로 y_1과 y_2는 일차종속이다.

(c) 마지막 문장을 증명하자. 어떤 $x_0 \in I$에서 $W[y_1, y_2](x_0) = 0$이면 (b)에 의하여 y_1과 y_2는 I에서 일차종속이다. 따라서 (a)에 의하여 모든 $x_0 \in I$에 대해 $W[y_1, y_2](x) = 0$이다. 그러므로 y_1과 y_2가 I에서 일차종속이면 모든 $x \in I$에 대하여 $W[y_1, y_2](x) \neq 0$일 수 없다. 따라서 마지막 문장이 증명되었다. ■

예제 5 예제 2의 두 함수 $y_1 = \sin x$와 $y_2 = \cos x$가 $(-\infty, \infty)$에서 일차독립임을 론스키안으로 보이자.

풀이

$$W[y_1, y_2](x) = \begin{vmatrix} y_1(x) & y_2(x) \\ y_1{}'(x) & y_2{}'(x) \end{vmatrix} = \begin{vmatrix} \sin x & \cos x \\ \cos x & -\sin x \end{vmatrix}$$

$$= -\sin^2 x - \cos^2 x = -1$$

이므로 $x \in (-\infty, \infty)$에 대하여 $W[y_1, y_2](x) \neq 0$이다. 따라서 $y_1 = \sin x$와 $y_2 = \cos x$는 $(-\infty, \infty)$에서 일차독립이다. ■

정의 4 기저

구간 I에서 이계 동차선형미분방정식 (4)의 일차독립인 두 해 $y_1(x)$와 $y_2(x)$를 기저(basis)라 한다. 또한 $\{y_1, y_2\}$를 기본해집합이라 한다.

정리 2.4 이계 동차선형미분방정식의 일반해

이계 동차선형미분방정식

$$y'' + b_1(x)y' + b_2(x)y = 0 \tag{8}$$

의 계수함수 $b_1(x)$와 $b_2(x)$가 주어진 개구간 I에서 연속이고, $y_1(x)$와 $y_2(x)$가 방정식의 일차독립인 해라 하자. 그러면 방정식의 모든 해는 개구간 I에서

$$y(x) = c_1 y_1(x) + c_2 y_2(x) \tag{9}$$

로 주어진다. 이때 c_1와 c_2는 임의의 상수이다. 함수 (9)를 방정식 (8)의 일반해(general solution)라 하고, c_1과 c_2에 특수한 값을 대입하여 얻어진 해를 특수해(particular solution)라 한다.

증명 $y = Y(x)$를 방정식 (8)의 임의의 해라 가정하자. 이제 정리 2.1에 의하여

$$y(x) = c_1 y_1(x) + c_2 y_2(x) \tag{10}$$

도 해가 된다. 따라서 적당한 상수 c_1과 c_2를 구하여 개구간 I에서 $Y(x) = y(x)$임을 보이면 된다.

x_0을 개구간 I의 임의의 점이라 하고, 먼저 $y(x_0) = Y(x_0)$, $y'(x_0) = Y'(x_0)$를 만족하는 상수 c_1과 c_2를 구하자.

방정식 (10)에 $y(x_0) = Y(x_0)$, $y'(x_0) = Y'(x_0)$를 대입하면

$$\begin{aligned} c_1 y_1(x_0) + c_2 y_2(x_0) &= Y(x_0) \\ c_1 y_1'(x_0) + c_2 y_2'(x_0) &= Y'(x_0) \end{aligned} \tag{11}$$

이 된다. 연립방정식 (11)의 첫 번째 방정식에 $y_2'(x_0)$를 곱하고 두 번째 방정식에 $-y_2(x_0)$를 곱하여 더하면 c_1을 얻고, 마찬가지로 연립방정식 (11)의 첫 번째 방정식에 $-y_1'(x_0)$를 곱하고 두 번째 방정식 $y_1(x_0)$를 곱하여 더하면 c_2를 얻는다. 따라서 다음의 새로운 연립방정식을 얻는다.

$$\begin{aligned} & c_1(y_1(x_0)y_2'(x_0) - y_2(x_0)y_1'(x_0)) \\ & = c_1 W[y_1, y_2](x_0) = Y(x_0)y_2'(x_0) - y_2(x_0)Y'(x_0) \\ & c_2(y_1(x_0)y_2'(x_0) - y_2(x_0)y_1'(x_0)) \\ & = c_2 W[y_1, y_2](x_0) = y_1(x_0)Y'(x_0) - Y(x_0)y_1'(x_0) \end{aligned} \tag{12}$$

y_1과 y_2가 기저이므로 $W[y_1, y_2](x_0) \neq 0$이다. 따라서 연립방정식 (12)로 c_1과 c_2를 구할 수 있다. 우리가 구한 상수 c_1과 c_2를 방정식 (10)에 대입하면 특수해

$$y(x) = c_1 y_1(x) + c_2 y_2(x)$$

를 얻는다. $y(x_0) = Y(x_0)$, $y'(x_0) = Y'(x_0)$이므로, 정리 2.2의 해의 유일성으로부터 개구간 I에서 $y(x) = Y(x)$임을 알 수 있다. ■

예제 6 $(-\infty, \infty)$에서 $y = c_1 e^{-x} + c_2 x e^{-x}$이

$$y'' + 2y' + y = 0$$

의 일반해가 됨을 론스키안을 이용하여 보여라.

풀이 $y_1(x) = e^{-x}$, $y_2(x) = xe^{-x}$라 하면

$$(e^{-x})'' + 2(e^{-x})' + e^{-x} = 0$$
$$(xe^{-x})'' + 2(xe^{-x})' + xe^{-x} = 0$$

임을 보일 수 있다. 따라서 $y_1 = e^{-x}$와 $y_2 = xe^{-x}$는 주어진 미분방정식의 해이다. 한편 모든 $x \in (-\infty, \infty)$에 대하여

$$W[y_1, y_2](x) = \begin{vmatrix} e^{-x} & xe^{-x} \\ -e^{-x} & e^{-x} - xe^{-x} \end{vmatrix} = e^{-2x} \neq 0$$

이므로 $y_1 = e^{-x}$와 $y_2 = xe^{-x}$는 일차독립이다. 따라서

$$y = c_1 e^{-x} + c_2 x e^{-x}$$

가 일반해이다. ■

연습문제 2.3

■ $c_1 y_1(x) + c_2 y_2(x) = 0$을 이용하여 다음의 함수 $y_1(x)$와 $y_2(x)$가 주어진 구간에서 일차독립인지, 일차종속인지 밝혀라.

01 $y_1(x) = x$, $y_2(x) = x + 2$ $\quad (-\infty, \infty)$

02 $y_1 = \sin 2x$, $y_2 = \sin x \cos x$ $\quad (-\infty, \infty)$

03 $y_1 = \ln x,\ \ y_2 = \ln x^2 \quad (0,\ \infty)$

04 $y_1 = x,\ \ y_2 = x^2 \quad (-\infty,\ \infty)$

■ 론스키안을 이용하여 다음의 함수 $y_1(x)$와 $y_2(x)$가 주어진 구간에서 일차독립인지, 일차종속인지 밝혀라.

05 $y_1 = \cos 3x,\ \ y_2 = \sin 3x \quad (-\infty,\ \infty)$

06 $y_1 = \cosh 5x,\ \ y_2 = \sinh 5x \quad (-\infty,\ \infty)$

07 $y_1 = \ln x,\ \ y_2 = \ln x^2 \quad (0,\ \infty)$

08 $y_1 = e^x,\ \ y_2 = xe^x \quad (-\infty,\ \infty)$

■ 함수 $y_1(x)$와 $y_2(x)$가 주어진 미분방정식의 일차독립인 해임을 보이고 초기값 문제의 해를 구하여라.

09 $y_1(x) = x,\ \ y_2 = x\ln x$

$x^2y'' - xy' + y = 0,\ \ y(1) = 1,\ \ y'(1) = 0$

10 $y_1 = e^x\cos x,\ \ y_2 = e^x\sin x$

$y'' - 2y' + 2y = 0,\ \ y(0) = 1,\ \ y'(0) = 3$

2.4 계수축소법

이 절에서는 주어진 구간 I에서 이계 동차선형방정식

$$y'' + b_1(x)y' + b_2(x)y = 0 \tag{1}$$

의 한 해 $y_1(x)(\neq 0)$을 알 때, 일반해를 구하기 위하여 $y_1(x)$와 일차독립인 두 번째 해 $y_2(x)$를 구하는 방법을 공부한다.

정리 2.5

$y_1(x) \neq 0$를 주어진 구간 I에서

$$y'' + b_1(x)y' + b_2(x)y = 0 \tag{2}$$

의 한 해라 하면, 구간 I에서 $y_1(x)$와 일차독립인 다른 해 $y_2(x)$는

$$y_2(x) = u(x)y_1(x) \tag{3}$$

이고, 이때 $u(x)$는

$$u(x) = \int \frac{e^{-\int b_1(x)dx}}{[y_1(x)]^2} dx \tag{4}$$

이다.

증명 두 번째 해를

$$y_2(x) = u(x)y_1(x) \tag{5}$$

라 하면 $u(x)$만 구하면 된다. $y_2{}'$과 $y_2{}''$을 계산하면

$$y_2{}' = u'y_1 + uy_1{}', \quad y_2{}'' = u''y_1 + 2u'y_1{}' + uy_1{}'' \tag{6}$$

이고, y_2가 미분방정식 (2)의 해이므로 (5)와 (6)을 (2)에 대입하여 정리하면

$$u''y_1 + u'(2y_1{}' + b_1y_1) + u(y_1{}'' + b_1y' + b_2y) = 0 \tag{7}$$

을 얻는다. y_1도 미분방정식 (2)의 해이므로 (7)의 세 번째 항 괄호 안의 식은 0이 된다. 따라서 방정식 (7)은

$$u''y_1 + u'(2y_1' + b_1y_1) = 0 \tag{8}$$

이 된다. 이제 $u' = w$라 하면 $u'' = w'$이고, 방정식 (8)은

$$y_1w' + w(2y_1' + b_1y_1) = 0 \tag{9}$$

이 된다. 이제 방정식 (9)의 양변을 y_1으로 나누면

$$w' + \left(\frac{2y_1' + b_1y_1}{y_1}\right)w = 0$$

의 변수분리형 방정식을 얻는다. 1장에서 배운 바와 같이 변수를 분리하여 적분하면

$$\frac{dw}{w} = -\left(\frac{2y_1'}{y_1} + b_1\right)dx$$

이므로 $\ln|w| = -2\ln|y_1| - \int b_1 dx$이다. 따라서

$$w = \frac{e^{-\int b_1 dx}}{y_1^2}$$

이다. 이제 $u' = w$로부터

$$u(x) = \int \frac{e^{-\int b_1(x)dx}}{[y_1(x)]^2}dx$$

를 얻는다. ■

예제 1 $y_1(x) = \dfrac{1}{\sqrt{x}}$은 구간 $(0, \infty)$에서

$$2x^2y'' + 5xy' + y = 0$$

의 해이다. 일반해를 구하여라.

풀이 주어진 미분방정식을 표준형 (2)로 바꾸면

$$y'' + \frac{5}{2x}y' + \frac{1}{2x^2}y = 0$$

이다. 따라서 $b_1(x) = \frac{5}{2x}$ 이므로 (4)에 의하여

$$u(x) = \int \frac{e^{-\frac{5}{2}\int \frac{1}{x}dx}}{x^{-1}}dx = \int xe^{-\frac{5}{2}\ln|x|}dx$$

$$= \int x \cdot x^{-\frac{5}{2}}dx = \int x^{-\frac{3}{2}}dx = -\frac{2}{\sqrt{x}}$$

따라서 $y_1(x) = \frac{1}{\sqrt{x}}$ 과 일차독립인 해 $y_2(x)$는

$$y_2(x) = u(x)y_1(x) = \frac{-2}{\sqrt{x}} \cdot \frac{1}{\sqrt{x}} = -\frac{2}{x}$$

이다. 따라서 일반해는

$$y = \frac{c_1}{\sqrt{x}} + \frac{c_2}{x}$$

이다. ■

연습문제 2.4

■ 함수 $y_1(x)$가 주어진 미분방정식의 해일 때 일반해를 구하여라.

01 $y'' - 4y' + 3y = 0, \quad y_1(x) = e^x$

02 $xy'' + 2y' + xy = 0, \quad y_1(x) = \frac{\cos x}{x}$

03 $y'' - \frac{2x}{1-x^2}y' + \frac{2}{1-x^2}y = 0, \quad y_1 = -2 + x\ln\left|\frac{x+1}{x-1}\right|$

04 $2x^2y'' + xy' - y = 0, \quad y_1(x) = x$

05 $y'' - 2y' + y = 0, \quad y_1(x) = xe^x$

2.5 상수계수 이계 동차선형미분방정식

이 절에서는 계수함수가 상수인 이계 동차선형미분방정식

$$y'' + ay' + by = 0 \tag{1}$$

에 대하여 공부한다. 이때 a와 b는 상수이다. 이 방정식은 공학적 진동과 전기적 진동에서 중요한 역할을 한다.

미분방정식 (1)의 해를 구하기 위하여 1장에서 배운 일계 선형방정식

$$y' + ky = 0$$

의 한 해가 $y = e^{-kx}$임을 기억하자. 이때 k는 상수이다. 이것으로부터 적당한 상수 λ에 대하여

$$y = e^{\lambda x} \tag{2}$$

가 미분방정식 (1)의 해라는 사실을 알려준다. 따라서 함수 (2)의 미분

$$y' = \lambda e^{\lambda x}, \quad y'' = \lambda^2 e^{\lambda x} \tag{3}$$

을 미분방정식 (1)에 대입하면

$$(\lambda^2 + a\lambda + b)e^{\lambda x} = 0$$

이다. 이제 λ가 방정식

$$\lambda^2 + a\lambda + b = 0 \tag{4}$$

을 만족하면 함수 (2)는 미분방정식 (1)의 해이다.

정의 5　　특성방정식

방정식 $\lambda^2 + a\lambda + b = 0$을 이계 동차선형미분방정식

$$y'' + ay' + by = 0$$

의 특성방정식(characteristic equation) 또는 보조방정식(auxiliary equation)이라 한다.

근의 공식에 의하여 특성방정식 (4)의 근은

$$\lambda_1 = \frac{-a + \sqrt{a^2 - 4b}}{2},\ \lambda_2 = \frac{-a - \sqrt{a^2 - 4b}}{2} \tag{5}$$

이다. 이것으로부터 두 함수

$$y_1 = e^{\lambda_1 x}, \quad y_2 = e^{\lambda_2 x} \tag{6}$$

가 미분방정식 (1)의 해이다. 두 함수 (6)을 미분방정식 (1)에 대입하면 두 함수 (6)이 미분방정식 (1)을 만족함을 쉽게 알 수 있다.

특성방정식 (4)의 근 λ_1와 λ_2는 근호 안의 $a^2 - 4b$의 부호에 따라 다음의 세 가지로 분류된다.

(1) $D = a^2 - 4b > 0$이면 λ_1과 λ_2는 서로 다른 두 실근
(2) $D = a^2 - 4b = 0$이면 $\lambda_1 = \lambda_2$인 중근
(3) $D = a^2 - 4b < 0$이면 λ_1과 λ_2 켤레복소수근

(1) 서로 다른 두 실근 λ_1과 $\lambda_2 (D > 0)$

이 경우 구간 $(-\infty, \infty)$에서 미분방정식 (1)의 일차독립인 두 해는

$$y_1 = e^{\lambda_1 x}, \quad y_2 = e^{\lambda_2 x}$$

이다. 왜냐하면 모든 $x \in (-\infty, \infty)$에 대하여

$$W[y_1, y_2](x) = \begin{vmatrix} e^{\lambda_1 x} & e^{\lambda_2 x} \\ \lambda_1 e^{\lambda_1 x} & \lambda_2 e^{\lambda_2 x} \end{vmatrix} = (\lambda_2 - \lambda_1)e^{(\lambda_1 + \lambda_2)x} \neq 0$$

이기 때문이다. 따라서 일반해는

$$y = c_1 e^{\lambda_1 x} + c_2 e^{\lambda_2 x} \tag{7}$$

이다.

예제 1 다음의 미분방정식의 일반해를 구하여라.

$$y'' - y' = 0$$

풀이 특성방정식은 $\lambda^2 - \lambda = 0$이고, 근은 $\lambda_1 = 0$, $\lambda_2 = 1$이다. 따라서 $y_1 = e^{0x} = 1$과 $y_2 = e^x$는 일차독립인 해이므로, 일반해는

$$y = c_1 + c_2 e^x$$

이다. ■

예제 2 다음의 초기값 문제의 해를 구하여라.

$$y'' + 5y' - 6y = 0, \quad y(0) = 4, \quad y'(0) = -3$$

풀이 특성방정식은 $\lambda^2 + 5\lambda - 6 = 0$이고, 근은 $\lambda_1 = -6$, $\lambda_2 = 1$이다. 따라서 일반해는

$$y = c_1 e^{-6x} + c_2 e^x$$

이다. 초기값 $y(0) = 4$, $y'(0) = -3$으로부터 연립방정식

$$\begin{aligned} y(0) &= c_1 + c_2 = 4 \\ y'(0) &= -6c_1 + c_2 = -3 \end{aligned}$$

을 얻는다. 연립방정식의 해를 구하면 $c_1 = 1$, $c_2 = 3$이다. 그러므로 초기값 문제의 해는

$$y = e^{-6x} + 3e^x$$

이다. ■

(2) 중근 $\lambda_1 = \lambda_2\,(D=0)$

근호 안의 $a^2 - 4b = 0$이므로 특성방정식 (4)의 근은

$$\lambda_1 = \lambda_2 = -\frac{a}{2}$$

이다. 따라서 $y_1 = e^{\lambda_1 x} = e^{-\frac{a}{2}x}$이다. y_1과 일차독립인 나머지 해 y_2는 2.4절의 계수축소법을 이용하면

$$y_2 = xe^{\lambda_1 x} = xe^{-\frac{a}{2}x}$$

임을 알 수 있다. 따라서 일반해는

$$y = c_1 e^{\lambda_1 x} + c_2 xe^{\lambda_1 x} = c_1 e^{-\frac{a}{2}x} + c_2 xe^{-\frac{a}{2}x} \tag{8}$$

이다. ■

예제 3 다음 미분방정식의 일반해를 구하여라.

$$y'' + 2y' + y = 0$$

풀이 특성방정식은 $\lambda^2 + 2\lambda + 1 = 0$이고, 근은

$$\lambda_1 = \lambda_2 = -1$$

이다. 따라서 일반해는

$$y = c_1 e^{-x} + c_2 xe^{-x}$$

이다. ■

예제 4 다음 초기값 문제의 해를 구하여라.

$$y'' + 2y' + y = 0, \quad y(0) = 1, \quad y'(0) = 0$$

풀이 예제 3으로부터 일반해는

$$y = c_1 e^{-x} + c_2 x e^{-x}$$

이다. 초기값 $y(0) = 1$과 $y'(0) = 0$으로부터 연립방정식

$$c_1 = 1$$
$$-c_1 + c_2 = 0$$

을 얻는다. 따라서 연립방정식의 해는 $c_1 = c_2 = 1$이고, 초기값 문제의 해는

$$y = e^{-x} + x e^{-x}$$

이다. ■

(3) 켤레복소수근($D < 0 \Leftrightarrow a^2 - 4b < 0$)

특성방정식 (4)가 실수 계수 2차 방정식이므로, 복소수근이 발생하면 두 복소수근은 반드시 켤레복소수 관계를 갖는다. 이제

$$\lambda_1 = \alpha + i\beta, \quad \lambda_2 = \alpha - i\beta$$

라 하자, 즉

$$\alpha = -\frac{a}{2}, \quad \beta = \frac{\sqrt{4b - a^2}}{2} \tag{9}$$

이다. 따라서 두 함수

$$y_1 = e^{(\alpha + i\beta)x}, \quad y_2 = e^{(\alpha - i\beta)x} \tag{10}$$

은 미분방정식 (1)의 일차독립인 해이다. 따라서 일반해는

$$y = c_1 e^{(\alpha + i\beta)x} + c_2 e^{(\alpha - i\beta)x} \tag{11}$$

이지만 지수에 허수 $i(=\sqrt{-1})$가 있으므로 이해하기가 쉽지 않다. 따라서 오일러 공식을 이용하여 이를 해결하자. 이제

$$y_1 = e^{(\alpha + i\beta)x} = e^{\alpha x + i\beta x} = e^{\alpha x}(\cos\beta x + i\sin\beta x)$$
$$y_2 = e^{(\alpha - i\beta)x} = e^{\alpha x - i\beta x} = e^{\alpha x}(\cos\beta x - i\sin\beta x)$$

에서

$$\frac{y_1+y_2}{2} = e^{\alpha x}\cos\beta x \qquad (12)$$
$$\frac{y_1-y_2}{2i} = e^{\alpha x}\sin\beta x$$

를 얻는다. 두 해의 일차결합도 미분방정식의 해가 되므로 식 (12)의 $e^{\alpha x}\cos\beta x$와 $e^{\alpha x}\sin\beta x$가 미분방정식 (1)의 해가 된다. 또한 구간 $(-\infty, \infty)$에서 $e^{\alpha x}\cos\beta x$와 $e^{\alpha x}\sin\beta x$는 상수배 관계가 아니므로 일차독립인 해이다. 따라서 일반해는

$$\begin{aligned} y &= c_1 e^{\alpha x}\cos\beta x + c_2 e^{\alpha x}\sin\beta x \\ &= e^{\alpha x}(c_1\cos\beta x + c_2\sin\beta x) \end{aligned} \qquad (13)$$

이다. 이때 α는 복소수근의 실수 부분, β는 복소수근의 허수 부분임을 기억하자.

예제 5 다음의 초기값 문제의 해를 구하여라.

$$y'' + 2y' + 4y = 0, \quad y(0) = 1, \quad y'(0) = 2$$

풀이 특성방정식은 $\lambda^2 + 2\lambda + 4 = 0$이고, 근은 $\lambda_1 = -1 + i\sqrt{3}$, $\lambda_2 = -1 - i\sqrt{3}$이다.

따라서 $\alpha = -1$, $\beta = \sqrt{3}$이므로 일반해는

$$y = e^{-x}(c_1\cos\sqrt{3}x + c_2\sin\sqrt{3}x)$$

이다. 이제 초기값 $y(0) = 1$, $y'(0) = 2$으로부터 연립방정식

$$\begin{aligned} c_1 &= 1 \\ -c_1 + c_2\sqrt{3} &= 2 \end{aligned}$$

을 얻는다. 따라서 $c_1 = 1$, $c_2 = \sqrt{3}$이다. 그러므로 초기값 문제의 해는

$$y = e^{-x}(\cos\sqrt{3}x + \sqrt{3}\sin\sqrt{3}x)$$

이다. ■

▶ 요약

특성방정식 (4)의 근	일반해
$\lambda_1 \neq \lambda_2$ (서로 다른 두 실근)	$y = c_1 e^{\lambda_1 x} + c_2 e^{\lambda_2 x}$
$\lambda_1 = \lambda_2$ (중근)	$y = c_1 e^{\lambda_1 x} + c_2 x e^{\lambda_1 x}$
$\lambda_1 = \alpha + i\beta$, $\lambda_2 = \alpha - i\beta$ (켤레복소수근)	$y = e^{\alpha x}(c_1 \cos\beta x + c_2 \sin\beta x)$

연습문제 2.5

■ 다음의 미분방정식의 일반해를 구하여라.

01 $y'' - 25y = 0$

02 $y'' + 25y = 0$

03 $y'' + 4y' + 13y = 0$

04 $2y'' + 5y' = 0$

05 $y'' - 4y' + 7y = 0$

06 $y'' - 4ky' + 4k^2 y = 0$

07 $y'' + 8y' + 15y = 0$

08 $y'' - \frac{1}{4}y = 0$

■ 다음의 주어진 함수가 해의 기저가 되는 미분방정식 $y'' + ay' + by = 0$을 구하여라.

09 $y_1 = e^{\frac{1}{2}x}$, $y_2 = e^{-x}$

10 $y_1 = e^{\sqrt{5}x}$, $y_2 = xe^{\sqrt{5}x}$

11 $y_1 = \cos\frac{\pi}{2}x$, $y_2 = \sin\frac{\pi}{2}x$

12 $y_1 = e^{(1+i)x}$, $y_2 = e^{(1-i)x}$

■ 다음의 초기값 문제의 해를 구하여라.

13 $y'' + 4y' + (\pi^2 + 4)y = 0$, $y\left(\frac{1}{2}\right) = 1$, $y'\left(\frac{1}{2}\right) = -2$

14 $y'' - y = 0$, $y(0) = 1$, $y'(0) = 1$

15 $y'' + 2by' + a^2 y = 0$, $y(0) = 0$, $y'(0) = 2$ (단 $a > b > 0$)

16 $y'' + 2y' - y = 0$, $y(0) = 0$, $y'(0) = -1$

17 $y'' - k^2 y = 0$, $y(0) = 1$, $y'(0) = 1$ (단 $k \neq 0$)

18 $9y'' - 30y' + 25y = 0$, $y(0) = 3$, $y'(0) = 10$

■ 주어진 함수 y를 일반해로 갖는 미분방정식 $y'' + ay' + by = 0$을 구하고 초기 조건을 만족하도록 상수 c_1과 c_2를 구하여라.

19 $y = c_1 e^{-x} + c_2 e^{x}$, $y(0) = 1$, $y'(0) = 1$

20 $y = c_1 e^{-2x} + c_2 x e^{-2x}$, $y(0) = 1$, $y'(0) = 1$

21 $y = c_1 \cos 3x + c_2 \sin 3x$, $y(0) = 4$, $y'(0) = -3$

2.6 미분연산자

연산자(operator)란 하나의 함수를 다른 함수로 변환시키는 것이다. $Dy = y'$이라 하면 D는 미분 가능한 함수를 그 자신의 도함수로 변환시킨다.

$$D = \frac{d}{dx} \text{ 또는 } Dy = y' = \frac{dy}{dx} \tag{1}$$

와 같이 쓰면 D는 함수 $y(x)$를 $y'(x)$로 변환시키는 미분연산자이다. 마찬가지로 D를 y에 두 번 적용하면 y의 이계미분 $D^2y = D(Dy) = D(y') = y''$을 얻는다. 예를 들어 $D(\sin x) = \cos x$, $D^2(\sin x) = D(\cos x) = -\sin x$이다.

상수계수를 갖는 이계 동차선형미분방정식

$$y'' + ay' + by = 0 \tag{2}$$

에 대하여, 이계 미분연산자

$$L = p(D) = D^2 + aD + bI$$

를 도입하면 (이때 I는 항등연산자, 즉 $Iy = y$), 미분방정식 (2)를

$$Ly = p(D)y = (D^2 + aD + bI)y = 0 \tag{3}$$

으로 나타낼 수 있다. 이때 $p(D)$는 D에 관한 이차다항식이다.

한편 L은 선형미분연산자이다. 왜냐하면 y와 w를 두 번 미분가능하다고 가정하면 임의의 상수 c_1과 c_2에 대하여

$$\begin{aligned} L(c_1y + c_2w) &= (D^2 + aD + bI)(c_1y + c_2w) \\ &= c_1y'' + c_2w'' + a(c_1y' + c_2w') + b(c_1y + c_2w) \\ &= c_1(y'' + ay' + by) + c_2(w'' + aw' + bw) \\ &= c_1Ly + c_2Lw \end{aligned}$$

이기 때문이다. 예를 들어

$$y'' + 2y' + 3y = 0$$

은

$$Ly = (D^2 + 2D + 3I)y = (D^2 + 2D + 3)y = 0$$

이다. 식 (3)으로부터 2.5절의 결과를 도출하여 보자. $D(e^{\lambda x}) = \lambda e^{\lambda x}$이고 $D^2(e^{\lambda x}) = \lambda^2 e^{\lambda x}$이므로

$$\begin{aligned} L(e^{\lambda x}) &= p(D)e^{\lambda x} = (D^2 + aD + bI)e^{\lambda x} \\ &= (\lambda^2 + a\lambda + b)e^{\lambda x} = p(\lambda)e^{\lambda x} = 0 \end{aligned} \tag{4}$$

이다. 따라서 식 (4)로부터 $e^{\lambda x}$가 이계 동차선형방정식

$$y'' + ay' + by = 0$$

의 해이기 위한 필요충분조건은 λ가 특성방정식 $p(\lambda) = 0$, 즉 $\lambda^2 + a\lambda + b = 0$의 해라는 2.4절의 결과에 부합된다. 만일 $p(\lambda) = 0$이 두 개의 서로 다른 실근 λ_1, λ_2를 가지면 해의 기저 $\{e^{\lambda_1 x},\ e^{\lambda_2 x}\}$을 얻을 수 있다.

만일 $p(x) = 0$가 중근 λ를 갖는다면 $p(\lambda) = 0$이고, $p(D)e^{\lambda x} = p(\lambda)e^{\lambda x}$를 λ에 관하여 미분하면

$$p(D)(xe^{\lambda x}) = p'(\lambda)e^{\lambda x} + p(\lambda)(xe^{\lambda x})$$

이다. 이때 $p'(\lambda) = 2\lambda + a = \dfrac{dp}{d\lambda}$이다. 따라서 $p'(\lambda) = p(\lambda) = 0$이다. 그러므로 $e^{\lambda x}$와 일차독립인 해 $xe^{\lambda x}$가 구해진다. $p(\lambda)$는 대수학의 관점에서 다항식이다. λ를 연산자 D로 치환하면 연산자 다항식 $p(D)$가 얻어진다. 이 연산자에 의한 연산법은 $p(D)$를 대수적인 양으로 취급할 수 있다는 것이 특징이다. 특히 $p(D)$를 인수분해할 수도 있다.

예제 1 $p(D) = D^2 + 2D - 3I$을 인수분해하고, $p(D)y = 0$의 일반해를 구하여라.

풀이 $I^2 = I$이므로 $p(D) = D^2 + 2D - 3I = (D + 3I)(D - I)$이다.

$(D + 3I)y = y' + 3y = 0$의 해는 $y_1 = e^{-3x}$이고, $(D - I)y = y' - y = 0$의 해는 $y_2 = e^x$이다.

따라서 $y_1 = e^{-3x}$와 $y_2 = e^x$는 구간 $(-\infty, \infty)$에서 $p(D)y = 0$의 일차독

립인 해이다. 또한 $p(D)y=0$은 다음과 같다.

$$\begin{aligned}(D+3I)(D-I)y &= (D+3I)(y'-y)\\ &= D(y'-y)+3(y'-y)\\ &= y''-y'+3y'-3y\\ &= y''+2y'-3y\\ &= 0\end{aligned}$$

이는 연산자 다항식 $p(D)$를 특성다항식 $p(\lambda)=\lambda^2+2\lambda-3$과 같은 방식으로 인수분해한 것과 같으므로 의외라 할 수 없다. ■

연습문제 2.6

■ 주어진 연산자를 주어진 각각의 함수에 적용하여라.

01 D^2+D, $\sinh 2x$, e^x+e^{-2x}, $\sin x$

02 $(D-2I)(D+I)$, e^{-2x}, e^{4x}, xe^{4x}

03 $(D-3I)^2$, xe^x, e^x, e^{-x}

■ 다음의 미분방정식의 일반해를 구하여라.

04 $(D^2+3D+2.25I)y=0$

05 $(4D^2-I)y=0$

06 $(D^2+2I)y=0$

07 $(D^2+3D+2.5I)y=0$

■ 다음의 초기값 문제의 해를 구하여라.

08 $(D^2-2D-3I)y=0$, $y(0)=0$, $y'(0)=-4$

09 $(D^2+4D+5I)y=0$, $y(0)=1$, $y'(0)=-1$

10 $(D^2+6D+9I)y=0$, $y(0)=-4$, $y'(0)=14$

11 $(D^2+2D+(1+\pi^2)I)y=0$, $y(0)=3$, $y'(0)=-3$

2.7 동차선형미분방정식의 응용

상수계수 동차선형미분방정식은 역학, 전기회로 등 공학의 중요한 분야에 응용된다. 이 절에서는 위아래로 움직이는 용수철의 한쪽 끝에 물체를 매달아서 생기는 용수철의 수축에 관한 역학계의 방정식을 만들고 해를 구한다.

수축이 가능한 용수철의 한쪽 끝을 고정된 지주에 수직으로 매달고 다른 한쪽 끝에 질량이 m인 물체를 매단다. 이때 물체의 질량이 충분히 크다 가정하고 용수철의 무게는 무시하자. 또한 용수철을 수직으로 잡아당겼다 놓으면 용수철은 수직으로 움직이며 매달린 물체도 정확하게 수직으로 운동한다고 가정하자. 이때 아래 방향을 양의 방향이라 하자. 그러면 아래로 작용하는 힘은 양, 위로 작용하는 힘은 음이 된다.

■ 비감쇠 운동계(undamped system)

모든 운동계는 감쇠력이 있다. 그렇지 않으면 운동은 멈추지 않고 한없이 계속된다. 그러나 감쇠력이 매우 작고, 상대적으로 짧은 시간 안에 운동을 생각한다면 감쇠력을 무시할 수 있다.

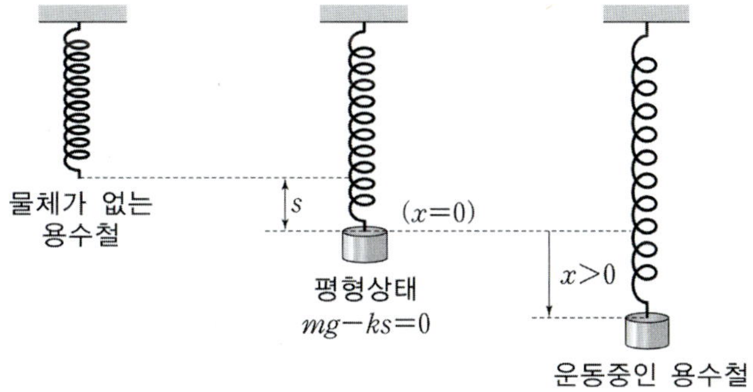

그림 2.1

Hooke의 법칙에 따라서 용수철이 늘어나거나 수축하면 그 길이의 변화는 용수철에 작용하는 힘에 비례한다. 즉 크기가 F인 힘이 용수철에 작용하여 용수철의 길이가 s만큼 늘어났다고 하면

$$F = -ks \tag{1}$$

이다. 이때 양의 비례상수 $k > 0$를 용수철 상수라 한다. 강한 용수철일수록 k 값이 크다. 그림 2.1과 같이 용수철에 질량이 m인 물체를 매달면 s만큼 용수철의 길이가 늘어난 후에 물체의 무게 W는 용수철의 복원력(restoring force) ks에 의하여 평형상태에 도달한다. 이때 물체의 질량 m과 무게 W 사이에는

$$W = mg \tag{2}$$

의 관계가 있고, 이때 g는 중력가속도 $g = 9.8\,m/\sec^2$이다. 따라서 그림 2.1과 같이 평형 조건은

$$mg = ks \quad \text{또는} \quad mg - ks = 0 \tag{3}$$

이다. 이제 물체를 평형 위치에서 아랫방향으로 x만큼 담긴 추에 놓으면 힘 F는 Newton의 제 2법칙에 의하여

$$F = (\text{질량}) \times (\text{가속도}) = mx''$$

이다. 이때 $x'' = \dfrac{d^2x}{dt^2}$이고, F는 물체에 작용하는 여러 가지 힘의 합성력이다. 이제 이 용수철의 운동계가 비감쇠 운동계라 가정하자. 즉 다른 저항력이 없고 물체가 다른 외부력의 영향없이 진동한다고 가정하자. 이 경우 Newton의 법칙에 의하여 힘 F는 물체의 무게와 복원력과의 합성력이다. 즉,

$$mx'' = -k(s + x) + mg \tag{4}$$

이고 식 (3)에 의하여

$$mx'' = -kx \tag{5}$$

이다. 따라서 미분방정식 (5)로부터 상수계수 이계 동차선형미분방정식

$$mx'' + kx = 0 \tag{6}$$

을 얻고 일반해는

$$x(t) = c_1 \cos wt + c_2 \sin wt, \quad w = \sqrt{\frac{k}{m}} \tag{7}$$

이다. 방정식 (6)의 운동을 조화진동(harmonic oscillation)이라 한다.

조화운동의 주기는 $T=\dfrac{2\pi}{w}$이고, 주파수 또는 진동수(frequency)는 $f=\dfrac{1}{T}$ $=\dfrac{w}{2\pi}$이다. 예를 들어 $x(t)=c_1\cos 3t+c_2\sin 3t$이면 주기는 $T=\dfrac{2\pi}{3}$이고, 진동수는 $f=\dfrac{3}{2\pi}$이다. 주기가 $\dfrac{2\pi}{3}$이라는 것은 그래프가 $\dfrac{2\pi}{3}$ 단위마다 반복되고 진동수 $\dfrac{3}{2\pi}$이라는 것은 2π 단위마다 그래프가 3번 순회치환되는 것을 의미한다.

일반해 (7)의 임의의 상수 c_1과 c_2가 $c_1\neq 0$이고, $c_2\neq 0$일 때 일반해 (7)을 아래와 같이 표시하면 조화진동의 진폭(amplitude)과 위상각(phase angle)을 구할 수 있다.

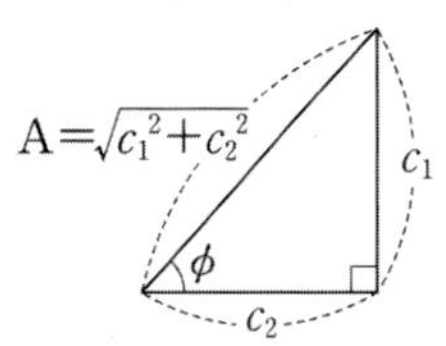

그림 2.2

그림 2.2로부터

$$\begin{aligned}\sin\phi&=\frac{c_1}{\sqrt{c_1^2+c_2^2}}=\frac{c_1}{A}\\ \cos\phi&=\frac{c_2}{\sqrt{c_1^2+c_2^2}}=\frac{c_2}{A}\\ \tan\phi&=\frac{c_1}{c_2}\end{aligned}\tag{8}$$

이고 식 (8)로부터 일반해 (7)은 다음과 같이 쓸 수 있다.

$$\begin{aligned}x(t)&=c_1\cos wt+c_2\sin wt\\ &=A\frac{c_1}{A}\cos wt+A\frac{c_2}{A}\sin wt\end{aligned}$$

$$= A\sin\phi\cos wt + A\cos\phi\sin wt$$
$$= A\sin(wt+\phi)$$

따라서 진폭은 A, 위상각은 식 (8)을 만족하는 ϕ이다.

예제 1 다음의 초기값 문제를 설명하고 일반해, 주기, 진동수와 진폭을 구하여라.

$$x'' + 4x = 0,\quad x(0) = 5,\quad x'(0) = 0$$

풀이 이 문제는 용수철 끝에 달려있는 물체를 평형상태에서 아래로 $t=0$까지 끌어 당겼다가 놓는 것과 같다. 일반해는

$$x(t) = c_1\cos 2t + c_2\sin 2t$$

이다. 초기조건 $x(0)=5$, $x'(0)=0$으로부터 $c_1=5$, $c_2=0$이다. 따라서 초기값 문제의 해는 다음과 같다.

$$x(t) = 5\cos 2t$$

따라서 그림 2.3과 같이 용수철에 매달려 있는 물체는 운동을 시작하면 평형상태 $x=0$의 위아래로 5단위만큼 물체가 움직이는 운동을 지속한다.

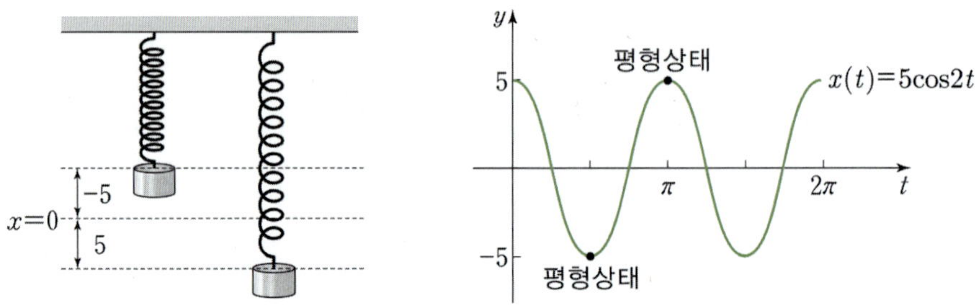

그림 2.3

즉 주기는 $\dfrac{2\pi}{2} = \pi$, 진동수는 $\dfrac{2}{2\pi} = \dfrac{1}{\pi}$, 그리고 진폭은 5이다. ■

■ 감쇠운동계(damped system)

비감쇠운동계의 미분방정식 (6)에 의한 운동은 운동하는 물체에 작용하는

저항력이 없다고 가정했기 때문에 현실적이지 못하다. 왜냐하면 물체가 완전히 진공인 상태에서 용수철에 달려있지 않으면 주변의 물질 때문에 저항력이 발생할 수밖에 없다. 그러므로 감쇠력이 존재한다고 가정하자. 역학에서 용수철 운동에 대응하는 감쇠력은 순간적인 운동의 반대 방향을 가지며, 감쇠력은 물체의 속도 $x' = \dfrac{dx}{dt}$에 비례한다고 가정한다. 따라서 감쇠력은 $\beta\dfrac{dx}{dt}$이다. 이때 β는 감쇠상수(damping constant)이고, $\beta > 0$을 쉽게 보일 수 있다. 이제 이 운동계에 다른 외부의 힘이 가하지 않는 경우에는 Newton의 법칙에 의하여

$$mx'' = -kx - \beta x' \tag{9}$$

이 성립한다. 감쇠상수 앞의 음의 부호는 감쇠력이 운동의 반대 방향으로 작용함을 나타낸다. 방정식 (9)에 의하여 감쇠운동계의 상수계수 동차선형방정식은

$$mx'' + \beta x' + kx = 0 \tag{10}$$

이다. 여기서 k는 용수철 상수이다. 방정식 (10)의 특성방정식은

$$m\lambda^2 + \beta\lambda + k = 0 \tag{11}$$

이고, 근은

$$\lambda_1 = -\frac{\beta}{2m} + \frac{\sqrt{\beta^2 - 4mk}}{2m}, \quad \lambda_2 = -\frac{\beta}{2m} - \frac{\sqrt{\beta^2 - 4mk}}{2m} \tag{12}$$

이다. 이제 $p = \dfrac{\beta}{2m}$, $q = \dfrac{\sqrt{\beta^2 - 4mk}}{2m}$라 하면 근 (12)를 다음과 같이 간단히 쓸 수 있다.

$$\lambda_1 = -p + q, \quad \lambda_2 = -p - q \tag{13}$$

따라서 방정식 (10)의 해의 형태는 감쇠력에 따라 달라지는데 2.5절에서와 같이 세 가지 경우로 나누어진다.

[경우 1] $\beta^2 - 4mk > 0$: 서로 다른 두 실근 λ_1, λ_2 (과잉감쇠)

[경우 2] $\beta^2 - 4mk = 0$: 중근 (임계감쇠)

[경우 3] $\beta^2 - 4mk < 0$: 켤레복소수근 (부족감쇠)

어느 경우라도 각각의 해는 감쇠인자(damping factor) $e^{-pt}(p>0)$를 포함하기 때문에 물체의 변위는 큰 시간에 대하여 무시될 수 있다.

[경우 1] $\beta^2 - 4mk > 0$

이 경우 감쇠상수 β가 충분히 커서 $\beta^2 > 4mk$이므로 과잉감쇠(overdamping)라 하고, λ_1과 λ_2는 서로 다른 두 실근이며 방정식 (10)의 일반해는

$$x(t) = c_1 e^{-(p-q)t} + c_2 e^{-(p+q)t} \tag{14}$$

이다. 그리고 이 경우 물체는 진동운동을 하지 않는다.

$$p > 0,\quad q > 0,\quad q^2 = p^2 - \frac{k}{m} < p^2$$

이므로 $t \to 0$이면 $x(t) \to 0$이다. 따라서 운동이 시작된 후에 충분한 시간이 지나면 물체는 평형위치$(x=0)$에 머물게 된다. 그림 2.4는 $x(t)$의 두 가지 가능한 그래프를 나타낸다.

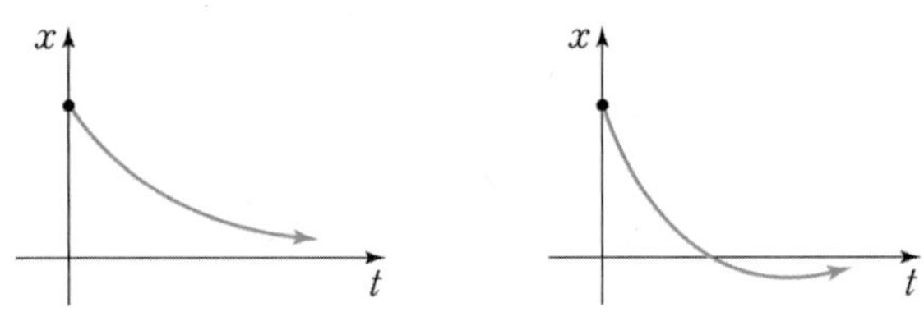

그림 2.4

[경우 2] $\beta^2 - 4mk = 0$

이 운동계는 감쇠력에 있어서 약간의 감소가 진동운동에 나타나기 때문에 임계감쇠(critical damping)라 한다. 이 경우 $\lambda_1 = \lambda_2 = -p$이므로, 일반해는

$$x(t) = c_1 e^{-pt} + c_2 t e^{-pt} = (c_1 + c_2 t) e^{-pt} \tag{15}$$

이다. 이 경우 $e^{-pt} > 0$이고, $c_1 t + c_2 = 0$은 기껏해야 한 개의 양의 근 t를 가지므로 이 용수철 운동은 평형위치$(x=0)$를 기껏해야 한 번 지난다는 것을

알 수 있다. 만일 c_1과 c_2가 동일한 부호를 가지면 $c_1t+c_2=0$의 근 t의 부호가 음이므로 평형위치를 지나지 않는다. 이 운동은 과잉감쇠의 경우와 매우 비슷하다. 대표적인 몇 가지 운동이 그림 2.5에 주어져 있다.

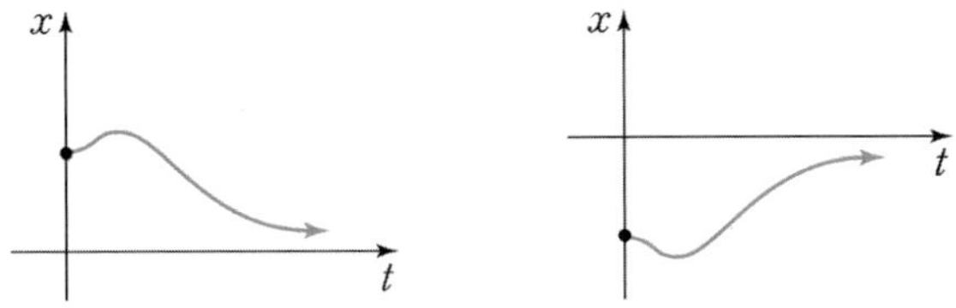

그림 2.5

[경우 3] $\beta^2-4mk<0$

이 경우는 감쇠상수 β가 충분히 작아서 용수철 상수 k보다 작기 때문에 부족감쇠(underdamping)라 한다. 이 경우 λ_1과 λ_2는 켤레복소수

$$\lambda_1=-p+iq,\quad \lambda_2=-p-iq\ (q>0)$$

이다. 이때 $p=\dfrac{\beta}{2m}$, $q=\dfrac{\sqrt{4mk-\beta^2}}{2m}>0$이다. 따라서 일반해는

$$\begin{aligned} x(t) &= e^{-pt}(c_1\cos qt+c_2\sin qt) \\ &= Ae^{-pt}\sin(qt+\phi) \end{aligned} \tag{16}$$

이다. 이때 $A^2=c_1^2+c_2^2$, $\tan\phi=\dfrac{c_1}{c_2}$이다.

일반해 (16)은 감쇠진동을 나타낸다. $-1\le\sin(qt+\varnothing)\le 1$이므로 일반해 (16)의 그래프 두 곡선 $y=Ae^{-pt}$와 $y=-Ae^{-pt}$에 있다. 특히 $qt+\varnothing$가 π의 상수배가 될 때 마다 두 곡선 $y=Ae^{-pt}$와 $y=-Ae^{-pt}$에 접하면서 진동한다. 또한 진동폭은 $t\to\infty$일 때 0으로 접근한다. 그림 2.6이 일반해 (16)을 나타낸다.

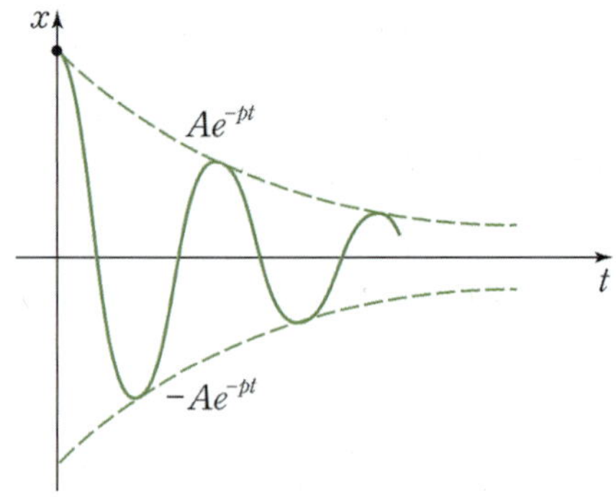

그림 2.6

일반해 (16)의 Ae^{-pt}를 감쇠진폭(damped amplitude)이라 한다. 또한 일반해 (16)은 주기함수가 아니므로 $\dfrac{2\pi}{q}$를 준주기(quasi period), $\dfrac{q}{2\pi}$를 준주파수(quasi frequency)라 한다. $q=\dfrac{\sqrt{4mk-\beta^2}}{2m}=\sqrt{\dfrac{4mk-\beta^2}{4m^2}}$ 이므로 β가 작으면 작을수록 q는 커지고 진동은 빨라진다. 여기서 $\beta\to 0$이면 $q\to\sqrt{\dfrac{k}{m}}$ 이다.

예제 2 과잉감쇠

질량 $m=1(kg)$인 물체를 용수철 상수가 $k=9(\text{kg}/\text{sec}^2)$인 용수철에 매달았다고 가정하자.

감쇠상수가 $\beta=10(\text{kg}/\text{sec})$이고, 초기값이 $x(0)=\dfrac{4}{25}$, $x'(0)=0$인 초기값 문제를 만들고 해를 구하여라.

풀이 미분방정식 $mx''+\beta x'+kx=0$으로부터

$$x''+10x'+9x=0,\quad x(0)=\frac{4}{25},\quad x'(0)=0$$

과 같은 초기값 문제를 얻는다. 특성방정식 $\lambda^2+10\lambda+9=0$의 근이 $\lambda_1=-9$, $\lambda_2=-1$이므로 일반해는

$$x(t)=c_1e^{-9t}+c_2e^{-t}$$

이고 초기값 $x(0)=\frac{4}{25}$와 $x'(0)=0$을 이용하면

$$c_1=-\frac{1}{50},\quad c_2=\frac{9}{50}$$

를 얻는다. 따라서 해는 다음과 같다.

$$x(t)=-\frac{1}{50}e^{-9t}+\frac{9}{50}e^{-t}$$ ■

예제 3 임계감쇠

예제 2의 조건과 동일하고, 감쇠상수만 $\beta=6\,(\mathrm{kg/sec})$인 초기값의 해를 구하여라.

풀이 대응하는 초기값 문제는 다음과 같다.

$$x''+6x'+9=0,\quad x(0)=\frac{4}{25},\quad x'(0)=0$$

따라서 특성방정식 $\lambda^2+6\lambda+9=0$의 해는 $\lambda_1=\lambda_2=-3$이므로 일반해는

$$x(t)=(c_1+c_2t)e^{-3t}$$

이다. 초기값 $x(0)=\frac{4}{25}$와 $x'(0)=0$을 이용하면

$$c_1=\frac{4}{25},\quad c_2=\frac{12}{25}$$

를 얻는다. 따라서 해는 다음과 같다.

$$x(t)=\left(\frac{4}{25}+\frac{12}{25}t\right)e^{-3t}$$ ■

예제 4 부족감쇠

예제 2의 조건과 동일하고 감쇠상수만 $\beta=1(\mathrm{kg/sec})$인 초기값의 해를 구하여라.

풀이 대응하는 초기값 문제는 다음과 같다.

$$x'' + x' + 9x = 0, \quad x(0) = \frac{4}{25}, \quad x'(0) = 0$$

따라서 특성방정식 $\lambda^2 + \lambda + 9 = 0$의 해는

$$\lambda_1 = -\frac{1}{2} + i\frac{\sqrt{35}}{2}, \quad \lambda_2 = -\frac{1}{2} - i\frac{\sqrt{35}}{2}$$

이므로 일반해는

$$x(t) = e^{-\frac{1}{2}t}\left(c_1\cos\frac{\sqrt{35}}{2}t + c_2\sin\frac{\sqrt{35}}{2}t\right)$$

이다. 초기값 $x(0) = \dfrac{4}{25}$와 $x'(0) = 0$을 이용하면

$$c_1 = \frac{4}{25}, \quad c_2 = \frac{4}{25\sqrt{35}}$$

을 얻는다. 따라서 해는 다음과 같다.

$$x(t) = e^{-\frac{1}{2}t}\left(\frac{4}{25}\cos\frac{\sqrt{35}}{5}t + \frac{4}{25\sqrt{35}}\sin\frac{\sqrt{35}}{2}t\right)$$ ■

연습문제 2.7

■ 비감쇠운동(조화진동)

01 물체의 무게 W가 98 kg인 추를 용수철에 매달았더니 4.9 m가 늘어났다고 가정하자. 물체를 2 m 아래로 잡아당긴 후 놓았을 때 조화진동의 방정식을 세우고 해를 구하여라. 단, 물체의 초기 속도는 0(m/sec)이고 중력가속도는 9.8(m/sec^2)이다.

02 8 lb(파운드)의 무게가 달려있는 용수철이 비감쇠운동을 하고 있다. 용수철 상수 k가 $k = 1$(lb/ft)이고, 물체를 평형점 아래 $\frac{1}{2}$ft에서 물체의 속도가 32 (ft/sec)로 놓았을 때 이 운동 방정식의 해를 구하여라. 단, 중력가속도 g는 $g = 32$ (ft/sec^2)이다.

■ 감쇠운동

03 질량이 1 kg인 물체를 용수철 상수가 16 m/sec인 용수철에 매달아 평형점 아래 1 m에서 물체의 속도가 12 m/sec로 놓아주었다. 감쇠상수가 10 kg/sec일 때 이 용수철 운동의 해를 구하여라.

04 무게 W가 10 lb인 물체를 용수철에 매달았더니 길이가 8ft늘어났다. 이 비감쇠운동이

(a) 과잉감쇠 (b) 임계감쇠 (c) 부족감쇠

가 되도록 감쇠상수 β를 구하여라. 단, 중력가속도는 $g = 32\,(\mathrm{ft/sec^2})$이다.

05 다음의 초기값 문제에 대하여

$$\frac{d^2 I}{dt^2} + 10\frac{dI}{dt} + 100I = 0, \quad I(0) = 2, \quad I'(0) = 0$$

해를 구하고, 최초로 극값을 갖는 시각 t를 구하여라.

2.8 Euler-Cauchy 방정식

동차선형미분방정식에서 계수가 상수가 아닌 경우에는 일반해를 구하는 것은 몇 가지 경우를 제외하고 불가능하다. 다음과 같은 n계 선형미분방정식

$$a_n x^n y^{(n)} + a_{n-1} x^{n-1} y^{(n-1)} + \cdots + a_1 x y' + a_0 y = 0, \quad a_n \neq 0$$

은 일반해를 완벽하게 구할 수 있다. 이러한 형태의 미분방정식을 n계 Euler-Cauchy 방정식이라 한다.

이제 $n=2$인 경우의 일반해를 구하는 방법을 생각하자. 즉 2계 Euler-Cauchy 방정식

$$x^2 y'' + axy' + by = 0 \tag{1}$$

에서 $x = e^t$로 치환하고 $w(t) = y(x)$라 하자. 그러면 연쇄법칙에 의하여

$$\frac{dw}{dt} = \frac{dy}{dx}\frac{dx}{dt} = \frac{dy}{dx}x, \quad \frac{d^2w}{dt^2} = \frac{d^2y}{dx^2}x^2 + \frac{dy}{dx}x \tag{2}$$

이다. (2)를 이용하여 xy', x^2y''을 구하고 (1)에 대입하면

$$x^2y'' + axy' + by = w'' - w' + aw' + bw = 0$$

에서

$$w'' + (a-1)w' + bw = 0 \tag{3}$$

을 얻는다. 방정식 (3)은 변수가 t이고, 함수가 w인 상수계수 이계 동차선형미분방정식이다. 따라서 2.5절에서 배운 방법으로 일차독립인 두 해 $w_1(t)$와 $w_2(t)$를 구한 후 $t = \ln x$로 치환하면 $y_1(x)$와 $y_2(x)$를 구할 수 있다.

한편 식 (3)의 특성방정식은

$$\lambda^2 + (a-1)\lambda + b = 0 \tag{4}$$

이고, a와 b가 실수이므로 식 (4)의 근은

$$\lambda_1 = \frac{1}{2}(1-a) + \sqrt{\frac{1}{4}(1-a)^2 - b},$$
$$\lambda_2 = \frac{1}{2}(1-a) - \sqrt{\frac{1}{4}(1-a)^2 - b}$$

이고, 근호 안의 $\frac{1}{4}(1-a)^2 - b$의 부호에 따라 다음의 세 가지로 분류된다.

(1) $\frac{1}{4}(1-a)^2 - b > 0$이면 λ_1과 λ_2는 서로 다른 두 실근

(2) $\frac{1}{4}(1-a)^2 - b = 0$이면 $\lambda_1 = \lambda_2$인 중근

(3) $\frac{1}{4}(1-a)^2 - b < 0$이면 λ_1과 λ_2는 켤레복소수근

(1) 서로 다른 두 실근

λ_1과 λ_2이 서로 다른 두 실근 경우 일차독립인 두 해는 $w_1(t) = e^{\lambda_1 t}$, $w_2(t) = e^{\lambda_2 t}$이다. $t = \ln x$로 치환하면 $y_1(x) = x^{\lambda_1}$, $y_2(x) = x^{\lambda_2}$이므로 일반해는

$$y(x) = c_1 x^{\lambda_1} + c_2 x^{\lambda_2} \tag{5}$$

이다.

예제 1 다음 미분방정식의 일반해를 구하여라.

$$2x^2 y'' + 7xy' + 3y = 0$$

풀이 주어진 방정식을 방정식 (1)의 형태로 바꾸면

$$x^2 y'' + \frac{7}{2} xy' + \frac{3}{2} y = 0$$

이고, 특성방정식은

$$\lambda^2 + \left(\frac{7}{2} - 1\right)\lambda + \frac{3}{2} = \lambda^2 + \frac{5}{2}\lambda + \frac{3}{2} = 0$$

이다. 따라서 근은 $\lambda_1 = -\frac{3}{2}$, $\lambda_2 = -1$이므로 (5)에 의하여 일반해는

$$y(x) = c_1 x^{-\frac{3}{2}} + c_2 x^{-1}$$

이다. ■

(2) 중근

$\lambda_1 = \lambda_2$인 경우 근호 안의 $\frac{1}{4}(1-a)^2 - b = 0$이므로 일차독립인 두 해는

$$w_1(t) = e^{\lambda_1 t}, \quad w_2(t) = te^{\lambda_1 t}$$

이다. $t = \ln x$로 치환하면

$$y_1(x) = x^{\lambda_1}, \quad y_2(x) = x^{\lambda_1} \ln x$$

이므로 일반해는

$$\begin{aligned} y(x) &= c_1 x^{\lambda_1} + c_2 x^{\lambda_1} \ln x \\ &= (c_1 + c_2 \ln x) x^{\lambda_1} \end{aligned} \tag{6}$$

이다. ■

예제 2 다음 미분방정식의 일반해를 구하여라.

$$x^2 y'' - 3xy' + 4y = 0$$

풀이 특성방정식은

$$\lambda^2 + (-3-1)\lambda + 4 = \lambda^2 - 4\lambda + 4 = 0$$

이고, 근은 $\lambda_1 = \lambda_2 = 2$이므로 (6)에 의하여 일반해는

$$\begin{aligned} y(x) &= c_1 x^2 + c_2 x^2 \ln x \\ &= (c_1 + c_2 \ln x) x^2 \end{aligned}$$

이다. ■

(3) 켤레복소수근

켤레복소수근을 $\lambda_1 = p + iq$, $\lambda_2 = p - iq$라 하면

$$p = \frac{1}{2}(1-a), \quad q = \sqrt{b - \frac{1}{4}(1-a)^2}$$

이다. 따라서 일차독립인 두 해는

$$w_1(t) = e^{pt}\cos qt, \quad w_2(t) = e^{pt}\sin qt$$

이다. $t = \ln x$로 치환하면

$$y_1(x) = x^p \cos(q\ln x), \quad y_2(x) = x^p \sin(q\ln x)$$

이므로 일반해는

$$\begin{aligned} y_1(x) &= c_1 x^p \cos(q\ln x) + c_2 x^p \sin(q\ln x) \\ &= x^p\left[c_1\cos(q\ln x) + c_2\sin(q\ln x)\right] \end{aligned} \tag{7}$$

이다. ■

예제 3 다음 미분방정식의 일반해를 구하여라.

$$x^2y'' + 7xy' + 13y = 0$$

풀이 특성방정식은 $\lambda^2 + (7-1)\lambda + 13 = \lambda^2 + 6\lambda + 13 = 0$이고, 근은 $\lambda = -3 \pm 2i$이므로 (6)에 의하여 일반해는

$$y(x) = x^{-3}\left[c_1\cos(2\ln x) + c_2\sin(2\ln x)\right]$$

이다. ■

예제 4 다음 초기값 문제의 해를 구하여라.

$$x^2y'' + 2xy' + \frac{5}{2}y = 0, \quad y(1) = 1, \quad y'(1) = 1$$

풀이 특성방정식 $\lambda^2 + (2-1)\lambda + \frac{5}{2} = \lambda^2 + \lambda + \frac{5}{2} = 0$의 근은 $\lambda = -\frac{1}{2} \pm \frac{3}{2}i$이므로 일반해는

$$y(x) = x^{-\frac{1}{2}}\left[c_1\cos\left(\frac{3}{2}\ln x\right) + c_2\sin\left(\frac{3}{2}\ln x\right)\right]$$

이다. 초기값이 $y(1) = 1,\ y'(1) = 1$이므로

$$y(1) = c_1 = 1$$
$$y'(1) = -\frac{1}{2}c_1 + \frac{3}{2}c_2 = 1$$

으로부터 $c_1 = c_2 = 1$을 얻는다. 따라서 해는

$$y(x) = x^{-\frac{1}{2}}\left[\cos\left(\frac{3}{2}\ln x\right) + \sin\left(\frac{3}{2}\ln x\right)\right]$$

이다. ■

연습문제 2.8

■ 다음 미분방정식의 일반해를 구하여라.

01 $4x^2y'' + 8xy' + y = 0$

02 $x^2y'' - 2xy' - 4y = 0$

03 $x^2y'' + 3xy' + 3y = 0$

04 $3x^2y'' + 6xy' + y = 0$

05 $x^2y'' + 5xy' + 4y = 0$

■ 다음 초기값 문제의 해를 구하여라.

06 $x^2y'' + xy' + y = 0, \quad y(1) = 1, \quad y'(1) = 2$

07 $x^2y'' + 3xy + \frac{3}{4}y = 0, \quad y(1) = 1, \quad y'(1) = -\frac{5}{2}$

08 $(9x^2D^2 + 3xD + I)y = 0, \quad y(1) = 1, \quad y'(1) = 0$

09 $(x^2D^2 + 2xD - 6I)y = 0, \quad y(1) = \frac{1}{2}, \quad y'(1) = \frac{3}{2}$

10 $x^2y'' + xy' + 9y = 0, \quad y(1) = 0, \quad y'(1) = \frac{5}{2}$

2.9 n계 동차선형미분방정식

이 절에서는 2.2절, 2.3절의 방법과 결과를 임의의 n계 동차미분방정식으로 확장할 수 있음을 보인다. 2.1절과 같이

$$y^{(n)} + b_1(x)y^{n-1} + \cdots\cdots + b_{n-1}(x)y' + b_n(x)y = R(x) \tag{1}$$

를 n계 선형미분방정식의 일반식이라 하며, 이와 같은 형태로 쓸 수 없는 n계 미분방정식을 비선형방정식이라 한다.

2.6절의 미분연산자를 이용하면 방정식 (1)은

$$\begin{aligned} \mathrm{L}[y] &= P(D)[y] \\ &= \left[D^n + b_1(x)D^{n-1} + \cdots + b_{n-1}(x)D + b_n(x)I\right]y = R(x) \end{aligned} \tag{2}$$

으로 쓸 수 있다. 만일 $R(x) = 0$이면 방정식 (1)은 동차방정식

$$y^{(n)} + b_1(x)y^{(n-1)} + \cdots + b_{n-1}(x)y' + b_n(x)y = 0 \tag{3}$$

이고, 미분연산자를 이용하면 방정식 (3)도 방정식 (2)의 형태로 쓸 수 있다.

정리 2.6 존재성과 유일성의 정리

방정식 (3)의 계수함수 $b_1(x), \cdots, b_n(x)$와 $R(x)$가 개구간 I에서 연속일 때, n개의 초기 조건

$$y(x_0) = K_1, \cdots, y^{(n-1)}(x_0) = K_n$$

을 만족하는 초기값 문제는 I에서 유일한 해를 갖는다. 이때 x_0는 구간 I의 임의의 점이다.

2.3절의 내용을 확장하기 위하여 n개의 함수 $y_1(x), \cdots, y_n(x)$의 일차종속과 일차독립을 정의하자($n \ge 2$). 함수 $y_1(x), \cdots, y_n(x)$의 정의역이 I일 때, $y_1(x), \cdots, y_n(x)$가 일차종속이라 함은 이 함수 중에 적어도 하나가 나머

지 $(n-1)$개 함수의 일차결합으로 표시될 수 있는 것이다. 즉 $(n-1)$개 함수에 각각 상수배하여 합한 것이 되는 것이다.

이 개념의 반대로 함수 $y_1(x), \cdots, y_n(x)$의 어느 함수도 다른 나머지 함수의 일차결합으로 표시할 수 없는 경우를 $y_1(x), \cdots, y_n(x)$를 I에서 일차독립이라 한다. 예를 들어 $y_1 = x$, $y_2 = x^2$, $y_3 = x^3$는 임의의 구간 I에서 일차독립이고 $y_1 = x$, $y_2 = 3x$, $y_3 = x^3$는 $y_2 = 3y_1 + 0y_3$으로 쓸 수 있으므로 일차종속이다.

정의 6　함수 $y_1(x), \cdots, y_n(x)$에 대한 일차종속, 일차독립

구간 I에서 임의의 점 x에 대하여 방정식

$$c_1 y_1(x) + c_2 y_2(x) + \cdots + c_n y_n(x) = 0 \tag{4}$$

을 만족하면서 모두가 동시에 0이 아닌 상수 $c_1, \cdots, c_n$이 존재할 때, n개의 함수 $y_1(x), \cdots, y_n(x)$이 일차종속이라 한다. 그렇지 않은 경우, 일차독립이라 한다.

정리 2.7　해의 일차종속과 일차독립

동차미분방정식 (3)의 계수함수 $b_n(x), \cdots, b_1(x)$가 주어진 구간 I에서 연속이면 방정식 (3)의 n개의 해 $y_1(x), \cdots, y_n(x)$가 구간 I에서 일차종속이기 위한 필요충분조건은 적당한 $x_0 \in I$에 대하여, 다음과 같이 정의되는 론스키안(Wronskian)

$$W[y_1, \cdots, y_n](x_0) = \begin{vmatrix} y_1(x_0) & y_2(x_0) & \cdots & y_n(x_0) \\ y_1{}'(x_0) & y_2{}'(x_0) & \cdots & y_n{}'(x_0) \\ \vdots & \vdots & \cdots & \vdots \\ y_1^{(n-1)}(x_0) & y_2^{(n-1)}(x_0) & \cdots & y_n^{(n-1)}(x_0) \end{vmatrix}$$

의 값이 0이다. 즉, $W[y_1, \cdots, y_n](x_0) = 0$ 이다.

예제 1 $y_1(x)=e^{-2x}$, $y_2(x)=e^{-x}$, $y_3(x)=e^{x}$, $y_4(x)=e^{2x}$이 임의의 구간에서 일차독립임을 보여라.

풀이 함수 y_1, y_2, y_3, y_4는 미분방정식 $(D+2I)(D+I)(D-I)(D-2I)(y)=0$의 해이다. 또한

$$W[y_1,\ y_2,\ y_3,\ y_4](x)=\begin{vmatrix} e^{-2x} & e^{-x} & e^{x} & e^{2x} \\ -2e^{-2x} & -e^{-x} & e^{x} & 2e^{2x} \\ 4e^{-2x} & e^{-x} & e^{x} & 4e^{2x} \\ -8e^{-2x} & -e^{-x} & e^{x} & 8e^{2x} \end{vmatrix}=72\neq 0$$

이므로 일차독립이다. ■

예제 2 $y_1=e^{-x}$, $y_2=e^{x}$, $y_3=e^{2x}$은 방정식

$$y'''-2y''-y'+2y=0$$

의 해이다. 일반해를 구하여라.

풀이

$$W[y_1,\ y_2,\ y_3](x)=\begin{vmatrix} e^{-x} & e^{x} & e^{2x} \\ -e^{-x} & e^{x} & 2e^{2x} \\ e^{-x} & e^{x} & 4e^{2x} \end{vmatrix}=6e^{2x}\neq 0$$

이다. 따라서 $y_1=e^{-x}$, $y_2=e^{x}$, $y_3=e^{2x}$은 임의의 구간에서 일차독립이다. 그러므로 일반해는

$$y(x)=c_1e^{-x}+c_2e^{x}+c_3e^{2x}$$

이다. ■

연습문제 2.9

■ 다음 함수가 일차종속인지 일차독립인지 판별하여라.

01 $x,\quad x^{\frac{1}{2}},\quad 0$

02 $\cot x,\quad \tan x,\quad \frac{\pi}{3}$

03 $\sin^2 x,\quad \cos^2 x,\quad \cos 2x$

04 $e^{-x},\quad e^{-x}\sin x,\quad e^{-x}\cos x$

05 $\cos^2 x,\quad \sin^2 x,\quad 4$

06 $e^{x},\quad \sinh x,\quad \cosh x$

■ 함수 y_1, y_2, y_3가 주어진 미분방정식의 해의 기저가 됨을 론스키안을 이용하여 보여라.

07 $y_1 = e^{-x},\ y_2 = e^{x},\ y_3 = e^{\frac{x}{2}},\ \ 2y''' - y'' - 2y' + y = 0$

08 $y_1 = 1,\ \ y_2 = e^{-2x}\cos x,\ \ y_3 = e^{-2x}\sin x,\ \ y''' + 4y'' + 5y' = 0$

2.10 상수계수 n계 동차선형미분방정식

앞의 2.5절에서 다룬 방법은 상수계수를 갖는 n계 동차선형미분방정식

$$y^{(n)} + a_{n-1}y^{(n-1)} + \cdots + a_1 y' + a_0 y = 0 \tag{1}$$

의 경우로 쉽게 확장시킬 수 있다. 먼저 $y = e^{\lambda x}$와 그 도함수를 (1)에 대입하면, 특성방정식

$$\lambda^n + a_{n-1}\lambda^{n-1} + \cdots + a_1\lambda + a_0 = 0 \tag{2}$$

을 얻는다. 이 방정식이 n개의 서로 다른 근 $\lambda_1, \cdots, \lambda_n$을 갖는다면, n개의 해

$$y_1 = e^{\lambda_1 x}, \ \cdots, \ y_n = e^{\lambda_n x} \tag{3}$$

은 모든 x에 대하여 기저를 이루고, 이에 대응하는 (1)의 일반해는

$$y = c_1 e^{\lambda_1 x} + \cdots + c_n e^{\lambda_n x} \tag{4}$$

과 같이 된다. 여기서, $\lambda_1 = \lambda_2$와 같은 중근이 나타나면 (3)에서 $y_1 = y_2$가 되고, 이 근에 대응하는 두 개의 일차독립인 해는 y_1과 $y_2 = xy_1$가 된다. 이것은 2.5절에서와 같다. 또한 $\lambda_1 = \lambda_2 = \lambda_3$와 같은 삼중근이 나타나면 (3)에서 $y_1 = y_2 = y_3$가 되고, 이 근에 대응하는 세 개의 일차독립인 해는

$$y_1, \ \ xy_1, \ \ x^2 y_1 \tag{5}$$

이며 이 해는 매개변수변화법에 의하여 얻을 수 있다. 일반적으로 λ가 m중근이면

$$e^{\lambda x}, \ xe^{\lambda x}, \ \cdots, \ x^{m-1}e^{\lambda x} \tag{6}$$

은 이 근에 대응하는 m개의 일차독립인 해가 된다.

예제 1 다음 미분방정식

$$y''' - 2y'' - y' + 2y = 0 \tag{7}$$

을 풀어라.

풀이 특성방정식

$$\lambda^3 - 2\lambda^2 - \lambda + 2 = 0$$

의 근은 $-1,\ 1,\ 2$이므로, 일반해는

$$y = c_1 e^{-x} + c_2 e^x + c_3 e^{2x}$$

이다. ■

예제 2 다음 미분방정식

$$y^{(5)} - 3y^{(4)} + 3y''' - y'' = 0$$

을 풀어라.

풀이 특성방정식

$$\lambda^5 - 3\lambda^4 + 3\lambda^3 - \lambda^2 = 0$$

의 근은 0(중근), 1(삼중근)이므로 일반해는

$$y = c_1 + c_2 x + (c_3 + c_4 x + c_5 x^2) e^x \tag{8}$$

이다. ■

예제 3 다음 미분방정식

$$y^{(4)} - 4y''' + 8y'' - 8y' + 4y = 0 \tag{9}$$

을 풀어라.

풀이 특성방정식

$$\lambda^4 - 4\lambda^3 + 8\lambda^2 - 8\lambda + 4 = (\lambda^2 - 2\lambda + 2)^2 = 0$$

의 근은 $1+i$(중근), $1-i$(중근)이므로, 일반해는

$$y = e^x (c_1 \sin x + c_2 \cos x + x(c_3 \sin x + c_4 \cos x))$$

이다. ■

연습문제 2.10

01 식 (8)의 y는, $y''=z$로 가정하고 얻은 새로운 3계 미분방정식의 일반해 z를 구하고 이것을 두 번 적분하여 구할 수 있음을 보여라.

■ 주어진 함수를 기저로 갖는 미분방정식을 구하여라.

02 $e^{x},\ e^{2x},\ e^{3x}$

03 $e^{x},\ xe^{x},\ x^{2}e^{x}$

■ 다음 방정식의 일반해를 구하여라.

04 $y'''-y''-y'+y=0$

05 $y^{(4)}+5y''+4y=0$

06 $y^{(4)}-2y''+y=0$

■ Euler–Cauchy 방정식

07 방정식 $x^3y'''+ax^2y''+bxy'+cy=0$을 3계 Euler-Cauchy 방정식이라고 한다. $y=x^{\lambda}$이 주어진 이 방정식의 해이기 위한 필요충분조건은 λ가 보조방정식

$$\lambda^3+(a-3)\lambda^2+(b-a+2)\lambda+c=0$$

의 한 근이 된다는 것을 보여라.

08 방정식 $x^3y'''+x^2y''-2xy'+2y=0$을 풀어라.

■ 다음 초기값 문제를 풀어라.

09 $y'''-3y''+3y'-y=0,\ y(0)=2,\ y'(0)=2,\ y''(0)=10$

10 $(D^4+4D^3+8D^2+8D+4)y=0,\ \ y(0)=1,\ y'(0)=0,\ y''(0)=-2,$ $y'''(0)=2$

2.11 비동차선형미분방정식

이제까지 동차선형미분방정식에 대하여 알아보았다. 이 절에서는 비동차선형미분방정식에 대하여 공부해보자. 이론을 간단하게 하기 위하여 이계 미분방정식

$$y'' + f(x)y' + g(x)y = R(x) \tag{1}$$

에 대해서만 집중적으로 설명하겠으나, 이 절의 결과는 임의 계수의 선형미분방정식으로 일반화될 수 있다.

먼저 (1)의 일반해 $y(x)$는 동차미분방정식

$$y'' + f(x)y' + g(x)y = 0 \tag{2}$$

의 일반해 $y_h(x)$에 (1)의 한 해 $y_p(x)$를 더한 다음과 같은 형태임을 설명하겠다.

$$y(x) = y_h(x) + y_p(x) \tag{3}$$

(3)을 (1)의 좌변에 대입하면

$$\begin{aligned}&(y_h + y_p)'' + f(y_h + y_p)' + g(y_h + y_p)\\&= (y_h'' + fy_h' + gy_h) + y_p'' + fy_p' + gy_p = R\end{aligned}$$

이 된다.

따라서 $y(x)$는 (1)의 해가 된다. 실제로 (1)의 일반해는 (3)의 형태가 됨을 증명할 수 있다. 그러므로 다음 정리를 이끌어낼 수 있다.

정리 2.8 일반해

비동차선형미분방정식 (1)의 $f(x)$, $g(x)$, $R(x)$가 개구간 I에서 연속함수라고 가정하자. (1)의 일반해 $y(x)$는 이에 대응하는 동차방정식 (2)의 일반해 $y_h(x)$와 (1)의 임의의 특수해 $y_p(x)$의 합의 형태이다. 즉,

$$y(x) = y_h(x) + y_p(x) \tag{4}$$

이다.

남은 문제는 (1)의 특수해 $y_p(x)$를 어떻게 찾을 것인가이다. 이는 다음 절에서 다룬다.

연습문제 **2.11**

■ 다음 각 경우에서, y_p가 주어진 미분방정식의 한 해임을 보이고, 그 일반해를 구하여라.

01 $y'' - y = 8e^{-3x}$, $y_p(x) = e^{-3x}$

02 $y'' - y = 8e^{-3x}$, $y_p(x) = e^{-3x} - 3e^{x}$

03 $y'' + 4y = -12\sin 2x$, $y_p(x) = 3x\cos 2x$

04 $(D^2 + 3D - 4)y = 8\cos 2x + 6\sin 2x$, $y_p(x) = -\cos 2x$

05 $(D^2 - 4D + 3)y = 2e^{3x}$, $y_p(x) = xe^{3x}$

06 정리 2.1을 n계 선형미분방정식으로 확장하여라.

07 서로 다른 y_p에 대응하는 (1)의 일반해 (4) 중의 임의의 하나는 다른 하나로 변환될 수 있음을 보여라.

■ 다음 미분방정식의 일반해를 구하여라.

08 $y'' + 3y' - 4y = 10e^{x} - 6.8\sin x$

09 $2y'' - 3y' - 2y = 13 - 2x^2$

10 $y'' + 2y' + 2y = 3e^{-x}\cos 2x$

2.12 이계 비동차선형미분방정식의 해법

■ 미정계수법

앞 절에서 다룬 비동차선형미분방정식의 일반해를 구하기 위해서는, 그 방정식의 한 특수해 $y_p(x)$가 필요하다는 것을 알았다. 그러면 이와 같은 함수 y_p는 어떻게 구할 것인가? 먼저 미정계수법(method of undetermined coefficients)에 대하여 알아보자. 이 방법은 상수계수 미분방정식

$$y'' + ay' + by = R(x) \tag{1}$$

에서 $R(x)$로부터 (1)의 특수해 y_p의 형태를 추측할 수 있을 때, 예를 들면 $R(x)$가 x의 다항식, 지수함수, sine 또는 cosine 함수, 또는 이러한 함수의 합으로 표시될 때 적용될 수 있다. 이 방법은 y_p의 형태를 미정계수를 포함하는 $R(x)$의 형태와 같다고 가정하는 것이며, 이 미정계수는 y_p와 그 도함수를 (1)에 대입해서 결정하게 된다. 우선 몇 개의 예제를 들어 설명한다.

예제 1 미분방정식

$$y'' - 4y' + 3y = 10e^{-2x} \tag{2}$$

을 풀어라.

풀이 함수 e^{-2x}의 도함수는 e^{-2x}에 상수를 곱한 것이므로

$$y_p = Ke^{-2x}$$

으로 놓고 y_p, $y_p{}' = -2Ke^{-2x}$, $y_p{}'' = 4Ke^{-2x}$을 (2)에 대입하면

$$4Ke^{-2x} - 4(-2Ke^{-2x}) + 3Ke^{-2x} = 10e^{-2x}$$

을 얻는다. 따라서 $4K + 8K + 3K = 10$이므로 $K = 2/3$이고, 특수해 $y_p = \dfrac{2}{3}e^{-2x}$이다. (2)에 대응되는 동차방정식 $y'' - 4y' + 3y = 0$의 기저는 e^x, e^{3x}이므로 $y_h(x) = c_1 e^x + c_2 e^{3x}$이고, 일반해는

$$y = y_h + y_p = c_1 e^x + c_2 e^{3x} + \frac{2}{3} e^{-2x}$$

이다. ■

예제 2 미분방정식

$$y'' + 4y = 8x^2 \tag{3}$$

을 풀어라.

풀이 $y_p = Kx^2$으로 가정하면 $y_p{}'' = 2K$이므로 이를 (3)에 대입하여

$$2K + 4Kx^2 = 8x^2$$

을 얻는다. 이 식이 모든 x에 대하여 성립하기 위해서는 양변에 있는 x의 같은 차수의 항 (x^2과 x^0)의 계수가 같아야 하기 때문에

$$4K = 8, \quad 2K = 0$$

이 되어야 하는데, 여기서 K는 결정될 수 없다. 그래서

$$y_p = Kx^2 + Mx + N$$

으로 가정하자. 그러면 $y_p{}'' = 2K$이고, 이것을 (3)에 대입하면

$$2K + 4(Kx^2 + Mx + N) = 8x^2$$

이 된다. 양변의 x^2, x^1, x^0의 계수를 같다고 하면 $4K = 8$, $4M = 0$, $2K + 4N = 0$을 얻고, 곧 $K = 2$, $M = 0$, $N = -1$을 얻는다. 따라서 $y_p = 2x^2 - 1$이 되고, (3)의 일반해는

$$y = c_1 \cos 2x + c_2 \sin 2x + 2x^2 - 1$$

이다. ■

예제 3 미분방정식

$$y'' - y' - 2y = 10\cos x \tag{4}$$

를 풀어라.

풀이 여기서 $y_p = K\cos x$으로 가정하면 예제 2의 처음 시도와 마찬가지로 계수를 결정할 수 없다. 따라서

$$y_p = K\cos x + M\sin x$$

로 가정하자.

$$y_p{}' = -K\sin x + M\cos x$$
$$y_p{}'' = -K\cos x - M\sin x$$

가 되고, 이것을 (4)에 대입하여

$$(-3K - M)\cos x + (K - 3M)\sin x = 10\cos x$$

를 얻는다. 이 양변의 $\cos x$, $\sin x$의 계수를 같다고 하면

$$-3K - M = 10,\ K - 3M = 0$$

이다. 따라서 $K = -3$, $M = -1$이고, $y_p = -3\cos x - \sin x$가 된다. (4)에 대응되는 동차방정식의 일반해는

$$y_h = c_1 e^{-x} + c_2 e^{2x}$$

이므로

$$y = y_h + y_p = c_1 e^{-x} + c_2 e^{2x} - 3\cos x - \sin x$$

이다. ■

앞에서 다룬 예제들로부터 다음과 같이 특수해를 구하는 방법을 이끌어낸다.

1) (1)의 $R(x)$가 표 2.1의 제1열에 있는 함수이면 $y_p(x)$는 제2열에 주어진 형태이다.

2) $R(x)$의 한 항이 (1)에 대응되는 동차방정식의 한 해이면 1)에서 결정한 특수해의 형태에 x 또는 x^2을 곱한다. x^2을 곱하는 경우는 동차방정식의 특성방정식의 중근에 해당하는 해일 때이다.
3) $R(x)$가 여러 함수의 합으로 주어진 경우, y_p는 각 함수에 대응하는 특수해의 합이다.

표 2.7 ▌ 미정계수법

$R(x)$의 항	y_p의 형태
ke^{px}	Ce^{px}
$kx^n (n=0, 1, \cdots)$	$K_n x^n + K_{n-1}x^{n-1} + \cdots + K_1 x + K_0$
$k\cos qx$ $k\sin qx$	$K\cos qx + M\sin qx$

예제 4 미분방정식

$$y'' - 3y' + 2y = 4x + e^{3x} \tag{5}$$

의 특수해를 구하여라.

풀이 $y_h = c_1 e^x + c_2 e^{2x}$ 이므로

$$y_p = K_0 + K_1 x + Ce^{3x}$$

라 가정할 수 있다. (5)에 y_p, y_p', y_p''을 대입하여 $K_0 = 3$, $K_1 = 2$, $C = 1/2$을 얻고, 따라서

$$y_p = 3 + 2x + \frac{1}{2}e^{3x}$$

이다. ■

예제 5 미분방정식

$$y'' - 2y' + y = e^x + x \tag{6}$$

를 풀어라.

풀이 (6)에 대응되는 동차방정식의 특성방정식이

$$(\lambda-1)^2=0$$

이므로, (6)의 좌변에 e^x 또는 xe^x를 대입하면 0이 된다. 즉, 중근에 해당하는 해이므로 특수해는 Cx^2e^x의 형태이다. 따라서

$$y_p=K_1x+K_0+Cx^2e^x$$

라 가정할 수 있고, 이를 (6)에 대입하여

$$y_p{}''-2y_p{}'+y_p=2Ce^x+K_1x-2K_1+K_0=e^x+x$$

를 얻는다. 따라서 $C=1/2$, $K_1=1$, $K_0=2$이고, (6)의 일반해는

$$y=y_h+y_p=(c_1x+c_2)e^x+\frac{1}{2}x^2e^x+x+2$$

이다. ■

■ 매개변수변화법

앞에서 다룬 미정계수법은 비동차선형미분방정식의 특수해를 얻는 편리한 방법이지만 간단하고 특별한 형태의 미분방정식에 대해서만 사용할 수가 있다. 이제 일반적인 경우에 사용할 수 있는 방법을 살펴보자.

f, g, R이 개구간 I에서 연속이라 가정하고

$$y''+f(x)y'+g(x)y=r(x) \tag{7}$$

와 같은 형태의 선형미분방정식을 풀이하자. 이 방정식의 특수해를 구하기 위하여 매개변수변화법(method of variation of parameters)을 소개한다. (7)에 대응되는 동차미분방정식

$$y''+f(x)y'+g(x)y=0 \tag{8}$$

은 구간 I에서

$$y_h(x)=c_1y_1(x)+c_2y_2(x)$$

와 같은 형태의 일반해 y_h를 갖고 있다. 상수 c_1과 c_2를 함수 $u(x)$와 $v(x)$로

대치하여 얻는 식

$$y_p(x) = u(x)y_1(x) + v(x)y_2(x) \tag{9}$$

가 구간 I에서 (7)의 하나의 특수해가 되도록 $u(x)$와 $v(x)$를 결정하기로 하자. (9)를 미분하여

$$y_p' = u'y_1 + uy_1' + v'y_2 + vy_2' \tag{10}$$

을 얻는다. (9)는 두 미지함수 u와 v를 포함하고 있으나, y_p가 (7)을 만족한다는 사실은 u와 v에 오직 하나의 조건만을 준다. 따라서 다른 하나의 조건이 더 필요하다.

$$u'y_1 + v'y_2 = 0 \tag{11}$$

라 가정하자. 그러면 y_p'에 대한 식 (10)은

$$y_p' = uy_1' + vy_2' \tag{12}$$

과 같이 된다. 이 함수를 다시 미분하면

$$y_p'' = u'y_1' + uy_1'' + v'y_2' + vy_2'' \tag{13}$$

이 되고, (9), (12), (13)을 (7)에 대입하고 u와 v에 대하여 정리하면

$$u(y_1'' + fy_1' + gy_1) + v(y_2'' + fy_2' + gy_2) + u'y_1' + v'y_2' = R$$

을 얻는다. y_1과 y_2는 동차방정식 (8)의 해이므로, 이 식은

$$u'y_1' + v'y_2' = R \tag{14}$$

이 되고, (11)과 함께 미지함수 u'과 v'에 대한 연립방정식이 된다. Cramer의 법칙 등을 이용하여 해를 구하면, 그 해는

$$u' = -\frac{y_2R}{W}, \quad v' = \frac{y_1R}{W} \tag{15}$$

이다. 여기서

$$W = y_1y_2' - y_1'y_2$$

는 y_1과 y_2의 론스키안이고, y_1과 y_2는 해의 기저를 이루므로 $W \neq 0$이다. (15)의 두 함수를 적분하면

$$u = -\int \frac{y_2 R}{W} dx, \quad v = \int \frac{y_1 R}{W} dx$$

이다. $R(x)$가 연속이므로, 이 두 적분은 존재한다. 이 식을 (9)의 u와 v에 대입하면 구하려는 (7)의 특수해

$$y_p(x) = -y_1 \int \frac{y_2 R}{W} dx + y_2 \int \frac{y_1 R}{W} dx \tag{16}$$

를 얻는다. (16)에서 적분상수를 그대로 두면, (16)는 (7)의 일반해가 된다는 것을 유의하자.

예제 6 미분방정식

$$y'' + y = \sec x \tag{17}$$

를 풀어라.

미정계수법을 적용할 수 없으므로, 매개변수변화법을 이용하자. 함수

$$y_1 = \cos x, \quad y_2 = \sin x$$

는 동차방정식의 해의 기저를 이루고, 또 그 론스키안은

$$W(y_1, y_2) = \cos x \cos x - (-\sin x) \sin x = 1$$

이다. 따라서 (15)로부터 (16)의 특수해

$$\begin{aligned} y_p &= -\cos x \int \sin x \sec x dx + \sin x \int \cos x \sec x \, dx \\ &= \cos x \ln|\cos x| + x \sin x \end{aligned}$$

를 얻는다. 그러므로 일반해는

$$y = y_h + y_p = (c_1 + \ln|\cos x|)\cos x + (c_2 + x)\sin x$$

이다.

연습문제 2.12

■ 다음 미분방정식의 특수해를 구하여라.

01 $y'' + 4y = \sin 3x$

02 $y'' + 2y' + 10y = 25x^2 + 3$

03 $y'' + y = 6 \sin x$

04 $y'' + 3y' = 28 \cosh 4x$

05 $(D^4 - 5D^2 + 4)y = 10 \cos x$

■ 다음 미분방정식의 일반해를 구하여라.

06 $y'' + y - 6y = -6x^3 + 3x^2 + 6x$

07 $y'' + 2y' - 35y = 12e^{5x} + 37 \sin 5x$

08 $y'' + 10y' + 25y = e^{-5x}$

■ 다음 초기값 문제를 풀어라.

09 $y'' - 4y' = e^{-2x} - 2x,\ y(0) = 0,\ y'(0) = 0$

10 $y'' - 4y' + 3y = 4e^{3x},\ y(0) = -1,\ y'(0) = 3$

11 $y'' + y' - 2y = -6 \sin 2x - 18 \cos 2x,\ y(0) = 2,\ y'(0) = 2$

■ 다음 미분방정식의 일반해를 구하여라.

12 $y'' + 4y = 4 \sec 2x$

13 $y'' - 2y' + y = 12e^x / x^3$

14 $y'' - 4y' + 4y = 6 + e^{2x} / x$

15 $y'' + 2y' + y = 4e^{-x} \ln x$

16 $(D^2 + 2D + 2)y = 2e^{-x} \sec^3 x$

17 $(D^2 - 2D + 1)y = 35e^x x^{3/2}$

18 $(x^2 D^2 + xD - 1)y = 10$

19 $(x^2 D^2 - 4xD + 6)y = 42/x^4$

20 $(x^2 D^2 - 2xD + 2)y = 5x^3 \cos x$

21 $(x^2 D^2 - 2xD + 2)y = 6/x$

22 $(xD^2 - D)y = x^2 e^x$

23 $(x^2 D^2 - 2xD + 2)y = 24/x^2$

■ 다음 미분방정식을 미정계수법과 매개변수변화법으로 풀어라.

24 $y'' + 4y' + 3y = 65 \cos 2x$

2.13 비동차미분방정식의 응용

■ 강제진동

앞의 2.7절에서는 그림 2.7에서 보는 바와 같이 용수철에 매달린 물체의 자유진동을 공부하였다. 지금 m을 물체의 질량, c를 감쇠상수, k를 탄성계수라고 할 때 그 운동은 동차방정식

$$my'' + cy' + ky = 0 \tag{1}$$

으로 표시된다.

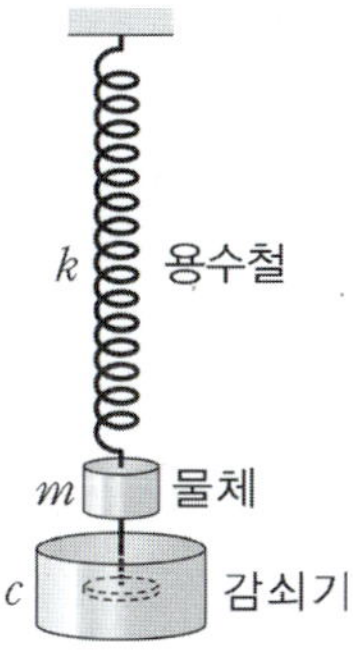

그림 2.7 ▌ 용수철에 달린 질량

이제 시간에 따라 변하는 외력 $r(t)$가 용수철에 작용한다고 확장해보자. 미분방정식 (1)은 물체에 작용하는 힘을 Newton의 제 2법칙을 사용하여서 얻은 것이다. 따라서 (1)에 힘 $r(t)$를 가한 미분방정식은

$$my'' + cy' + ky = r(t)$$

와 같이 되며, 이때 $r(t)$를 입력 또는 구동력(driving force)이라 하고, 이 비동차방정식의 해를 입력에 대한 출력 또는 구동력에 대한 진동계의 반응(response of the system to the driving force)이라고 부른다. 외력 $r(t)$가 없는 (1)의 운동을 자유진동(free oscillation)이라고 하고 이 운동을 강제진동(forced oscillation)이라고 한다.

특히 입력이 주기함수일 때가 흥미롭다. 예를 들어

$$r(t) = F_0 \cos \omega t \quad (F_0 > 0,\, \omega > 0)$$

를 가정하자. 더욱 복잡한 입력은 나중에 다루기로 하고, 앞으로 다룰 미분방정식은

$$my'' + cy' + ky = F_0 \cos \omega t \tag{2}$$

와 같은 형태이다.

(2)의 일반해는 주어진 진동계의 일반적인 출력이 되는데, 이에 대응하는 동차방정식 (1)의 일반해는 2.7절에서 다루었으므로 방정식 (2)의 특수해 $y_p(t)$를 결정하면 된다.

이것은 미정계수법을 적용하여 구할 수 있다.

$$y_p(t) = a \cos \omega t + b \sin \omega t \tag{3}$$

라 가정하고 이것을 미분하면

$$y_p' = -\omega a \sin \omega t + \omega b \cos \omega t$$
$$y_p'' = -\omega^2 a \cos \omega t - \omega^2 b \sin \omega t$$

를 얻는다. 이것을 (2)에 대입하여 정리하면

$$[(k - m\omega^2)a + \omega cb]\cos \omega t + [-wca + (k - m\omega^2)b]\sin \omega t = F_0 \cos wt$$

를 얻는다. 양변에 있는 cos과 sin 항의 계수는 같으므로

$$\begin{aligned} (k - mw^2)a + \omega cb &= F_0 \\ -\omega ca + (k - m\omega^2)b &= 0 \end{aligned} \tag{4}$$

이 된다. 이것은 미지수 a, b에 관한 연립방정식이고, 해는

$$a = F_0 \frac{k - m\omega^2}{(k - m\omega^2)^2 + \omega^2 c^2}, \quad b = F_0 \frac{\omega c}{(k - m\omega^2)^2 + \omega^2 c^2}$$

이며, 분모는 0이 아니라고 가정한다. 또한 2.7절에서와 같이 $\sqrt{k/m} = \omega_0$ (> 0)라 놓으면

$$a = F_0 \frac{m(\omega_0^2 - \omega^2)}{m^2(\omega_0^2 - \omega^2)^2 + \omega^2 c^2}, \quad b = F_0 \frac{\omega c}{m^2(\omega_0^2 - w^2)^2 + \omega^2 c^2} \tag{5}$$

가 된다. 따라서 일반해

$$y(t) = y_h(t) + y_p(t) \tag{6}$$

를 얻는다. 여기서 y_h는 (1)의 일반해이고, y_p는 (5)의 a, b를 계수로 갖는다.

이제 두 가지 서로 다른 형태의 출력에 대응하는 $c = 0$(비감쇠진동)과 $c > 0$(감쇠진동)인 두 경우를 구분하여 그 역학계의 성질을 논해보자.

[경우 Ⅰ] 비감쇠강제진동(undamped forced oscillation).

감쇠력이 없다면 $c = 0$이 된다. 먼저 $\omega^2 \neq {\omega_0}^2$라고 가정한다. 그러면 (3)과 (5)에서

$$y_p(t) = \frac{F_0}{m(\omega_0^2 - \omega^2)} \cos \omega t = \frac{F_0}{k[1 - (\omega/\omega_0)^2]} \cos \omega t \tag{7}$$

를 얻고, 일반해

$$y(t) = C\cos(\omega_0 t - \delta) + \frac{F_0}{m(\omega_0^2 - \omega^2)} \cos \omega t \tag{8}$$

를 얻는다. 이 출력은 두 조화운동의 중첩으로 되어 있다. 즉, 그 운동수는 각각 그 운동계의 고유진동수 $\omega_0/2\pi$[cycles/sec]이고, 입력진동수는 $\omega/2\pi$이다. (여기서 자유비감쇠운동의 진동수를 고유진동수(natural frequency)라고 한다).

(7)로부터 y_p의 최대진폭은

$$a_0 = \frac{F_0}{k}\rho \quad \left(\rho = \frac{1}{1 - (\omega/\omega_0)^2}\right) \tag{9}$$

임을 알 수 있다. 이것은 ω와 w_0의 함수이다. 만일, $\omega \to \omega_0$이면 ρ와 a_0는 무한히 커진다. 입력진동수와 고유진동수가 일치$(\omega = \omega_0)$하게 되어서 큰 진동을 일으키는 현상을 공진(resonance)이라 하는데, 이것은 진동계의 연구에서 매우 중요하다. (9)의 ρ는 공진인자(resonance factor)라고 부른다. (9)로부터 ρ/k는

함수 y_p의 진폭과 입력의 진폭의 비임을 알 수 있다.

공진의 경우, 방정식 (2)는

$$y'' + \omega_0^2 y = \frac{F_0}{m}\cos\omega_0 t \tag{10}$$

와 같이 되고, 특수해는

$$y_p(t) = t(a\cos w_0 t + b\sin w_0 t)$$

와 같은 형태를 갖는다. 이것을 (10)에 대입하고 계수를 비교하면 $a=0$, $g = F_0/2m\omega_0$를 얻고,

$$y_p(t) = \frac{F_0}{2m\omega_0} t\sin\omega_0 t \tag{11}$$

가 된다. 여기서 y_p는 점점 커진다는 것을 알 수 있다. 실제로 이것은 대단히 적은 감쇠를 갖는 역학계도 그것을 파괴할 수 있는 큰 진동을 받을 수 있음을 의미한다.

진동의 또 다른 대단히 중요한 형태는 $\omega \to \omega_0$일 때 얻어진다. 예를 들면, 초기조건 $y(0)=0$, $y'(0)=0$을 만족하는 (8)의 특수해는

$$y(t) = \frac{F_0}{m\left(\omega_0^2 - \omega^2\right)}(\cos\omega t - \cos\omega_0 t) \quad (\omega \neq \omega_0) \tag{12}$$

로 표시되는데, 이것은 삼각함수의 덧셈정리에 의하여

$$y(t) = \frac{2F_0}{m\left(\omega_0^2 - \omega^2\right)}\sin\frac{\omega_0 + \omega}{2}t\sin\frac{\omega_0 - \omega}{2}t$$

로 변형된다. 여기서 ω는ω_0와 가까우므로 그 차 $\omega_0 - \omega$는 대단히 작아진다. 따라서 두 번째 sin 함수의 주기는 커지며 그림 2.8에서 보는 바와 같은 꼴의 진동을 얻는다.

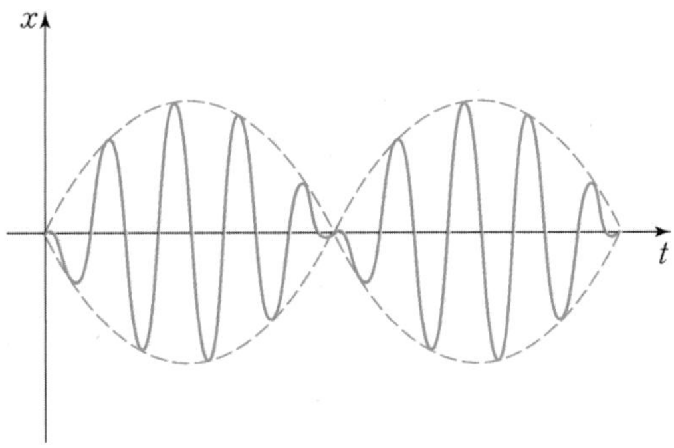

그림 2.8 ▌ 입력진동수와 고유진동수의 차가 작을 때의 강제비감쇠운동

[경우 II] 감쇠강제진동(damped forced oscillation)

감쇠력이 있다면 $c > 0$이고, 2.5절로부터 (1)의 일반해 y는 $t \to \infty$일 때 (실제로는 충분히 오랜 시간 후) 0에 수렴한다는 것을 알고 있다. 즉, (2)의 일반해 (6)은 과도해(transient solution)를 나타내며, 이것은 정상상태해(steady-state solution) y_p에 수렴한다. 따라서 충분히 오랜 시간 후에는 삼각함수 입력에 대응하는 출력이 실제로 그의 진동수가 입력의 진동수와 동일한 조화진동이 될 것이다. 이 현상은 실제로 일어난다. 왜냐하면 완전히 비감쇠적 물리계는 존재하지 않기 때문이다.

한편 비감쇠적인 경우에는, 진폭 y_p는 $\omega \to \omega_0$일 때 무한히 커지므로, 이러한 현상은 지금의 경우에는 일어나지 않는다. 진폭은 항상 유한이지만, c에 따라서는 어떤 ω에 대하여 하나의 최대값을 가질 수도 있다. 이것을 실질공진(practical resonance)이라고도 한다. 입력에 따라서는 그 진동계를 파괴시킬 만큼 큰 진폭의 진동을 일으킬 수도 있기 때문에 공진현상은 대단히 중요한 뜻을 갖는다. 특히 옛날 공진에 관하여 잘 알지 못했을 때는 실제로 이와 같은 경우가 발생했던 것이다. 자동차, 선박, 비행기, 교량 등은 모두 진동하는 역학계이다. 이러한 공진효과가 완전히 제거된 구조물을 만든다는 것은 때로는 상당히 어려운 일이다.

지금 y_p를 ω의 함수로 보고, y_p의 진폭을 살펴보기 위하여 (3)을 다음과 같은 형태로 변형하자. 즉,

$$y_p(t) = C^* \cos(\omega t - \eta) \tag{13}$$

이다. 여기서 (5)에 의하면

$$C^*(\omega) = \sqrt{a^2+b^2} = \frac{F_0}{\sqrt{m^2(\omega_0^2-\omega^2)^2+\omega^2c^2}}$$

$$\tan\eta = \frac{b}{a} = \frac{\omega c}{m(\omega_0^2-\omega^2)} \tag{14}$$

이다. 이제 $C^*(\omega)$의 극대값을 구해 보자. 그래서 $dC^*/d\omega = 0$이라 놓고 이것을 풀면

$$[-2m^2(\omega_0^2-\omega^2)+c^2]\omega = 0$$

이다. 큰 괄호 안의 식은

$$c^2 = 2m^2(\omega_0^2-\omega^2) \tag{15}$$

일 때 0이 된다. 감쇠력이 충분히 큰 경우 $(c^2 > 2m^2\omega_0 = 2mk)$에 대하여 방정식 (15)는 실수해를 갖지 않고, C^*는 ω가 증가함에 따라 단조감소한다(그림 2.9).

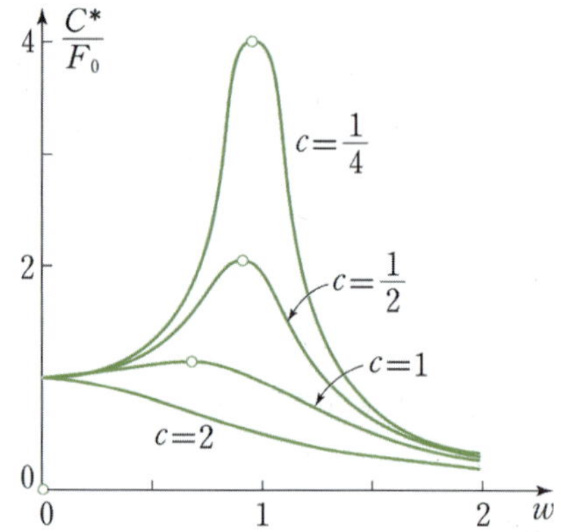

그림 2.9 ▌ $m=1,\ k=1$이고 감쇠상수 c의 여러 값에 대한 ω의 함수로서의 증가율 C^*/F_0

$c^2 \le 2mk$이면 방정식 (15)는 하나의 실수해 $\omega = \omega_{\max}$을 갖는다. 그리고 이 값은 c가 감소함에 따라 증가하고, $c \to 0$일 때 $\omega = \omega_{\max} \to \omega_0$이다. 진폭

$C^*(\omega)$는 $\omega = \omega_{\max}$에서 극대값을 가지며 $\omega = \omega_{\max}$을 (14)에 대입하면

$$C^*(\omega_{\max}) = \frac{2mF_0}{c\sqrt{4m^2\omega_0^2 - c^2}} \tag{16}$$

가 된다. 여기서 $c > 0$이면 $C^*(\omega_{\max})$는 유한값임을 알 수 있다. 그리고 $c^2 < 2mk$일 때는 $dC^*(\omega_{\max})/dc < 0$이므로, $C^*(\omega_{\max})$의 값은 $c(\leq \sqrt{2mk})$가 감소할 때 증가하고, $c \to 0$일 때 무한히 커진다. 그리고 이것은 경우 I 의 결과와 일치한다. 그림 2.14에서 $m = 1,\ k = 1$이고 감쇠상수 c의 여러 값에 대한(ω의 함수로서의) 증폭률(amplication) C^*/F_0(출력진폭과 입렵진폭의 비)를 볼 수가 있다.

(14)에 있는 각 η는 입력에 대한 출력의 지연을 나타내므로 상각(phase angle) 또는 위상지연(phase lag)이라고 부른다(그림 2.10). $\omega < \omega_0$이면 $\eta < \pi/2$이고, $\omega = \omega_0$이면 $\eta = \pi/2$이며, 또한 $\omega > \omega_0$이면 $\eta < \pi/2$이다.

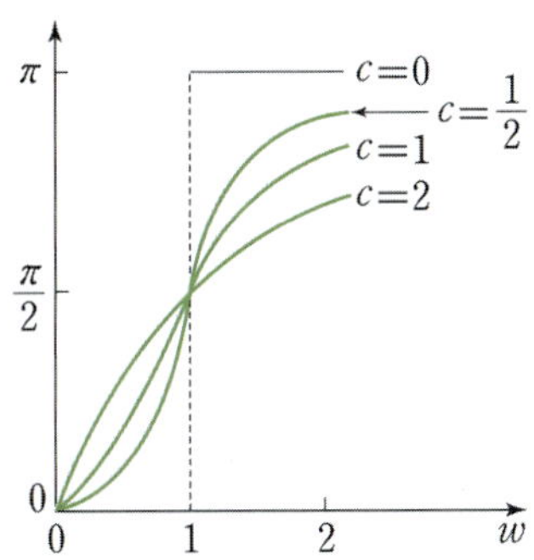

그림 2.10 ▌ $m = 1,\ k = 1$이고 감쇠상수 c의 여러 값에 대한 ω의 함수로서의 위상지연 η

■ 전기회로

이제 전기회로망의 기본구성요소라 할 수 있는 전기계에 대하여 공부해보자. 이는 전혀 다른 두 물리계가 동일한 미분방정식으로 표현될 수 있다는 중요한 사실을 알 수 있는 동시에 전혀 다른 물리적인 성질을 갖는 현상을 규합하는 데 있어서 수학의 역할이 어떻다는 것도 알 수가 있다. 역학계와 전기계 사이에는 단지 정성적인 것뿐만이 아니라 정량적이기도 한 대응관계가 있다.

즉 하나의 주어진 역학계에 대하여 하나의 전기회로를 구성하여서 적당한 비례인자(scale factor)를 도입하면 전류의 측정값이 곧 역학계 내의 변위에 대한 정확한 수치가 되는 것이다. 역학계와 전류계 사이의 이와 같은 유사성에 대한 실질적인 중요성은 말할 것도 없다. 이 유사성 때문에 주어진 역학계의 '전기적인 모형'을 만드는 것이다. 그렇게 하면 모든 일이 아주 본질적으로 간단하게 되어서 좋다. 왜냐하면, 전기회로는 조립하기가 쉽고, 전류와 전압은 측정하기도 쉬운 반면에 역학적인 모형을 만든다는 일은 복잡하고, 비용이 고가이며, 또 변위의 측정조차 많은 시간이 소요되고 또한 부정확하기 때문이다.

그림 2.11에 있는 RLC-회로에 대하여 살펴보자. 이와 같은 회로의 미분방정식은 회로의 여러 요건에서의 전압강하의 합을 가해진 기전력과 같다고 놓아서 얻을 수 있다. 이때 Kirchhoff의 전압법칙을 사용하는 것이다. 따라서 전기회로에서의 이 법칙은 역학계에서의 Newton의 제2법칙과 유사한 역할을 한다고 볼 수 있다. 2.7절의 RLC-회로의 방정식을 이용하면

$$LI' + RI + \frac{1}{C}\int I\,dt = E(t) = E_0 \sin \omega t \tag{17}$$

를 얻는다. 또한 $I = Q'$, 즉 전류는 시간에 대한 전하량의 변화율이다.

따라서 $I' = Q''$이고, $\int I\,dt = Q'$이므로 (17)은

$$LQ'' + RQ' + \frac{1}{C}Q = E_0 \sin \omega t$$

와 같이 쓸 수 있다. 이것은 그림 2.11의 RLC-회로에서 캐패시터 상의 전압 Q에 대한 미분방정식이다. 대부분의 실용적인 문제에서 관심의 대상이 되는

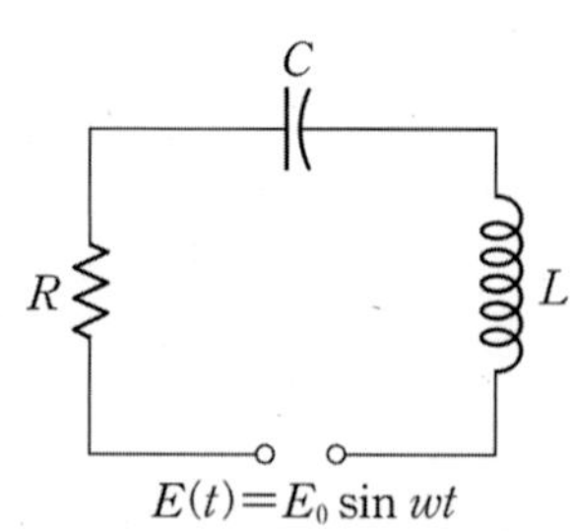

그림 2.7 ▌ RLC-회로

물리적인 양은 전압 $Q(t)$가 아니라 전류 $I(t)$가 된다. 따라서 (17)을 t에 관하여 미분하여 다음 미분방정식을 유도한다.

$$L\,I'' + R\,I + \frac{1}{C}I = E_0\,\omega\cos\omega t \tag{18}$$

이 방정식과 (2)는 동일한 형태이다. 다시 말하면 이 RLC-회로는 역학계의 전기적인 상이(analogy)라는 뜻이 되며, 이때에 전기적인 양과 역학적인 양 사이의 상이성은 표 2.2에서 볼 수 있다.

표 2.2 ▌ 전기적 양과 역학적 양의 상이성

RLC 회로	역학계
인덕턴스 L	질량 m
저항 R	감쇠상수 c
캐패시턴스의 역수 $1/C$	탄성계수 k
기전력의 도함수 $E_0\,\omega\cos\omega t$	구동력 $F_o\cos\omega t$
전류 $I(t)$	변위 $y(t)$

방정식 (18)의 특수해를 얻기 위하여

$$I_p(t) = a\cos\omega t + b\sin\omega t \tag{19}$$

라 가정하고 (18)에 대입한 다음, 계수를 비교하면

$$a = \frac{-E_0 S}{R^2 + S^2}, \qquad b = \frac{E_0 R}{R^2 + S^2} \tag{20}$$

를 얻는다. 여기서 S는 소위 리액턴스(reactance)라고 하는데 이것은

$$S = \omega L - \frac{1}{\omega C}$$

로 주어진다. 실제로는 항상 $R \neq 0$이므로 (20)의 분모는 0이 아니다. (20)에서 주어진 a, b를 계수로 갖는 (19)는 방정식 (18)의 특수해가 된다.

여기서 I_p는

$$I_p(t) = I_0 \sin(\omega t - \theta) \tag{21}$$

와 같은 형태로 변형된다. 여기서

$$I_0 = \sqrt{a^2 + b^2} = \frac{E_0}{\sqrt{R^2 + S^2}}, \quad \tan\theta = -\frac{a}{b} = \frac{S}{R}$$

이다. 이때 $\sqrt{R^2 + S^2}$ 을 임피던스(impedance)라고 부른다. 이 공식은 임피던스가 E_0/I_0와 같다는 것을 보여주며, 이것은 $E/I = R$(ohm의 법칙)와 유사하다.

방정식 (18)에 대응하는 동차미분방정식의 일반해는

$$I_h = c_1 e^{\lambda_1 t} + c_2 e^{\lambda_2 t}$$

이다. 이때 λ_1과 λ_2는 특성방정식

$$\lambda^2 + \frac{R}{L}\lambda + \frac{1}{LC} = 0$$

의 근이므로

$$\alpha = \frac{R}{2L}, \quad \beta = \frac{1}{2L}\sqrt{R^2 - \frac{4L}{C}}$$

이라 할 때 $\lambda_1 = -\alpha + \beta$, $\lambda_2 = -\alpha - \beta$로 쓸 수 있다.

$R > 0$이면(이것은 실제적인 경우에는 항상 성립한다) 동차방정식의 일반해 I_h는 $t \to \infty$일 때(실제로는 충분히 오랜 시간 후에) 0에 수렴한다. 따라서 과도전류 $I = I_h + I_p$는 정상상태전류 I_p에 수렴하며, 충분히 오랜 시간 후에 그 출력은 실제로는 (21)와 같은 조화진동이 되는데, 이때 그 주파수는 입력주파수와 같게 된다.

연습 문제 **2.13**

■ 다음 각 방정식으로 표현되는 진동계의 정상상태진동을 구하여라.

01 $(D^2+4)y = 15\sin t$

02 $(D^2+3D+2)y = 20\sin t$

03 $2y'' + 2y' + 3y = \cos 3t - 5\sin t$

■ 다음 각 방정식으로 표현되는 진동계의 과도운동방정식(해)을 구하여라.

04 $y'' + 2y' + 5y = -\sin t$

05 $(D^2+2D+2)y = \cos t$

06 $\left(D^2 + \frac{1}{2}D + 2\right)y = 5\cos t$

■ 다음 각 경우에 주어진 미분방정식은 어떤 진동계의 수학적 모형이다. 주어진 초기변위와 초기속도에 대응하는 진동계의 운동방정식을 구하여라.

07 $y'' + 4y' + 20y = 23\sin t - 15\cos t,\ y(0) = 0,\ y'(0) = -1$

08 $(D^2+1)y = \cos\omega t,\ y(0) = y_0,\ y'(0) = v_0,\ \omega^2 \neq 1$

■ 다음 방정식을 풀어라.

09 $y'' + y = \begin{cases} 1 - t^2/\pi^2 & (0 \leq t \leq \pi) \\ 0 & (t > \pi) \end{cases},\quad y(0) = y'(0) = 0$

이 방정식은 어떤 시간구간 동안에 한 힘 F가 작용하는 비감쇠계로 해석할 수 있다. 이 힘이란 예를 들어, 포탄을 발사했을 때 강한 용수철에 의해서 제동되고 있는, 포신에 작용하는 힘을 말한다(그 후 감쇠장치에 의해서 감쇠가 되나 여기서는 단순화하기 위해 무시한다).

힌트: $t = \pi$에서 y와 y'은 모두 연속이어야 한다.

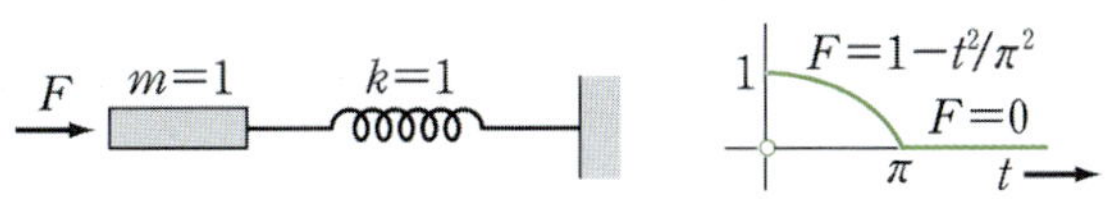

■ 다음 각 경우에 LC–회로에서 전류 $I(t)$를 구하여라.

10 $L = 0.4$ henry, $C = 0.1$ farad, $E = 110\sin\omega t$ volts, $\omega^2 \neq 25$

11 $L = 2.5$ henrys, $C = 10^{-3}$ farad, $E = 10t^2$ volts

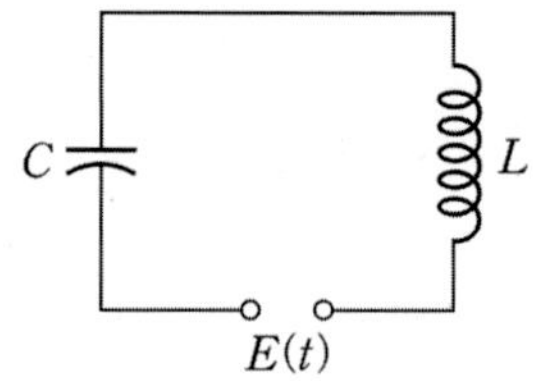

LC–회로

■ 초기전류와 전하가 0이라 가정하고, 다음 각 경우에 LC–회로에서 전류 $I(t)$를 구하여라.

12 $L = 1$ henry, $C = 0.25$ farad, $E = 30\sin t$ volts

13 $L = 10$ henrys, $C = 0.1$ farad, $E = 10t$ volts

■ 다음 각 경우에 RLC–회로에서 정상상태전류를 구하여라.

14 $R = 4$ ohms, $L = 1$ henry, $C = 2.10^{-4}$ farad, $E = 220$ volts

15 $R = 20$ ohms, $L = 10$ henrys, $C = 10^{-3}$ farad, $E = 100\cos t$ volts

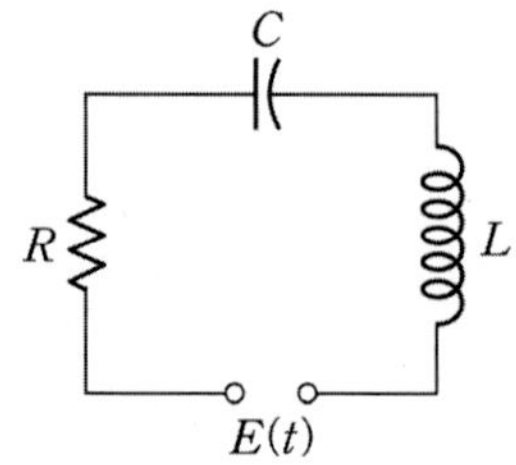

RLC–회로

■ 다음 경우에 RLC–회로에서 과도전류를 구하여라.

16 $R = 200$ ohms, $L = 100$ henrys, $C = 0.005$ farad, $E = 500\sin t$ volts

■ 초기전류와 전하가 각각 0이라 가정하고, 다음 각 경우에 RLC-회로에서 전류 $I(t)$를 구하여라.

17 $R = 80$ ohms, $L = 20$ henrys, $C = 0.01$ farad, $E = 100$ volts

18 $R = 6$ ohms, $L = 1$ henry, $C = 0.04$ farad, $E = 24\cos 5t$ volts

03 연립미분방정식, 상평면, 안정성

3.1 연립미분방정식

연립미분방정식의 중요한 응용을 보여주는 예제들은 2.5절, 2.12절 그리고 2.13절에서 다루었던 간단한 계의 조합으로 구성된 기계 또는 전기계의 모형에서 흔히 나타난다.

예제 1 역학계의 모형

두 질량 m_1과 m_2를 각각 용수철 상수가 k_1, k_2이며 무시할 수 있는 질량인 두 용수철 A, B에 연결한다. 두 용수철은 그림 3.1에서 표시된 바와 같이 매달았다.

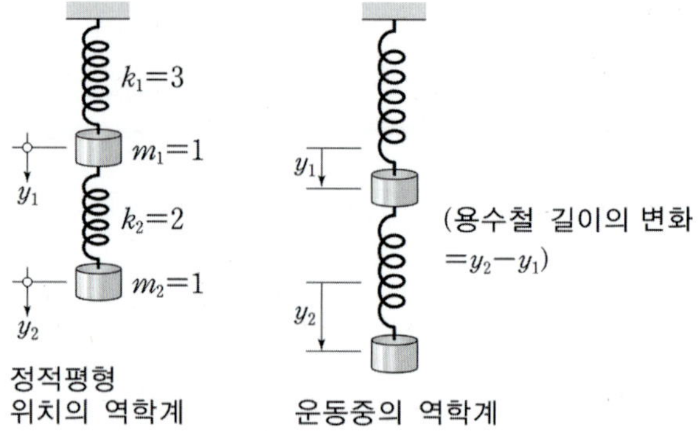

그림 3.1 ▌역학계

$x_1(t)$와 $x_2(t)$를 각 질점의 평형위치로 부터의 수직변위라 하자. 이 계가 운동할 때 신장과 수축이 생긴다. 신장은 $x_2 - x_1$이므로 Hooke 법칙에 의하여 용수철 A와 B는 각각 m_1에 대하여 힘 $-k_1x_1$과 $k_2(x_2 - x_1)$을 나타낸다. 만일 외력이 이 계에 작용하지 않으며 감쇠력이 존재하지 않는다고 하면 m_1에 대한 힘은

$$-k_1x_1 + k_2(x_2 - x_1)$$

이고 Newton의 제 2법칙에 의하여

$$m_1 \frac{d^2 x_1}{dt^2} = -k_1 x_1 + k_2 (x_2 - x_1)$$

로 쓸 수 있다. 같은 방법으로 질량 m_2에 나타나는 힘은 B의 길이에만 의존한다. 즉,

$$-k_2 (x_2 - x_1)$$

이므로

$$m_2 \frac{d^2 x_2}{dt^2} = -k_2 (x_2 - x_1)$$

이다. 바꾸어 말하자면 연결계의 운동은 이계 연립미분방정식

$$\begin{aligned} m_1 x_1'' &= -k_1 x_1 + k_2 (x_2 - x_1) \\ m_2 x_2'' &= -k_2 (x_2 - x_1) \end{aligned} \qquad (1)$$

이다.

예제 2 전기회로의 모형

시각 $t=0$에서 스위치를 닫을 때 모든 전하와 전류가 0이라 가정하고, 그림 3.2에 있는 회로에서 전류 $I_1(t)$와 $I_2(t)$를 생각해보자.

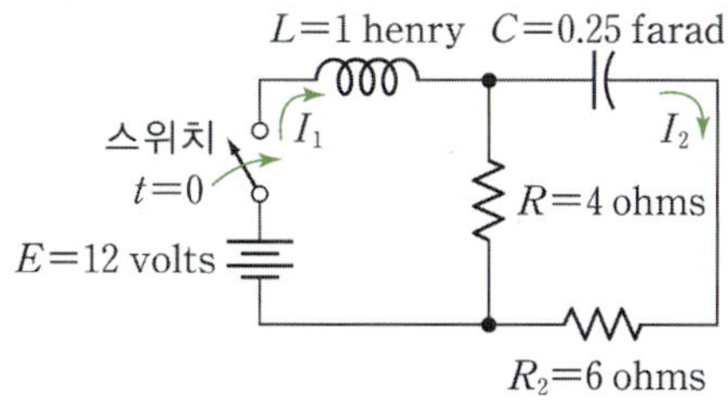

그림 3.2

풀이 이 회로의 수학적 모형은 2.13절에서와 같이, Kirchhoff의 전압법칙으로부터 얻어진다. 좌측의 환선(loop)에서

$$I_1' + 4(I_1 - I_2) = 12$$

를, 우측의 환선에서

$$6I_2 + 4(I_2 - I_1) + 4\int I_2 dt = 0$$

을 얻는다. 첫째 방정식을 다시 쓰고, 둘째 방정식을 미분하면, 이 회로의 전류 I_1, I_2는 연립방정식

$$\begin{aligned} I_1' + 4I_1 - 4I_2 &= 12 \\ -4I_1' + 10I_2' + 4I_2 &= 0 \end{aligned} \tag{2}$$

으로 주어진다. ■

함수 $y_1(t)$, $y_2(t)$에 대하여 다음과 같은 일계 선형연립미분방정식을 생각하자.

$$\begin{cases} y_1'(t) = a_{11}(t)y_1 + a_{12}(t)y_2 + g_1(t) \\ y_2'(t) = a_{21}(t)y_1 + a_{22}(t)y_2 + g_2(t) \end{cases}$$

행렬과 벡터의 개념을 이용하면, 이 식은 다음과 같이 나타낼 수 있다.

$$\mathbf{y}' = \mathrm{A}\mathbf{y} + \mathbf{g}$$

$$\mathrm{A} = \begin{bmatrix} a_{11} & a_{12} \\ a_{21} & a_{22} \end{bmatrix}, \ \mathbf{y} = \begin{bmatrix} y_1 \\ y_2 \end{bmatrix}, \ \mathbf{g} = \begin{bmatrix} g_1 \\ g_2 \end{bmatrix}$$

이 절에서는 특히 상수계수를 갖는 동차방정식에 대하여 살펴보고자 한다.

■ 상수계수를 갖는 동차연립미분방정식

상수계수인 동차연립방정식인 경우, 모든 원소가 상수인 2×2 행렬 A를 이용하여

$$\mathbf{y}' = \mathrm{A}\mathbf{y} \tag{3}$$

로 표시할 수 있다. 1장에서 상수계수 미분방정식 $y' = ky$의 해가 $y = ce^{kt}$인 것을 기억한다면, 방정식 (3)의 해를

$$\mathbf{y} = \mathbf{x}e^{\lambda t}$$

$$\mathbf{x} = \begin{bmatrix} x_1 \\ x_2 \end{bmatrix} \neq \begin{bmatrix} 0 \\ 0 \end{bmatrix} \tag{4}$$

으로 가정할 수 있을 것이다. 이제 (4)를 방정식 (3)에 대입하면

$$\mathbf{y}' = \lambda \mathbf{x} e^{\lambda t} = A\mathbf{y} = A\mathbf{x}e^{\lambda t}$$

이고, 양변을 $e^{\lambda t}$로 나누어 다음과 같은 식을 얻는다.

$$A\mathbf{x} = \lambda \mathbf{x}, \quad \mathbf{x} \neq \mathbf{0} \tag{5}$$

선형대수학의 정의에 따라 식 (5)는 λ가 행렬 A의 고유값(eigenvalue)이 되고, $\mathbf{x}$가 λ에 대한 A의 고유벡터(eigenvector)임을 의미한다. 다시 말해서 λ는 2차방정식

$$\det(A - \lambda I) = 0 \tag{6}$$

의 해가 된다. 단, $I = \begin{bmatrix} 1 & 0 \\ 0 & 1 \end{bmatrix}$.

[경우 1] 행렬 A의 고유벡터인 기저가 존재할 때

행렬 A가 일차독립인 고유벡터 $\mathbf{x}^1$, $\mathbf{x}^2$를 갖는다면 연립미분방정식 (3)의 일반해는 다음과 같다. 이때 c_1, c_2는 임의의 상수이다.

$$\mathbf{y} = c_1 \mathbf{x}^1 e^{\lambda_1 t} + c_2 \mathbf{x}^2 e^{\lambda_2 t} \tag{7}$$

예제 3 $\begin{cases} y_1{}' = -3y_1 + y_2 \\ y_2{}' = y_1 - 3y_2 \end{cases}$를 풀어라.

풀이 $A = \begin{bmatrix} -3 & 1 \\ 1 & -3 \end{bmatrix}$, $\mathbf{y} = \begin{bmatrix} y_1 \\ y_2 \end{bmatrix}$라 하면, 주어진 미분방정식은

$$\mathbf{y}' = A\mathbf{y}$$

가 된다. 이제 $\mathbf{y}' = \mathbf{y} e^{\lambda t}$로 놓고 고유값 λ를 구하자.

$$\begin{aligned} \det(A - \lambda I) &= \begin{vmatrix} -3-\lambda & 1 \\ 1 & -3-\lambda \end{vmatrix} \\ &= \lambda^2 + 6\lambda + 8 = (\lambda + 2)(\lambda + 4) = 0 \end{aligned}$$

이므로 $\lambda_1 = -2$, $\lambda_2 = -4$이다. 먼저 $\lambda = \lambda_1 = -2$이면 식 (4)는

$$\begin{bmatrix} -1 & 1 \\ 1 & -1 \end{bmatrix} \begin{bmatrix} x_1 \\ x_2 \end{bmatrix} = \begin{bmatrix} 0 \\ 0 \end{bmatrix}$$

이 되고, 고유벡터 $\mathbf{x}^1 = \begin{bmatrix} 1 \\ 1 \end{bmatrix}$이다.

마찬가지로 $\lambda = \lambda_2 = -4$이면

$$\begin{bmatrix} 1 & 1 \\ 1 & 1 \end{bmatrix} \begin{bmatrix} x_1 \\ x_2 \end{bmatrix} = \begin{bmatrix} 0 \\ 0 \end{bmatrix}$$

이므로 $\mathbf{x}^2 = \begin{bmatrix} 1 \\ -1 \end{bmatrix}$라고 할 수 있다.

식 (7)을 이용하면, 일반해는

$$\begin{aligned} \mathbf{y} &= c_1 \mathbf{x}^1 e^{\lambda_1 t} + c_2 \mathbf{x}^2 e^{\lambda_2 t} \\ &= c_1 \begin{bmatrix} 1 \\ 1 \end{bmatrix} e^{-2t} + c_2 \begin{bmatrix} 1 \\ -1 \end{bmatrix} e^{-4t} \end{aligned}$$

이고, 풀어쓰면 y_1, y_2의 일반해를 구할 수 있다.

$$\begin{aligned} y_1 &= c_1 e^{-2t} + c_2 e^{-4t} \\ y_2 &= c_1 e^{-2t} - c_2 e^{-4t} \end{aligned}$$

■

예제 4 $\mathbf{y}' = \begin{bmatrix} -1 & 1 \\ -1 & -1 \end{bmatrix} \mathbf{y}$를 풀어라.

풀이 $A = \begin{bmatrix} -1 & 1 \\ -1 & -1 \end{bmatrix}$이라 놓으면,

$$\det(A - \lambda I) = \begin{vmatrix} -1-\lambda & 1 \\ -1 & -1-\lambda \end{vmatrix} = \lambda^2 + 2\lambda + 2 = 0$$

이므로 $\lambda_1 = -1 + i$, $\lambda_2 = -1 - i$이다.

일차독립인 고유벡터 $\mathbf{x}^1, \mathbf{x}^2$를 다음과 같이 구할 수 있다.

$$\mathbf{x}^1 = \begin{bmatrix} 1 \\ i \end{bmatrix}, \quad \mathbf{x}^2 = \begin{bmatrix} 1 \\ -i \end{bmatrix}$$

따라서 일반해는 다음과 같다.

$$\mathbf{y} = c_1\begin{bmatrix}1\\i\end{bmatrix}e^{(-1+i)t} + c_2\begin{bmatrix}1\\-i\end{bmatrix}e^{(-1-i)t}$$ ■

[경우 2] 고유벡터로 된 기저가 존재하지 않을 때

행렬 A의 고유값 λ가 하나뿐이고, λ에 대응하는 일차독립인 고유벡터 역시 $\mathbf{x}$ 하나일 때, 일반해를 구하기 위하여 연립방정식 (3)의 해의 기저를 다음과 같이 놓는다.

$$\mathbf{y}^1 = \mathbf{x}e^{\lambda t}$$
$$\mathbf{y}^2 = \mathbf{x}te^{\lambda t} + \mathbf{u}e^{\lambda t},\ \mathbf{u} = \begin{bmatrix}u_1\\u_2\end{bmatrix}$$

벡터 $\mathbf{u}$를 구하기 위해, $\mathbf{y}^2$를 방정식 (3)에 대입하면,

$$(\mathbf{y}^2)' = \mathbf{x}e^{\lambda t} + \lambda\mathbf{x}te^{\lambda t} + \lambda\mathbf{u}e^{\lambda t}$$
$$= \mathrm{A}\mathbf{y}^2 = \mathrm{A}\mathbf{x}te^{\lambda t} + \mathrm{A}\mathbf{u}e^{\lambda t}$$

이때 $\mathrm{A}\mathbf{x} = \lambda\mathbf{x}$이므로 주어진 식은

$$\mathrm{A}\mathbf{u} = \mathbf{x} + \lambda\mathbf{u}$$

가 된다. 다시 말해서 $\mathbf{u}$는 다음 방정식을 만족한다.

$$(\mathrm{A} - \lambda\mathrm{I})\mathbf{u} = \mathbf{x} \tag{8}$$

예제 5 $\mathbf{y}' = \begin{bmatrix}8 & -1\\4 & 12\end{bmatrix}\mathbf{y}$를 풀어라.

풀이 $\mathrm{A} = \begin{bmatrix}8 & -1\\4 & 12\end{bmatrix}$라고 했을 때,

$$\det(\mathrm{A} - \lambda\mathrm{I}) = \begin{vmatrix}8-\lambda & -1\\4 & 12-\lambda\end{vmatrix}$$
$$= \lambda^2 - 20\lambda + 100 = (\lambda - 10)^2 = 0$$

이므로 고유값은 $\lambda = 10$이다. 식 (4)를 이용하면

$$\begin{bmatrix}-2 & -1\\4 & 2\end{bmatrix}\mathbf{x} = 0$$

에서 A의 일차독립인 고유벡터는 $\mathbf{x} = \begin{bmatrix} 1 \\ -2 \end{bmatrix}$ 한 개만 구할 수 있다. 이제

$$\mathbf{y}^1 = \begin{bmatrix} 1 \\ -2 \end{bmatrix} e^{10t}$$
$$\mathbf{y}^2 = \begin{bmatrix} 1 \\ -2 \end{bmatrix} te^{10t} + \mathbf{u}e^{10t}$$

로 놓고, 식 (8)을 이용하여 $\mathbf{u}$를 구하자.

$$(\mathrm{A} - \lambda \mathrm{I})\mathbf{u} = \begin{bmatrix} -2 & -1 \\ 4 & 2 \end{bmatrix} \mathbf{u} = \begin{bmatrix} 1 \\ -2 \end{bmatrix}$$

이므로 $\mathbf{u} = \begin{bmatrix} 0 \\ -1 \end{bmatrix}$ 라고 할 수 있고, 일반해는 다음과 같다.

$$\mathbf{y} = \left(c_1 \begin{bmatrix} 1 \\ -2 \end{bmatrix} + c_2 \begin{bmatrix} 0 \\ -1 \end{bmatrix} \right) e^{10t} + c_2 \begin{bmatrix} 1 \\ -2 \end{bmatrix} te^{10t}$$

■

■ 비동차 연립미분방정식

$$\mathbf{y}' = \mathrm{A}\mathbf{y} + \mathbf{g}, \quad \mathbf{g} \neq 0 \tag{9}$$

인 경우 2장과 마찬가지로 (9)에 대응하는 동차방정식

$$\mathbf{y}' = \mathrm{A}\mathbf{y}$$

의 일반해 $\mathbf{y}_h$와 비동차방정식 (9)의 특수해 $\mathbf{y}_p$를 구해서

$$\mathbf{y} = \mathbf{y}_h + \mathbf{y}_p$$

라고 놓으면 일반해를 구할 수 있다. 이때 $\mathbf{y}_p$를 구하는 방법으로는 2장에서 배웠던 미정계수법, 매개변수변화법과 행렬의 대각화(diagonalization) 등이 있다.

■ 이계 미분방정식을 연립미분방정식으로 바꿔서 푸는 방법

$$y'' + f(t)y' + g(t)y = R(t) \tag{10}$$

에서

$$y_1 = y, \; y_2 = y'$$

라고 놓으면, 식 (10)은 다음과 같은 연립미분방정식이 된다.

$$\begin{cases} y_1{}' = y_2 \\ y_2{}' = -g(t)y_1 - f(t)y_2 + R(t) \end{cases}$$

예제 6 $y'' - 6y' + 8y = 0$을 연립미분방정식으로 풀어라.

풀이 $y_1 = y$, $y_2 = y'$라 하면, 주어진 미분방정식은

$$\begin{cases} y_1{}' = y_2 \\ y_2{}' = -8y_1 + 6y_2 \end{cases}$$

가 되어

$$\mathbf{y}' = \mathbf{A}\mathbf{y},\ \mathbf{A} = \begin{bmatrix} 0 & 1 \\ -8 & 6 \end{bmatrix},\ \mathbf{y} = \begin{bmatrix} y_1 \\ y_2 \end{bmatrix}$$

라고 할 수 있다.

$$\begin{aligned} \det(\mathrm{A} - \lambda \mathrm{I}) = \begin{vmatrix} -\lambda & 1 \\ -8 & 6-\lambda \end{vmatrix} &= \lambda^2 - 6\lambda + 8 \\ &= (\lambda - 2)(\lambda - 4) = 0 \end{aligned}$$

이므로 $\lambda = 2, 4$이다. $\lambda = 2$이면,

$$\begin{bmatrix} -2 & 1 \\ -8 & 4 \end{bmatrix} \mathbf{x}^1 = 0$$

이 되어 고유벡터는 $\mathbf{x}^1 = \begin{bmatrix} 1 \\ 2 \end{bmatrix}$이다. $\lambda = 4$이면,

$$\begin{bmatrix} -4 & 1 \\ -8 & 2 \end{bmatrix} \mathbf{x}^2 = 0$$

이 되어 고유벡터는 $\mathbf{x}^2 = \begin{bmatrix} 1 \\ 4 \end{bmatrix}$이 된다. 따라서

$$\mathbf{y} = c_1 \begin{bmatrix} 1 \\ 2 \end{bmatrix} e^{2t} + c_2 \begin{bmatrix} 1 \\ 4 \end{bmatrix} e^{4t}$$

이고, $y = y_1 = c_1 e^{2t} + c_2 e^{4t}$가 된다. ■

연습문제 3.1

01 $\begin{cases} y_1{}' = 4\,y_1 - 2\,y_2 \\ y_2{}' = \quad y_1 + \quad y_2 \end{cases}$ 를 풀어라.

02 $\mathbf{y}' = \begin{bmatrix} 1 & 0 \\ 0 & 1 \end{bmatrix}\mathbf{y}$ 를 풀어라.

03 $\mathbf{y}' = \begin{bmatrix} 4 & 1 \\ -1 & 2 \end{bmatrix}\mathbf{y}$ 를 풀어라.

04 $y'' + 2y' - 3y = 0$을 연립미분방정식으로 풀어라.

3.2 상평면

이 절에서는 일계로 변환되는 어떤 이계 미분방정식의 해를 평면(상평면)상의 곡선을 이용하여 조사할 수 있음을 다룰 것이다. 이 기법은 공학에서 자주 응용되고 있다. 한 물리계의 미분방정식이 양적으로 독립변수를 포함하지 않는 경우 그 물리계를 자주적(autonomous)이라고 한다. 따라서 미분방정식이 이계인 경우에 그것은

$$F(y,\ y',\ y'')=0 \tag{1}$$

과 같은 형태를 갖게 된다. 여기서 $y'=dy/dt=v$는 속도로 주어진다. 연쇄법칙에 의하면

$$\frac{dv}{dt}=\frac{dv}{dy}\frac{dy}{dt}=\frac{dv}{dy}v \tag{2}$$

예제 1 자유, 비감쇠 조화진동의 모형

구간 $(-\infty,\ \infty)$에서 $x=e^{-t}\cos t,\ y=e^{-t}\sin t$가 연립미분방정식

$$\begin{cases} \dfrac{dx}{dt}=-x-y \\ \dfrac{dy}{dt}=x-y \end{cases}$$

의 해임을 쉽게 확인할 수 있다.

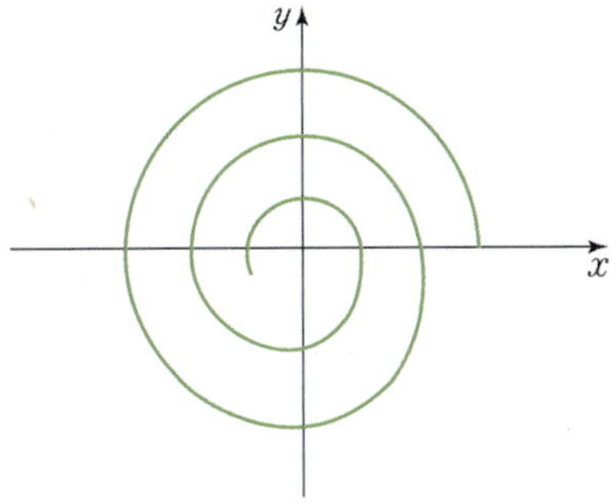

그림 3.3 ▌ $x=e^{-t}\cos t,\ y=e^{-t}\sin t$

t가 $-\infty$에서 ∞까지 변화할 때, 점 $(e^{-t}\cos t, e^{-t}\sin t)$는 xy 평면에서 나선을 그린다. 이런 이유로, 해 $x = e^{-t}\cos t$, $y = e^{-t}\sin t$의 궤도는 그림 3.3처럼 나선이다.

(2)를 사용하여 얻어진 새로운 방정식은 일계 미분방정식이다. 때로는 이 방정식을 다음 예제 2에서처럼 풀어서 상평면의 해곡선을 연구할 수도 있다. 비록 이것이 가능하지 않다고 하더라도, 또 다른 유용한 방법으로 해 $v(y)$의 일반적인 양상을 알아볼 수 있다. 수치적인 작업에 비하면, 이 방법은 한 해가 아니고, 많은 해를 동시에 연구할 수 있다는 이점을 가지고 있으며, 이 방법으로 이들 해의 일반적인 양상을 발견할 수 있다.

예제 2 자유비감쇠추

그림 3.4는 질량 m인 물체(진자)와 길이 l인 막대로 구성된 추를 보여 주고 있다. 막대의 질량과 공기저항을 무시한다고 가정하고, 상평면을 사용하여 추의 운동을 설명하여라.

풀이 **제1단계(수학적 모형)** θ를 평형위치로부터 반시계방향으로 측정한 각의 변위라 하자. 진자의 무게는 mg(g는 중력가속도)이므로 그것에 의하여 진자의 운동곡선(원호)에 접하는 복원력 $mg\sin\theta$이다. Newton의 제2법칙에 의하여, 매 순간에 이 힘은 가속력 $ml\theta''$(단, $l\theta''$는 가속도)와 평형을 이룬다. 따라서 이 두 힘의 합성력이 0이 되고, 수학적 모형으로서

$$ml\theta'' + mg\sin\theta = 0 \tag{3}$$

을 얻는다.

제2단계(상평면에서의 해) (3)을 ml로 나누면

$$\theta'' + k\sin\theta = 0 \left(k = \frac{g}{l}\right) \tag{4}$$

이 되는데, 정확한 해 $\theta(t)$는 기본적인 함수가 아니다. $v = \theta'$(각속도)로 두면 (2)에서처럼 $\theta'' = v' = (dv/d\theta)v$가 되고, (4)로부터

$$\frac{dv}{d\theta}v = -k\sin\theta$$

를 얻는다. 변수를 분리하면 $v dv = -k \sin\theta \, d\theta$이고, 이를 적분하면

$$\frac{1}{2}v^2 = k\cos\theta + C \ (C\text{는 상수}) \tag{5}$$

이다.

3단계(결과의 검토) (5)의 세 항은 에너지에 비례한다. (5)에 ml^2을 곱하면

$$\frac{1}{2}m(lv)^2 - ml^2 k\cos\theta = ml^2 C$$

가 된다. v는 각속도이므로, lv는 속도가 된다. 따라서 첫 번째 항은 운동에너지이다. 두 번째 항(음의 부호 포함)은 추의 포텐셜에너지이고 감쇠가 없으므로, 에너지 보존법칙으로부터 예상한 바와 같이 ml^2C는 그 총에너지인 상수이다. 운동의 형태는 다음에서 알 수 있듯이, 총에너지에 의존하게 되고 따라서 C에 의존한다.

그림 3.4(b)는 C의 여러 값에 대한 곡선 $v(y)$의 일부분의 개형을 보여준다. 이들 곡선은 2π인 주기를 갖고, 좌우로 주기적으로 확장된다(그 이유는?). 어떤 곡선은 타원과 같으며 폐곡선이고 다른 곡선은 파도 모양을 하고 있으며, $\theta = (2n+1)\pi$ (n은 정수)를 지나는 또 다른 두 곡선이 있어 위의 두 형태의 곡선을 분리시키고 있음을 볼 수 있다. (5)로부터 최소의 C값은 $C = -k$임을 알 수 있는데, 이때 $v = 0$, $\cos\theta = 1$이므로 추는 정지상태에 있다.

만일 $v = 0$이 되는 점이 있다면 추는 운동방향을 바꾸게 될 것이다. 이때 (5)에 의하여 $k\cos\theta + C = 0$이 된다. 만일 $\theta = \pi$이면 $\cos\theta = -1$, $C = k$이다. 따라서 $-k < C < k$이면 $|\theta| < \pi$에서 추는 그 방향을 바꾸고 $|C| < k$인 이들 C값에서 추는 진동한다. 이것에 대응한 것이 그림의 폐곡선이다. 따라서 $C > k$이면 $v = 0$이 될 수 없으며, 추는 상평면에서 파도모양으로 보이는 파동운동을 하게 된다. 마지막으로, $C = k$는 그림 3.4(b)의 두 개의 '분리하는 곡선'에 대응한다.

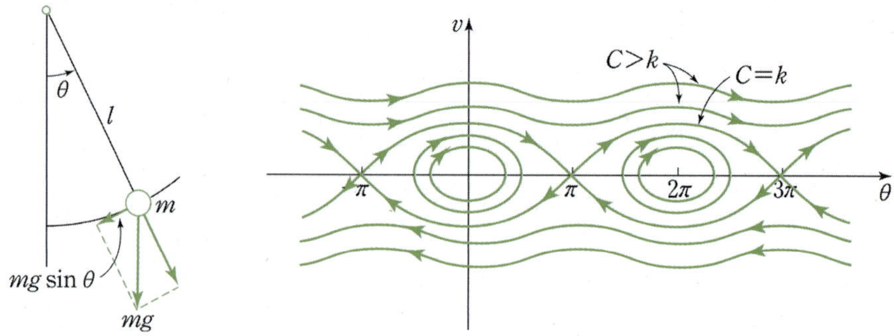

(a) 추

(b) 상평형에서의 (5)의 해곡선 $V(y)$

그림 3.4 ■

다음 예제는 $v(y)$를 정확하게 얻을 수 없는 더욱 복잡한 비선형방정식의 상평면에 관한 것이다.

예제 3 자율진동(self-sustained oscillation) – van der Pol 방정식

작은 진동에서는 에너지가 그 계로 공급되고, 이에 반하여 큰 진동에서는 에너지가 그 계로부터 밖으로 나오는 물리계가 있다. 다시 말하면 큰 진동은 감쇠되고, 진동이 작은 경우에는 '음의 감쇠'(에너지가 계에 공급됨)를 하게 된다. 물리학적인 이유 때문에 이와 같은 계는 궁극적으로는 주기운동을 할 것으로 기대되며, 이것은 상평면에서는 극한윤환(limit cycle)이라 부르는 폐곡선으로 나타난다. 이와 같은 진동을 나타내는 미분방정식이 유명한 van der Pol 방정식[1)]

$$y'' - \mu(1-y^2)y' + y = 0 \quad (\mu > 0) \tag{6}$$

이다. 이것은 진공관을 갖는 전기회로를 공부할 때 나타난다. 만일 $\mu = 0$일 경우 이것은 $y'' + y = 0$이 되고 조화진동을 얻는다. $\mu > 0$이라 하자. 이때 감쇠하는 항은 계수 $-\mu(1-y^2)$을 갖는다. 이 수치는 작은 진동, 즉 $y^2 < 1$에 대해서는 음이 되며 따라서 '음의 감쇠'를 하고, $y^2 = 1$(감쇠가 없음)일 때는 0이며, $y^2 > 1$(양의 감쇠, 에너지를 잃음)일 때는 양이 된다. 만일, μ가 작으면 극한윤환이 거의 원이 될 것으로 기대된다. 왜냐하면 이때는 주어진 방정식과

1) Balthasar van der Pol(1889～1959) 독일의 물리학자.

$y'' + y = 0$의 차가 작아지기 때문이다. 만일 μ가 크면 극한윤환은 달라진다.

$y'' = v\,dv/dy$를 사용하여 (6)으로부터

$$\frac{dv}{dy}v - \mu(1-y^2)v + y = 0$$

을 얻고, 그 등경사선은 $dv/dy = k$, 즉

$$\frac{dv}{dy} = \mu(1-y^2) - \frac{y}{v} = k \tag{7}$$

이다. 이로부터

$$v = \frac{y}{\mu(1-y^2) - k}$$

이다. 이들 곡선은 다소 복잡하다. 그림 3.5에서 $\mu = 0.1$에 대한 그들 곡선 중 이 몇 개와 극한윤환(거의 원임), 그리고 하나는 밖으로부터, 다른 하나는 안에서 나와서 극한윤환에 접근해 가는 두 개의 해곡선을 볼 수 있다. 후자는 좁은 나선이고 그것의 처음 부분만 이 그림에 표시되어 있다. 만일, μ가 클 경우 사정은 달라진다. 그 극한윤환은 원형이 되지 못한다.

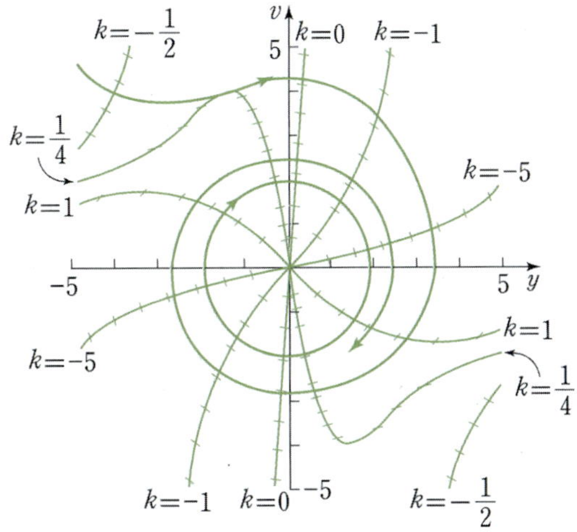

그림 3.5 ▌ 상평면에서 $\mu = 0.1$인 van der Pol 방정식의 등경사선으로 극한윤환과 그것에 접근하는 두 해곡선을 볼 수 있다.

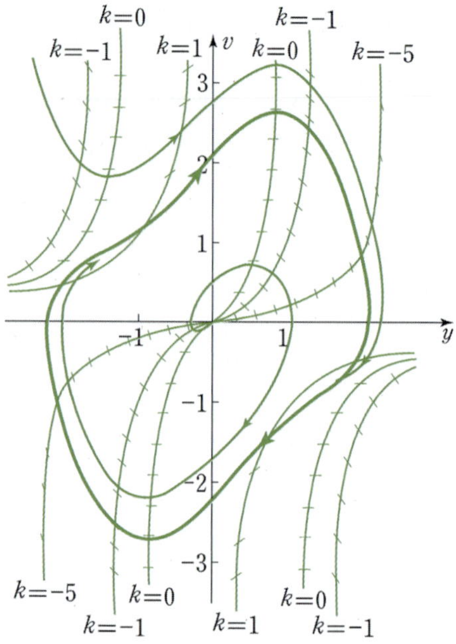

그림 3.6 상평면에서 $\mu=1$인 van der Pol 방정식의 등경사선으로 극한윤환과 그것에 접근하는 두 해곡선을 볼 수 있다.

그림 3.6은 $\mu=1$일 때 이것을 설명해준다. 해곡선 $v(y)$가 극한윤환에 접근해가는 속도는 $\mu=0.1$인 경우보다 한층 더 크다는 것에 유의하여라.

연습문제 3.2

01 $y''+y=0$, $y(0)=0$, $y'(0)=1$로 주어지는 자주적인 진동계의 해를 구하고, 상평면에서는 조화진동이 원으로 나타남을 보여라.

■ 다음 미분방정식을 풀고, 상평면에 이에 대응하는 곡선의 형태를 나타내어라.

02 $y'=1+y^2$

03 $y''-y=0$

■ 다음 미분방정식을 일계로 고쳐서 풀고, 상평면에 몇 개의 해곡선을 그려라.

04 $y'' = y'$

05 $yy'' + (y')^2 = 0$

06 (조화진동) $y'' + (w_0)^2 y = 0$을 풀고, 상평면에 이에 대응하는 곡선의 형태를 나타내어라.

07 (강제진동) sine 함수 형태의 구동력이 작용할 때, 상평면의 어떤 곡선이 감쇠계(2.12절)의 정상상태 강제진동에 대응하겠느냐?

08 그림 3.4에서 폐곡선과 양축과의 네 교점은 진동추의 어떤 상태(위치, 속도, 운동방향)에 해당하는가? 파도모양의 곡선과 v축과의 교점은 어떻게 되겠는가?

09 그림 3.5는 어떤 등경사선은 극대값 또는 극소값을 갖는다는 것을 보여준다. 이들 점이 쌍곡선 $vy = -1/2\mu$ 위에 있음을 보여라.

10 일반화된 van der Pol 방정식, 즉

$$y'' - \mu(1 - y^2 - r^2 (y')^2)y' + y = 0 \quad (r\text{는 상수})$$

을 생각하자. 이 방정식이 자율진동을 나타냄을 보여라. 또한 등경사선의 방정식을 구하고, $r = 1$일 때 주어진 방정식은 주기함수인 해 $y = \sin t$를 가짐을 검증하여라.

3.3 임계점, 안정성

함수 x와 y가 변수 t의 함수인 연립미분방정식

$$\frac{dx}{dt} = F(x, y) \qquad (1)$$
$$\frac{dy}{dt} = G(x, y)$$

에는 독립변수가 직접적으로 나타나 있지 않다. 이런 연립방정식을 자주적 연립방정식(autonomous system)이라 한다. 이 절에서는 자주적 연립방정식의 해가 xy-평면에서 고찰될 수 있음을 보이자. 사실상 이 방법을 사용하면 실제로 방정식을 풀지 않고도 해의 여러 일반적 특성을 알 수 있다. 따라서 방정식 (1)이 복잡하면 할수록 이 방법은 더욱 중요해진다. 더욱이 이 방법은 단 하나의 해가 아니고 해의 전체를 연구할 수 있게 한다. 이것은 한 번에 하나의 (근사) 해를 얻게 하는 수치적 방법에 비해 큰 이점이다.

이 방법은 자연스럽게 안정성에 대한 고찰을 포함하게 된다. 안정성의 개념은 물리학으로부터 나왔으며, 간단히 말하면 이것은 어떤 순간에 한 물리계의 작은 변화는 그 후 임의 시간에도 그 계의 운동에 작은 변화만을 초래한다는 것을 의미한다.

(1)의 한 해 $x(t)$, $y(t)$는 xy-평면의 한 곡선(퇴화된 경우는 한 점)을 나타낸다. 이 곡선을 (1)의 해곡선(solution curve) 또는 경로(path)라고 한다. 변수 t가 증가하는 방향을 C상의 양방향으로 정하고 화살표로서 표시한다. 이것이 C상의 방향을 정의해준다. 만일, t가 시간이고, C가 운동하는 물체의 경로라 하면 운동하는 방향이 된다.

(1)로부터, 점 $\mathrm{P}(x, y)$를 지나는 경로의 기울기는

$$\frac{dy}{dx} = \frac{dy/dt}{dx/dt} = \frac{G(x, y)}{F(x, y)} \qquad (2)$$

이다. (2)로부터는 경로는 방향에 대한 어떠한 정보도 얻을 수 없다. 또한 점 P에서는 $F(x, y) \neq 0$이어야 한다. 만일 $\mathrm{P}(x, y)$에서 $F(x, y) = 0$이고 $G(x, y) \neq 0$이면 (2) 대신 $dx/dy = F(x, y)/G(x, y)$를 택할 수 있고, $dx/dy = 0$

으로부터 $\mathrm{P}(x, y)$에서 C의 접선은 수직하다고 결론지을 수 있다. 그러나 어떤 점에서 F와 G가 모두 0이면 어떻게 할 것인가? 이 문제가 이 절의 주제이며 실질적인 중요성을 갖는 흥미로운 결과를 가져온다.

더 자세하게 들어가기에 앞서, 두 가지 관찰을 하여야 한다. 첫째, (2)는 $y' = f(x, y)$와 같은 형태이고 그것의 해에 대해서는 xy-평면에서 기하학적으로 고찰한 바 있다(1.2절). 따라서 여기에서는 1.2절의 내용을 확장하게 된다.

둘째, 만일 이계 미분방정식

$$y'' = G(y, y')$$

가 주어졌다면(2장 및 3.2절에서와 같이) $y' = v$로 놓음으로써 하나의 연립미분방정식으로 쓸 수 있다. 즉, $y'' = v'$이고 그 연립방정식은

$$\begin{aligned} y' &= v \\ v' &= G(y, v) \end{aligned}$$

이고, 이 방정식의 한 해는 yv-평면, 즉 상평면의 한 곡선을 나타낸다. 이 연립방정식은 표기법을 무시하면 (1)의 특별한 경우이다(y를 x로, v를 y로 대치). 이러한 사실 때문에, 비록 y가 x가 아닌 임의의 변수에 대한 함수라 할지라도, 지금의 xy-평면을 때때로 (1)의 상평면이라 부른다.

■ 임계점과 그 안정성

함수 F와 G가 모두 0이 되는 점 $\mathrm{P}_0(x_0, y_0)$를 (1)의 임계점(critical point)이라 한다. 여러 형태의 임계점이 존재하는데, 이들을 안정성과 그들 점 근방에 있는 경로의 공통된 기하학적 형태에 따라, 두 가지 방법으로 분류할 수 있다. 이를 더 자세하게 논하여 보자. 그러기 위하여, P_0를 고립된 (1)의 임계점이라 하자. 즉, P_0를 중심으로 한 어떤 원판 내에 있는 (1)의 유일한 임계점이라 가정한다. 먼저 첫 번째 분류로부터 시작하자.

간단히 말해서, 어떤 순간에 점 P_0에 충분히 접근해 있는 (1)의 모든 경로가 그 후 임의의 시간에도 P_0에 접근한 채 있다면 P_0를 (1)의 안정적[2] 임계점

2) 더욱 정확히 말하면 「Liapunov의 뜻으로 안정하다」이다. 안정성의 정의는 다른 것도 있다. 그러나 Liapunov의 정의는 — 이것만을 취급하지만 — 모르긴 하지만 가장 유용할 것이다.

(stable critical point)이라 한다. 정확히 말하면, P_0를 중심으로 하는 반경 $\varepsilon > 0$인 모든 원판 D_ε에 대하여 P_0를 중심으로 하는 반경 $\delta > 0$인 원판 D_δ가 존재하여 D_δ 내에 한 점 P_1(예컨대 $t = t_1$에 대응하는)을 갖는 (1)의 모든 경로가 $t \geq t_1$에 대응하는 그들의 모든 점을 D_ε 내에 가질 때 이 점 P_0를 안정적이라고 한다(그림 3.7 참조).

만일, P_0가 안정적이고 D_δ 내에 한 점을 갖는 모든 경로가 $t \to \infty$일 때 P_0에 접근하면, 이 점 P_0를 안정적이고 흡인적 임계점(stable and attractive critical point)이라 한다(그림 3.8 참조).

P_0가 안정적이 아닐 때 P_0는 불안정적(unstable)이라 한다.

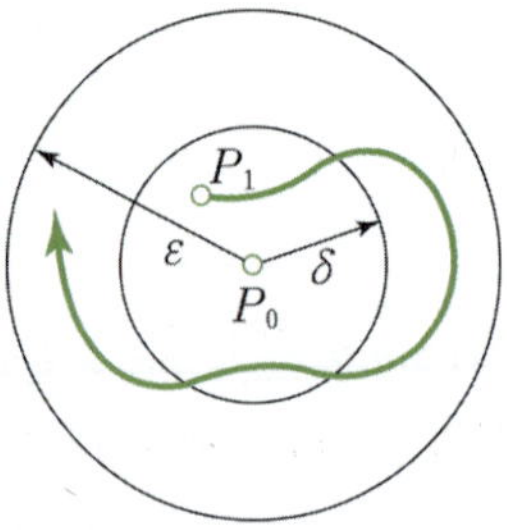

그림 3.7 ▌ (1)의 안정적 임계점(P_1에서 시작된 경로가 반경 ε인 원판 내에 머물러 있다)

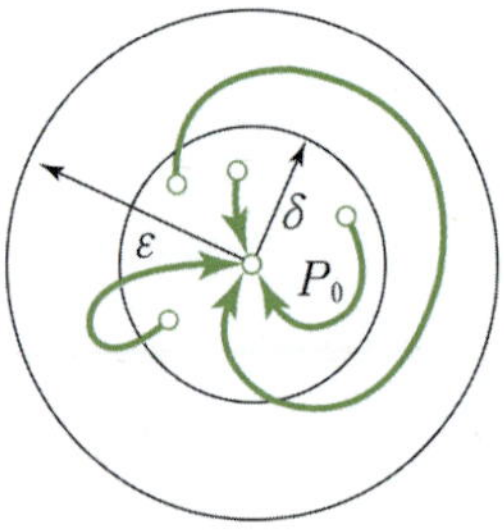

그림 3.8 ▌ (1)의 안정적인 동시에 흡인적인 임계점

■ 네 가지 형태의 임계점: 절점, 안장점, 중심점, 나선점

다소 간단한 연립방정식에서 출발하여, (1)의 임계점에 대한 두 번째 분류로 들어가자.

예제 1 네 가지 형태의 임계점

$$x' = -x,\ y' = -y \quad \text{해: } x = Ae^{-t},\ y = Be^{-t} \quad (\text{그림 } 3.9) \qquad (3)$$

$P_0(0, 0)$은 절점(node)의 한 예이다. $Ay = Bx$이므로 P_0에서의 경로는 모든 가능한 방향을 갖게 된다. P_0는 안정적이고 흡인적이다.

$$x' = x,\ y' = -y \quad \text{해: } x = Ae^{t},\ y = Be^{-t} \quad (\text{그림 } 3.10) \qquad (4)$$

$P_0(0, 0)$은 안장점(saddle point)의 한 예이다. 두 개의 내향경로($A=0$에 대응하는 양의 y-축 및 음의 y-축), 두 개의 외향경로($B=0$일 때, 양의 x-축 및 음의 x-축), 그리고 P_0를 지나지 않고 무수히 많은 쌍곡선경로 $xy=AB$ ($A \neq 0$, $B \neq 0$) 등이 존재한다. 이때 안장점은 불안정적이다.

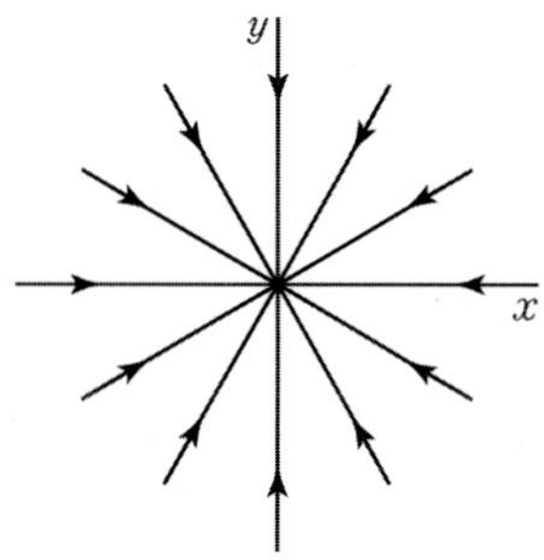

그림 3.9 ▌ 안정적이고 흡수적 고유절점

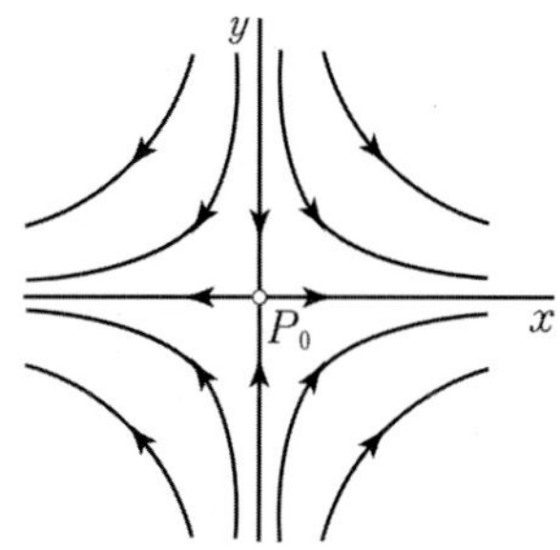

그림 3.10 ▌ 안정점

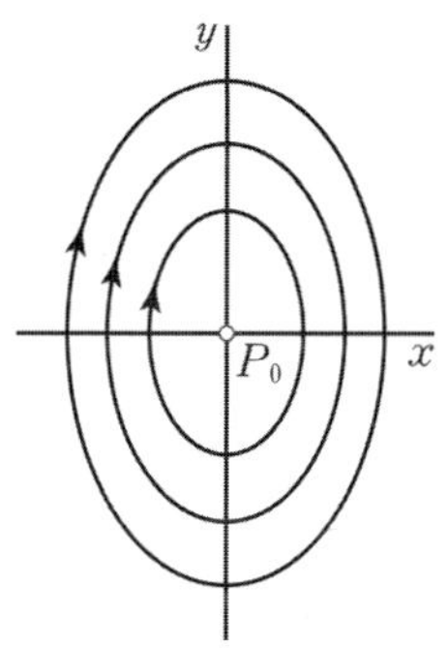

그림 3.11 ▌ 중심점

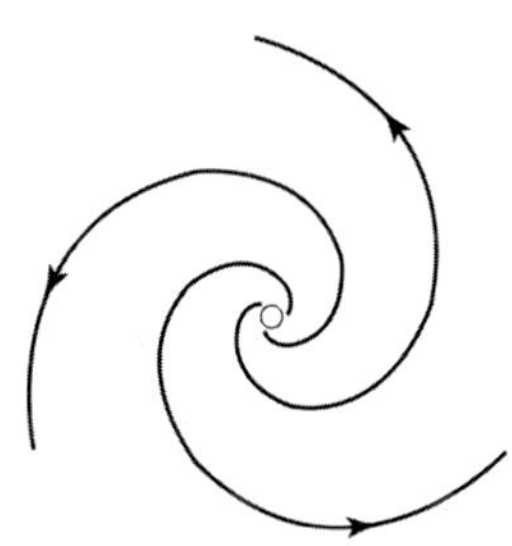

그림 3.12 ▌ 나선점해

$$x' = y,\ y' = -2x \quad \text{해: } 2x^2 + y^2 = c \quad (\text{그림 } 3.11) \tag{5}$$

$P_0(0, 0)$은 중심점(center)의 한 예이다. 경로는 P_0가 중심인 폐곡선(타원)이고, P_0는 안정적이다.

$$x' = -x + y,\ y' = -x - y, \quad \text{해 : } r = c_0 e^{\theta} \quad (\text{그림 } 3.12) \tag{6}$$

$P_0(0, 0)$은 나선점(spiral point)의 한 예이다. 경로는 P_0를 중심으로 하는 나선이다. 여기서 $r = (x^2 + y^2)^{1/2}$, $\theta = \tan^{-1}(y/x)$는 극좌표이다. x와 y로 나타낸 일반해가

$$x = e^{-t}(A\cos t + B\sin t), \quad y = e^{-t}(B\cos t + A\sin t) \tag{7}$$

임을 쉽게 보일 수 있다. 이것과 $\cos^2 t + \sin^2 t = 1$로부터 직접 계산하여 정리하면

$$r^2 = x^2 + y^2 = (A^2 + B^2)e^{-2t}$$

을 얻게 되는데, 이것은 $C_0 = \sqrt{A^2 + B^2}$, $t = -\theta$인 (6)으로 주어진 해를 뜻한다.

이 예제에서 사용된 개념(절점에 대한 보다 자세한 분류 포함)을 정의하면 다음과 같다.

(a) 고유절점(proper node) : $t \to \infty$ 또는 $t \to -\infty$일 때, 모든 경로가 일정한 방향으로 점 P_0에 수렴하고, 임의로 주어진 방향에 대하여 이 방향으로 점 P_0에 수렴하는 한 경로가 존재하면, 이 점 P_0를 고유절점이라 한다.

(b) 이상절점(improper node) : 모든 경로(한 쌍의 경로가 예외일 수 있음)가 P_0에서 동일한 극한방향을 가지면, 이 점 P_0를 이상절점이라 한다.

(c) 안장점(saddle point) : $t \to \infty$ 또는 $t \to -\infty$일 때, 각각 유한한 다수개의 경로가 P_0에 수렴하면, 이 점 P_0를 안장점이라 한다.

(d) 중심점(center) : 그 경로가 임의의 경로에 의하여 둘러싸인 영역에서 P_0을 포함하는 폐곡선을 이룰 때, 이 점 P_0를 안장점이라 한다.

(e) 나선점(spiral point) : 그 경로가 P_0를 점근점으로 갖고 P_0를 중심으로 하는 선을 이루면, 이 점 P_0를 나선점이라 한다.

예제 2 (이상절점) 다음 방정식의 일반해를 구하고 그래프를 그려라.

$$\mathbf{y}' = A\mathbf{y} = \begin{bmatrix} 4 & 1 \\ -1 & 2 \end{bmatrix}\mathbf{y}$$

풀이 특성방정식은

$$\det(A - \lambda I) = \begin{vmatrix} 4-\lambda & 1 \\ -1 & 2-\lambda \end{vmatrix} = \lambda^2 - 6\lambda + 9 = (\lambda - 3)^2 = 0$$

이다.

$\lambda = 3$이고 $(4-\lambda)x_1 + x_2 = x_1 + x_2 = 0$이므로 고유벡터는 $\mathbf{x} = \begin{bmatrix} 1 \\ -1 \end{bmatrix}$이다. 3.1절의 방법을 이용하여 $(\mathbf{A} - \lambda\mathbf{I})\mathbf{u} = \mathbf{x}$를 만족하는 $\mathbf{u}$를 구하면 $\mathbf{u} = \begin{bmatrix} 0 \\ 1 \end{bmatrix}$이다(그림 3.13 참조). 따라서 일반해는

$$\mathbf{y} = c_1 \begin{bmatrix} 1 \\ -1 \end{bmatrix} e^{3t} + c_2 \left(\begin{bmatrix} 1 \\ -1 \end{bmatrix} t + \begin{bmatrix} 0 \\ 1 \end{bmatrix} \right) e^{3t}$$

이다.

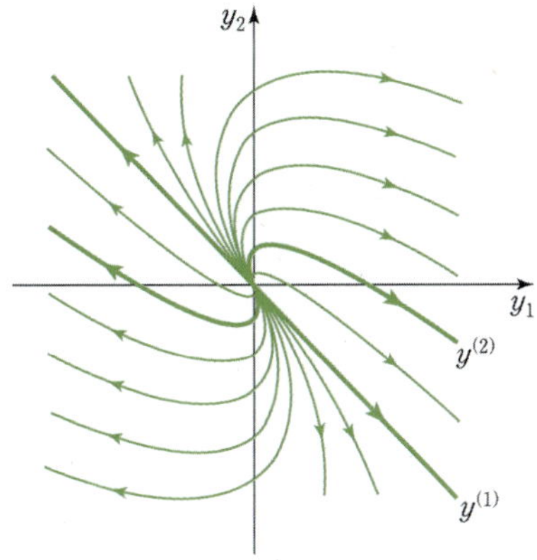

그림 3.13 ■

■ 임계점에 대한 일반적 고찰, 선형화

주어진 연립방정식 (1)의 고립임계점 P_0의 형태를 어떻게 결정할 수 있을까? 대부분의 실질적인 경우에 이것은 선형화(linearization), 즉 다음과 같이 어떤 선형연립방정식을 연구함으로써 가능해진다.

일반성을 잃지 않고 점 P_0의 좌표가 $(0, 0)$이라 가정한다. 또한 (1)에서 F와 G가 연속이고 P_0의 근방에서 연속인 편도함수를 갖는다고 하자. P_0가 임계점이므로 $F(0, 0) = 0$, $G(0, 0) = 0$이다. 따라서 F와 G는 상수항을 갖지 않으며, 이들의 일차항을 직접 쓰면 (1)은

$$\begin{aligned} x' &= a_1 x + b_1 y + F(x, y) \\ y' &= a_2 x + b_2 y + G(x, y) \end{aligned} \tag{8}$$

와 같은 형태가 된다. 만일 $a_1b_2 - a_1b_2 \neq 0$이면, P_0의 형태와 안정성은 선형화, 즉 (8)으로부터 F와 G를 제거하고 얻은 선형미분방정식

$$x' = a_1x + b_1y \qquad (9)$$
$$y' = a_2x + b_2y$$

의 임계점 $(0, 0)$의 안정성과 같다는 것을 증명할 수 있다. 실제로 도함수에 관한 위의 가정은 F, G이 P_0 근방에서 작은 값을 갖는다는 것을 의미한다. $x = Ae^{\lambda t}$, $y = Be^{\lambda t}$을 (9)에 대입하고 인수 $e^{\lambda t}$을 소거하면 동차대수방정식

$$(a_1 - \lambda)A + b_1B = 0$$
$$a_2A + (b_2 - \lambda)B = 0$$

을 얻는다. 이것이 0이 아닌 해 A, B를 가질 필요충분조건은 그 계수행렬식이 0이 되는 것이다. 즉,

$$\lambda^2 - (a_1 + b_2)\lambda + a_1b_2 - b_1a_2 = 0 \qquad (10)$$

이 되는 것이다. (9)에서 y를 소거하면

$$x'' - (a_1 + b_2)x' + (a_1b_2 - b_1a_2)x = 0 \qquad (11)$$

이 얻어진다(3.1절 참조). 따라서 (10)도 표기법을 무시하면 2장(2.3절)에서 사용한 것과 같은 (11)의 특성방정식이다.

이제 표준적인 표기법

$$p = a_1 + b_2, \quad q = a_1b_2 - b_1a_2, \quad \Delta = p^2 - 4q \qquad (12)$$

를 도입하자. 이때 λ_1, λ_2가 (10)의 근이면 (10)로부터

$$\lambda^2 - p\lambda + q = (\lambda - \lambda_1)(\lambda - \lambda_2) = \lambda^2 - (\lambda_1 + \lambda_2)\lambda + \lambda_1\lambda_2 = 0$$

을 얻는다. 따라서 p는 두 근의 합, q는 두 근의 곱이고, Δ는 판별식이다. p, q가 근을 결정해주고 따라서 이들은 P_0 근방에서의 해의 양상을 결정지어 주므로 P_0를 다음과 같이 p, q, Δ로 특성지을 수 있다. P_0는

$$
\begin{aligned}
&p < 0\text{이고 } q > 0\text{이면 안정적이고 흡인적}\\
&p \leq 0\text{이고 } q > 0\text{이면 안정적}\\
&p > 0\text{이고 } q < 0\text{이면 불안정적}
\end{aligned} \tag{13}
$$

이다.

더욱이 P_0는

$$
\begin{aligned}
&q > 0\text{이고 } \Delta \geq 0\text{이면 절점}\\
&q < 0\text{이면 안장점}\\
&p = 0\text{이고 } q > 0\text{이면 중심점}\\
&p \neq 0\text{이고 } \Delta < 0\text{이면 나선점}
\end{aligned} \tag{14}
$$

이다. 이것은 그림 3.14의 안정성에 관한 도표로 요약된다. 이 도표의 색칠한 부분이 불안정성의 영역이다.

이들 기준을 얻는 방법을 보이자. 만일, $q = \lambda_1 \lambda_2 > 0$이면 두 근은 모두 양이거나 모두 음 또는 복소켤레근이 된다. 만일, $p = \lambda_1 + \lambda_2 < 0$까지도 만족되면 두 근은 모두 음이거나 또는 음의 실수부를 갖는다. 따라서 P_0는 안정적, 흡인적이다. (13)의 다른 두 직선에 대한 추리도 비슷하다.

만일 $\Delta < 0$이면 두 근은 켤레복소수인 $\lambda_1 = \alpha + i\beta$, $\lambda_2 = \alpha - i\beta$가 된다. 만일 $p = \lambda_1 + \lambda_2 = 2\alpha < 0$까지도 만족되면 이것은 안정적이고 흡인적인 나선점을 주게 된다.

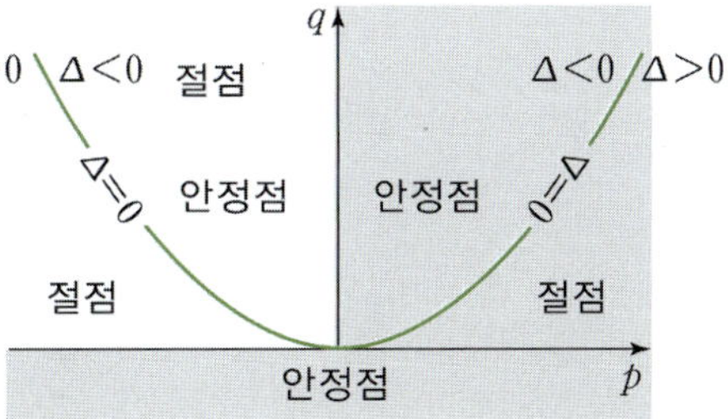

안정적이고 흡인적 : q–축을 제외한 제2상한 양의 q–축상에서도 안정적(이것은 중심점에 대응), 불안정 : ▇ 영역

그림 3.14 p, q, Δ가 (12)로 정의되고 (8)의 형태로 쓰여진 연립방정식 (1)의 안정성 도표

만일 $p=0$이면 $\lambda_2=-\lambda_1$이고 $q=\lambda_1\lambda_2=-\lambda_1^2$이다. 만일, $q>0$까지도 만족되면 ${\lambda_1}^2=-q<0$이고, 따라서 λ_1과 λ_2는 순허수이어야 한다. 이것은 주기가 있는 해를 주게 되고 그 경로는 $P_0(0, 0)$ 주위의 폐곡선이 되는데 이 점이 중심점이다.

■ 분류 기준의 활용

예제 3 기준 (13)과 (14)의 응용

$y'=\begin{bmatrix}-3 & 1\\ 1 & -3\end{bmatrix}y$일 때, $p=-6$, $q=8$, $\Delta=4$이 되며 판정기준에 따라 안정적 흡인적인 질점을 갖는다.

마찬가지로 (4)에서 $p=0$, $q=-1$, $\Delta=4$이고, 따라서 이 경우는 안장점이며 이것은 항상 불안정적이다.

(5), (6)도 비슷한 방법으로 시험해 볼 수 있다.

예제 4 용수철에 매달린 한 질량의 자유운동에서의 임계점

탄성 용수철에 매달린 질량의 모형은 어떤 형태의 임계점을 갖는지 살펴보자.

풀이 이 절의 표기법으로 2.5절 (7)은

$$x''+\frac{c}{m}x'+\frac{k}{m}x=0$$

이고, $y=x'$인 연립방정식으로서

$$\begin{aligned}x'&=y\\ y'&=-\frac{k}{m}x-\frac{c}{m}y\end{aligned} \tag{15}$$

와 같이 표시된다. 이 연립방정식은 $(0, 0)$에서 단 하나의 임계점을 갖는다. 판정기준 (13), (14)를 고려하면, $p=-c/m$, $q=k/m$, $\Delta=(c/m)^2-4k/m$이 성립하는 것이 필요하다. 이것은 다음과 같은 결과를 얻게 한다.

비감쇠 $c=0$, $p=0$, $q>0$ 중심점

부족감쇠 $c^2 < 4mk,\ p<0,\ q>0,\ \Delta<0$ 안정적이고 흡인적인 나선점
임계감쇠 $c^2 = 4mk,\ p<0,\ q>0,\ \Delta=0$ 안정적이고 흡인적인 절점
과감쇠 $c^2 > 4mk,\ p<0,\ q>0,\ \Delta>0$ 안정적이고 흡인적인 절점 ■

예제 5 **포식자–먹이 사이의 개체 수에 대한 모형**(Lotka, 1925; Volterra, 1931)

이 모형은 두 개의 종 — 가령 토끼와 여우같은 — 을 포함한다. 여우는 토끼를 먹이로 삼으며, 개체 수에 대한 다음의 조건을 가정한다.

1) 토끼는 무한히 먹이를 공급받는다. 그러므로 여우만 없다면 토끼의 개체수 $y_1(t)$는 지수적으로 증가하게 될 것이다. 즉, $y_1' = ay_1$이다.
2) 실제로 토끼는 여우에게 잡아먹히므로, y_1은 $y_1 y_2$에 비례하는 비율로 감소한다. 여기서 $y_2(t)$는 여우의 개체수이다. 그러므로 $y_1' = ay_1 - by_1y_2$(단, $a>0,\ b>0$이다)
3) 만일 토끼가 없다면 $y_2(t)$는 여우와 토끼가 마주치는 횟수에 비례하는 비율로 증가한다. 그러므로 모든 사항을 감안하면, $y_2' = -ly_2 + ky_1y_2$(단, $k>0,\ l>0$)이다. 이렇게 하여 다음과 같은 Lotka–Volterra 연립미분방정식을 얻는다.

$$\begin{aligned} y_1' &= ay_1 - by_1y_2 \\ y_2' &= ky_1y_2 - ly_2 \end{aligned} \tag{16}$$

임계점은

$$y_1(a - by_2) = 0, \quad y_2(ky_1 - l) = 0$$

의 해이므로 $(y_1, y_2) = (0, 0)$과 $(l/k, a/b)$이다. 임계점 $(0, 0)$에서의 선형화는

$$\begin{aligned} y_1' &= ay_1 \\ y_2' &= -ly_2 \end{aligned}$$

이고, 그 고유값은 $\lambda_1 = a > 0$, $\lambda_2 = -l < 0$이므로 $(0, 0)$에서 안장점을 갖는다. 임계점 $(l/k, a/b)$에 대해서는, $y_1 = l/k + \tilde{y}_1$, $y_2 = a/b + \tilde{y}_2$로 두면

$$\tilde{y}_1' = \left(\tilde{y}_1 + \frac{l}{k}\right)\left[a - b\left(\tilde{y}_2 + \frac{a}{b}\right)\right] = \left(\tilde{y}_1 + \frac{l}{k}\right)(-b\tilde{y}_2)$$

$$\widetilde{y_2}' = \left(\widetilde{y_2} + \frac{a}{b}\right)\left[k\left(\widetilde{y_1} + \frac{a}{b} - l\right)\right] = \left(\widetilde{y_2} + \frac{a}{b}\right)k\widetilde{y_1}$$

을 얻게 된다. 일차가 아닌 항을 없애면 선형화된 방정식

$$\begin{aligned} \widetilde{y_1}' &= -\frac{lb}{k}\widetilde{y_2} \\ \widetilde{y_2}' &= \frac{ak}{b}\widetilde{y_1} \end{aligned} \tag{17}$$

을 얻는다. 이것을 적분하면 타원방정식

$$\frac{ak}{b}\widetilde{y_1}^2 + \frac{lb}{k}\widetilde{y_2}^2 = C$$

를 이끌어낼 수 있다. 그러므로 임계점 $(l/k,\ a/b)$에서 선형화된 방정식은 중심점을 갖는다(그림 3.15). 약간 복잡한 과정을 거치면, 비선형방정식 (16)도 역시 점 $(l/k,\ a/b)$에서 중심점(나선점이 아니라)을 갖는다는 사실을 보일 수 있다. 궤적은 임계점 $(l/k,\ a/b)$을 둘러싸고 있는 닫힌곡선(타원은 아닌)이다.

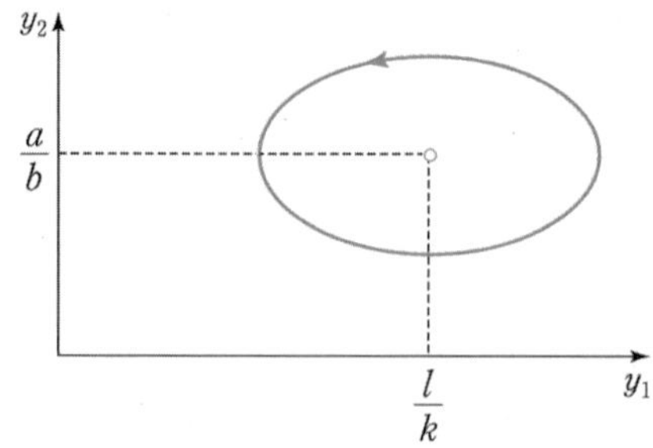

그림 3.15 ▌선형화된 Lotka-Volterra 연립미분방정식 (17)의 생태학적인 평형점과 궤적

포식자와 먹이의 개체수는 임계점 주위에서 주기적으로 변화한다는 사실을 볼 수 있다. 토끼의 수가 최대가 되는 오른쪽 정점에서 시작하여 타원을 따라 반시계방향으로 움직여보자. 여우의 수는 최대가 되는 위쪽의 정점에 이르기까지 빠르게 증가하고, 그런 다음 토끼의 수는 최소가 되는 왼쪽의 정점까지 빠르게 감소하다. 그리고 그 후의 개체 수의 변화로 계속 이어진다. 이러한 종류의 주기적인 변화는 자연상태에서 관찰되는데, 예를 들면 Husdon만 부근의

살쾡이(lynx)와 흰토끼 사이에서는 약 10년의 주기로 이러한 현상이 관찰된다.

우리가 취급한 수학적 모형은 많은 경우에 아주 단순한 가정 아래 이루어진 것이다. 좀 더 세밀한 모형의 체계적인 논의에 대해서는 C. W. Clark의 *Mathematical Bioeconomics* (Wiley, 1976)을 참고하기 바란다.

연습문제 3.3

01 방정식 (3)에서, 임의로 선택한 A, B에 대하여 원점으로 향하는 하나의 방사선을 얻을 수 있음을 보여라. 따라서, 이 임계점은 안정적임을 알 수 있다.

02 방정식 (6)의 해 (7)을 유도하여라.

03 $x' = -x$, $y' = -2y$를 풀어라. 그 경로는 어떤 곡선군인가?

■ 다음 연립미분방정식을 풀고, 그들의 임계점의 형태와 안정성의 양상을 결정하여라.

04 $x' = x$, $y' = 2y$

05 $x' = y$, $y' = -x$

06 $x' = x + 3y$, $y' = 3x + y$는 원점에서 어떤 형태의 임계점을 갖는가?

07 예제 4에서 $c < 0$일 때는 어떤 형태의 임계점을 얻을 수 있는가? 이것은 역학적으로 무엇을 의미하는가?

08 방정식

$$x' - 4x + x^3 = 0$$

의 모든 임계점의 위치를 결정하여라. 선형화를 이용하여 그들 각각의 형태를 결정하여라. 이 방정식을 '복원력'이 $-4x + x^3$인 비감쇠 운동의 모형으로서 역학적으로 해석할 수 있는가?

09 문제 08의 방정식에 일차의 감쇠항을 추가하여

$$x'' + x' - 4x + x^3 = 0$$

을 유도하여라. 그리고 선형화를 통하여 각 임계점의 형태를 결정하여라. 역학적인 논증과 문제 08의 해를 사용하여 먼저 형태를 추측하고, 계산하여라.

10 감쇠가 없는 추의 모형과 속도에 비례하여 감쇠하는 추의 모형에 대한 임계점을 조사하여라. 이때 추의 방정식을 다음과 같다.

$$x' + cx' + k\sin x = 0 \tag{18}$$

$$\text{즉, } \begin{cases} x' = y \\ y' = -k\sin x - cy \end{cases} \tag{19}$$

04 미분방정식의 거듭제곱급수 해법

선형미분방정식의 계수가 상수인 경우의 해를 구하는 방법은 2장에서 자세하게 다루었다. 이번 4장에서는 선형미분방정식의 계수가 상수가 아닌 변수인 경우를 다루고자 한다. 2장에서의 배운 방법은 더 이상 사용할 수가 없으며 이런 경우에는 거듭제곱급수 해법(power series method)을 사용해서 해를 구할 수 있다. 특히 이계 선형미분방정식 중에서 계수가 변수인 중요한 대표적인 방정식들 중에서 아래 주어진 Bessel 방정식과 Legendre 방정식이 있으며 이들은 물리학과 공학의 다양한 분야(acoustics, heat flow, electromagnetic radiation)에 쓰인다. 4장에서는 이러한 변수 계수를 가지는 미분방정식을 거듭제곱급수 해법을 사용해서 해를 구하는 방법에 대하여 공부하고자 한다.

- Bessel 방정식(Bessel's equation of order ν)

$$x^2y'' + xy' + (x^2 - \nu^2)y = 0$$

- Legendre 방정식(Legendre's equation of order α)

$$(1 - x^2)y'' - 2xy' + \alpha(\alpha + 1)y = 0$$

위와 같은 미분방정식이 무한급수의 형태로 해를 갖는다고 가정하고 미정계수법과 유사한 방법을 이용하여 해를 구한다.

4.1 거듭제곱급수 해법의 이론적 기초

$x - a$에 관한 거듭제곱급수[1)]는

$$\sum_{m=0}^{\infty} c_m(x-a)^m = c_0 + c_1(x-a) + c_2(x-a)^2 + \cdots \tag{1}$$

과 같은 형태를 갖는 무한급수이다. 여기서 c_0, c_1, $\cdots$은 상수이며 이 급수의

1) '거듭제곱급수'는 식 (1)과 같은 급수를 뜻하고, x에 대한 음의 정수 거듭제곱(negative integer power)도 포함한다. x의 분수거듭제곱을 포함하는 급수는 여기에서 제외하기로 한다.

계수(coefficient)라고 하고, a는 중심(상수)이며, x는 변수이다.

특히 $a=0$일 때 x에 관한 거듭제곱급수(power series in power of x)를 Maclaurin 급수라고 하며 다음과 같다.

$$\sum_{m=0}^{\infty} c_m x^m = c_0 + c_1 x + c_2 x^2 + c_3 x^3 + \cdots \tag{2}$$

이 장에서는 모든 변수, 계수 및 상수는 실수라고 가정한다. 중요한 Maclaurin 급수의 예들을 살펴보자.

예제 1 함수의 Maclaurin 급수

$$e^x = \sum_{m=0}^{\infty} \frac{x^m}{m!} = 1 + x + \frac{x^2}{2!} + \frac{x^3}{3!} + \cdots$$

$$\cos x = \sum_{m=0}^{\infty} \frac{(-1)^m x^{2m}}{(2m)!} = 1 - \frac{x^2}{2!} + \frac{x^4}{4!} - \cdots$$

$$\sin x = \sum_{m=0}^{\infty} \frac{(-1)^m x^{2m+1}}{(2m+1)!} = x - \frac{x^3}{3!} + \frac{x^5}{5!} - \cdots$$

$$\ln(1+x) = \sum_{m=1}^{\infty} \frac{(-1)^{m+1} x^m}{m} = x - \frac{x^2}{2} + \frac{x^3}{3} - \cdots \quad (|x| < 1)$$

$$\frac{1}{1-x} = \sum_{m=0}^{\infty} x^m = 1 + x + x^2 + \cdots \quad (|x| < 1,\ \text{기하급수})$$

거듭제곱급수가 유한한 값으로 수렴하는지 아니면 발산하는지를 정의하기 위해서 다음식과 같이 부분합(partial sum)을 정의하고자 한다.

$$S_n(x) = c_0 + c_1(x-a) + c_2(x-a)^2 + \cdots + c_n(x-a)^n \tag{3}$$

(n은 양의 정수)을 급수 (1)의 제 n부분합(partial sum)이라 한다. 급수 (1)에서 S_n을 빼면, 나머지 식은

$$R_n(x) = c_{n+1}(x-a)^{n+1} + c_{n+2}(x-a)^{n+2} + \cdots \tag{4}$$

이고, 이 식을 (1)의 $c_n(x-a)^n$항 이후의 나머지(remainder)라고 부른다.

예를 들어, 기하급수(geometric series), $1 + x + x^2 + \cdots + x^n + \cdots$의 경우

$$S_1(x) = 1 + x,\ R_1(x) = x^2 + x^3 + x^4 + \cdots,$$
$$S_2(x) = 1 + x + x^2\ R_2(x) = x^3 + x^4 + x^5 + \cdots$$

등이 된다. 이렇게 부분합들의 수열 $S_1(x)$, $S_2(x)$, $\cdots$을 정의할 수 있다. 주어진 급수의 수렴 여부는 이 급수의 부분합의 수열의 수렴 여부에 의해 정의된다.

어떤 $x = x_0$에 대하여 부분합의 수열이 수렴한다고 하자. 즉, $\lim_{n\to\infty} S_n(x_0) = S(x_0)$이면 급수 (1)은 $x = x_0$에서 수렴한다(converge)고 하고, $S(x_0)$를 x_0에서의 (1)의 값 또는 합(sum)이라 하며

$$S(x_0) = \sum_{m=0}^{\infty} c_m (x_0 - a)^m$$

이라 한다. 만일 부분합의 수열이 $x = x_0$에서 발산하면, 급수 (1)은 $x = x_0$에서 발산한다(diverge)고 한다. 수학적인 정의로 다시 말하면, 임의의 양수 ε(0이 아닌 아주 작은 양의 실수)에 대하여 한 양의 정수 N이 존재하여 $n > N$일 때

$$|S_n(x_0) - S(x_0)| < \varepsilon \tag{5}$$

이 만족하면, 수열 $S_1(x_0)$, $S_2(x_0)$, $\cdots$ 은 $S(x_0)$에 수렴한다 또는 극한값 $S(x_0)$를 갖는다고 말한다. 기하학적으로는 식 (5)는 $n > N$일 때 $S_n(x_0)$이 $S(x_0) - \varepsilon$과 $S(x_0) + \varepsilon$ 사이에 놓이게 된다는 것이다(그림 4.1). 그리고 $S(x_0) = S_n(x_0) + R_n(x_0)$ 또는 $R_n(x_0) = S(x_0) - S_n(x_0)$이므로 (5)에서

$$|S_n(x_0) - S(x_0)| = |R_n(x_0)|$$

이 성립한다. 따라서 S_n이 $x = x_0$에서 수렴한다는 것은 n을 충분히 크게 하면 $|R_n(x_0)|$을 아주 작게 할 수 있음을 의미한다. 다시 말하면 수렴하는 경우 $S_n(x_0)$는 $S(x_0)$의 근사값이고, 이 근사값의 오차 $|R_n(x_0)|$는 n을 충분히 크게 함으로써 임의의 양수보다 작게 할 수 있는 것이다.

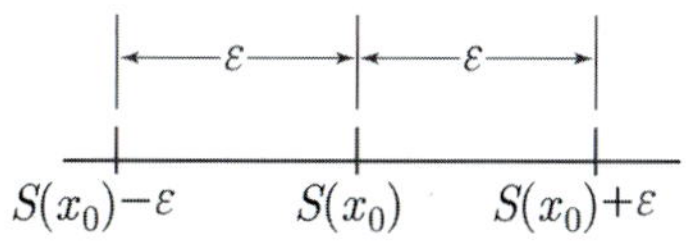

그림 4.1 ▌ 수열의 수렴

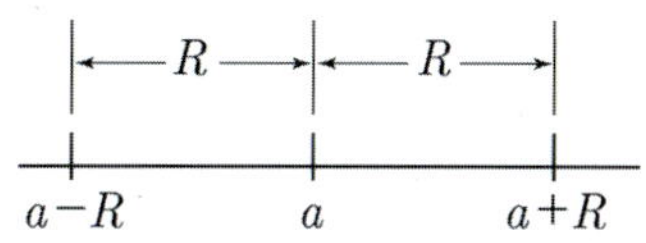

그림 4.2 ▌ 중심 a인 거듭제곱급수의 수렴구간

급수 (1)에서 $x = x_0 = a$라 놓으면, 급수의 다른 항은 모두 0이 되므로 이 급수는 단일항 c_0가 된다. 따라서 급수 (1)은 $x = a$에서 수렴한다. 어떤 경우에는 이 $x = a$만이 급수가 수렴하는 유일한 값이 되기도 한다. 만일, 이 값 이외의 x에서 이 급수가 수렴하면, 이런 값들 전체는 $x = a$를 중간점으로 갖는 하나의 구간을 만드는데, 이 구간을 $x = a$를 중심으로 하는 수렴구간(interval of convergence)이라 부른다. 이 구간은 그림 4.2에서와 같이 유한일 수도 있다. 그러면 이 급수는 이 구간의 모든 점 x에 대하여 수렴한다. 즉,

$$|x - a| < R \tag{6}$$

인 모든 x에 대하여 수렴하고, $|x - a| > R$인 x에 대해서는 발산한다. 이 구간은 또한 무한일 수도 있다. 이때 급수는 모든 실수 x에 대해 수렴한다.

그림 4.2에 있는 R를 (1)의 수렴반경(radius of convergence)이라 하는데, 그것은 중심 a에서 수렴구간의 끝점까지의 거리이다. 만일, 급수가 모든 x에 대해 수렴하면 $R = \infty$(또는 $1/R = 0$)이다. 수렴반경은 다음과 같은 근판정법 또는 비판정법을 사용하여 구할 수 있다.

$$\text{(a)}\ \frac{1}{R} = \lim_{m\to\infty} \sqrt[m]{|c_m|} \qquad \text{(b)}\ \frac{1}{R} = \lim_{m\to\infty} \left|\frac{c_{m+1}}{c_m}\right| \tag{7}$$

급수 (1)이 수렴하는 각 x에 대하여, (1)의 수렴반경 R이 0이 아니면

$$S(x) = \sum_{m=0}^{\infty} c_m (x-a)^m \quad (|x-a| < R)$$

급수 (1)은 수렴구간 안에서 위의 함수 $S(x)$로 수렴한다.

예제 2 함수의 거듭제곱급수와 수렴구간

• 기하급수(geometric series)

$$\frac{1}{1-x}=\sum_{m=0}^{\infty} x^m = 1+x+x^2+\cdots \quad (|x|<1)$$

모든 m에 대해서 $c_m=1$이고 (6)으로부터 $R=1$임을 알 수 있다. 즉, 기하급수는 $|x|<1$일 때 수렴하며 수렴함수는 $1/(1-x)$이다.

• 지수함수(exponential function)

$$e^x=\sum_{m=0}^{\infty}\frac{x^m}{m!}=1+x+\frac{x^2}{2!}+\cdots$$

의 경우, $c_m=1/m!$임을 알 수 있다. 따라서 (7(b))에서 $m\to\infty$이면

$$\frac{c_{m+1}}{c_m}=\frac{1/(m+1)!}{1/m!}=\frac{1}{m+1}\to 0$$

이 되므로 $R=\infty$이다. 그러므로 이 급수는 모든 실수 x에 대하여 수렴한다.

• $\sum_{m=0}^{\infty} m!x^m = 1+x+2x^2+6x^3+\cdots$

의 경우, $c_m=m!$이다. 따라서 (7(b))에서 $m\to\infty$이면

$$\frac{c_{m+1}}{c_m}=\frac{(m+1)!}{m!}=m+1\to\infty$$

이다. 즉, $R=0$이므로 이 급수는 중심인 $x=0$에서만 수렴한다.

■ 거듭제곱급수에 관한 연산

거듭제곱급수 해법과 관련되어 사용되는 중요하고 기본적인 연산에 대하여 공부해 보자.

■ 항별미분

거듭제곱급수는 각 항별로 미분할 수 있다. 다음의 거듭제곱급수

$$y(x) = \sum_{m=0}^{\infty} c_m (x-a)^m$$

이 $|x-a| < R$ (단, $R > 0$)에서 수렴한다고 하면, 이것을 항별로 미분하여 얻은 새로운 급수도 그와 같은 x에서 수렴하며 이 급수는 y의 도함수 y'이 된다. 즉,

$$y'(x) = \sum_{m=1}^{\infty} mc_m (x-a)^{m-1}$$

임을 뜻한다.

■ 항별덧셈

두 거듭제곱급수는 각 항별로 합할 수 있다. 즉, 주어진 두 급수가

$$\sum_{m=0}^{\infty} b_m (x-a)^m, \quad \sum_{m=0}^{\infty} c_m (x-a)^m \tag{8}$$

양의 수렴반경을 가지고, 그 각각의 합을 $f(x)$, $g(x)$라 하면 급수

$$\sum_{m=0}^{\infty} (b_m + c_m)(x-a)^m$$

은 수렴하고, 또 이것은 주어진 급수의 수렴구간의 모든 x에 대하여 $f(x) + g(x)$가 된다.

■ 항별곱셈

두 개의 거듭제곱급수는 각 항별로 곱할 수 있다. 두 급수 (8)이 양의 수렴반경을 갖고 $f(x)$, $g(x)$를 각각 그 합이라고 하자. 이때 첫째 급수의 각 항을 둘째 급수의 각 항에 곱해서 $(x-a)$의 동차항을 모으면

$$b_0c_0 + (b_0c_1 + b_1c_0)(x-a) + \cdots$$

$$= \sum_{m=0}^{\infty} (b_0 c_m + b_1 c_{m-1} + \cdots + b_m c_0)(x-a)^m$$

이 되고, 이 급수는 주어진 급수의 각 수렴구간의 내점 x에 대하여 수렴하며 수렴함수는 $f(x)g(x)$이다.

■ 모든 계수의 0화

거듭제곱급수의 수렴구간이 양이고 그 수렴구간에서 그 합이 항등적으로 0이면, 그 급수의 계수는 모두 0이다. 급수의 이러한 성질은 거듭제곱급수 해법의 이론적인 기초가 된다.

이제 주어진 미분방정식이 거듭제곱급수로 표시되는 해를 갖는지 해의 존재성에 대한 정리를 살펴보자. 함수 $f(x)$가 수렴반경 $R>0$인 $(x-a)$의 거듭제곱급수로 표시될 때 이 $f(x)$는 점 $x=a$에서 해석적(analytic)이라고 말한다.

정리 4.1 거듭제곱급수해의 존재성

다음의 이계 선형미분방정식이 주어졌을 때

$$y'' + f(x)y' + g(x)y = r(x) \tag{9}$$

함수 f, g, r가 $x=a$에서 해석적이고, 그 수렴반경을 R이라 하면, (9)의 모든 해 $y(x)$는 $x=a$에서 해석적이고, 따라서 수렴반경 $R>0$을 갖는 $(x-a)$의 거듭제곱급수로 표시할 수 있다.

이 정리를 응용하려면 그 선형방정식을 y''의 계수가 1인 (9)와 같은 형태로 고쳐 주는 것이 중요하다.

연습문제 4.1

01 (합 기호의 지수변화) 거듭제곱급수 해법에 있어서 때로는 합 기호의 지수를 변화시키면 편리해진다. 이것에 익숙하기 위하여 관계식

$$\sum_{m=2}^{\infty} m(m-1)c_m x^{m-2} = \sum_{p=1}^{\infty}(p+1)pc_{p+1}x^{p-1} = \sum_{s=0}^{\infty}(s+2)(s+1)c_{s+2}x^s$$

임을 보여라. 또 m, p, s 사이의 관계식을 구하여라.

■ 다음 급수의 수렴반경을 구하여라.

02 $\displaystyle\sum_{m=0}^{\infty} \frac{x^m}{4^m}$

03 $\displaystyle\sum_{m=1}^{\infty} \frac{x^m}{m^m}$

04 $\displaystyle\sum_{m=0}^{\infty} \frac{1}{2m}(x-1)^{2m}$

05 $\displaystyle\sum_{m=2}^{\infty} \frac{x^m}{m(\ln m)^2}$

06 $\displaystyle\sum_{m=0}^{\infty} \frac{(x-2)^{2m}}{m!}$

4.2 미분방정식 거듭제곱급수 해법

미분방정식이 4.1절의 정리의 조건을 만족하면 해를 거듭제곱해법으로 구할 수 있다. 해를 구하는 방법에 대해서 알아보자.

$$y(x) = c_0 + c_1 x + c_2 x^2 + c_3 x^3 + \cdots = \sum_{m=0}^{\infty} c_m x^m \tag{1}$$

을 방정식의 해라고 가정하고, 이 급수와 이것을 항별로 미분하여 얻은 급수

$$\text{(a)}\ \ y' = c_1 + 2c_2 x + 3c_3 x^2 + \cdots = \sum_{m=1}^{\infty} m\, c_m x^{m-1}$$

$$\text{(b)}\ \ y'' = 2c_2 + 3 \cdot 2c_3 x + 4 \cdot 3c_4 x^2 + \cdots = \sum_{m=2}^{\infty} m(m-1) c_m x^{m-2} \tag{2}$$

등을 주어진 방정식에 대입한다. 그리고 x의 동차항의 계수를 모으고 상수항에서 시작하여 x를 포함하는 항, x^2을 포함하는 항 등 x의 각 거듭제곱의 계수의 합을 0으로 놓는다. 이렇게 하면 (1)의 미지계수를 차례로 결정할 수 있는 관계식을 얻을 수 있다.

예제 1 미분방정식 $y' + 2y = 0$의 해를 거듭제곱급수 해법으로 구하여라.

풀이 위의 식 (1)과 (2)를 사용하여 $y = \sum_{m=0}^{\infty} c_m x^m$과 $y' = \sum_{m=1}^{\infty} m c_m x^{m-1}$를 다음과 같이 정리하면

$$(c_1 + 2c_2 x + 3c_3 x^2 + \cdots) + 2(c_0 + c_1 x + c_2 x^2 + \cdots) = 0$$

이 되고, 동차항을 모아서 계수 비교를 하면 다음과 같다.

$$(c_1 + 2c_0) + (2c_2 + 2c_1)x + (3c_3 + 2c_2)x^2 + \cdots = 0$$

따라서 각 항의 계수를 0으로 놓으면 다음과 같은 방정식이 얻어진다.

$$(m+1)c_{m+1} + 2c_m = 0, \quad \forall\, m \geq 0$$

$$c_1 =-\frac{2c_0}{1},\quad c_2 =-\frac{2c_1}{2}=\frac{2^2c_0}{2!},\quad c_3 =-\frac{2^3c_0}{3!},\quad \cdots$$

따라서 일반해는 다음과 같다.

$$\begin{aligned} y(x) &= c_0+(-1)\frac{2c_0}{1!}x+(-1)^2\frac{2^2c_0}{2!}x^2+(-1)^3\frac{2^3c_0}{3!}x^3+\cdots \\ &= c_0\left(1-\frac{2x}{1!}+\frac{2^2x^2}{2!}-\frac{2^3x^3}{3!}+\cdots\right) \\ &= c_0e^{-2x} \end{aligned}$$

■

예제 2 미분방정식 $y'=2xy$를 거듭제곱급수 해법으로 풀어라.

풀이 (1)과 (2a)를 방정식 $c_1+2c_2x+3c_3x^2+\cdots=2x(c_0+c_1x+c_2x^2+\cdots)$에 대입한다. 우변을 정리하면

$$\begin{aligned} &c_1+2c_2x+3c_3x^2+4c_4x^3+5c_5x^4+6c_6x^5+\cdots \\ &=2c_0x+2c_1x^2+2c_2x^3+2c_3x^4+2c_4x^5+\cdots \end{aligned}$$

와 같은 형태로 쓸 수 있다. 이것으로부터 곧 $c_1=0$이란 결론을 얻고 이것은 $c_3=0,\ c_5=0,\ \cdots$을 뜻한다. 한편, 짝수의 첨자를 갖는 계수에 대해서는

$$c_2=c_0,\quad c_4=\frac{c_2}{2}=\frac{c_0}{2!},\quad c_6=\frac{c_4}{3}=\frac{c_0}{3!},\quad \cdots$$

을 얻는다. 여기서 c_0는 임의 상수이다. 이들 값을 사용하면 일반해를 다음과 같이 구할 수 있다.

$$y(x)=c_0\left(1+x^2+\frac{x^4}{2!}+\frac{x^6}{3!}+\frac{x^8}{4!}+\cdots\right)=c_0e^{x^2}$$

위의 함수가 주어진 미분방정식의 해인지는 변수 분리법으로도 검증할 수 있다. ■

예제 3 미분방정식 $y''+y=0$의 해를 거듭제곱급수 해법으로 구하여라.

풀이 급수 (1)과 (2b)를 이 방정식에 대입하면

$$(2c_2 + 3 \cdot 2c_3 x + 4 \cdot 3c_4 x^2 + \cdots) + (c_0 + c_1 x + c_2 x^2 + \cdots) = 0$$

이 되고, x의 동차항을 모으면

$$(2c_2 + c_0) + (3 \cdot 2c_3 + c_1)x + (4 \cdot 3c_4 + c_2)x^2 + \cdots = 0$$

이 된다. 여기서 각 항의 계수를 0으로 놓아서

$$\begin{aligned} 2c_2 + c_0 &= 0 & &x^0\text{의 계수} \\ 3 \cdot 2c_3 + c_1 &= 0 & &x^1\text{의 계수} \\ 4 \cdot 3c_4 + c_2 &= 0 & &x^2\text{의 계수} \end{aligned}$$

을 얻고, 이 방정식을 풀면 c_2, c_4는 c_0로, c_3, c_5, $\cdots$은 c_1으로 표시된다는 것을 알 수 있다. 즉,

$$c_2 = -\frac{c_0}{2!},\ c_3 = -\frac{c_1}{3!},\ c_4 = -\frac{c_2}{4 \cdot 3} = \frac{c_0}{4!},\ \cdots$$

이다. 여기서 c_0, c_1은 임의의 상수이다. 이들을 (1)에 대입하면

$$y(x) = c_0 + c_1 x - \frac{c_0}{2!}x^2 - \frac{c_1}{3!}x^3 + \frac{c_0}{4!}x^4 + \frac{c_1}{5!}x^5 + \cdots$$

이 된다. 그리고 홀수차항과 짝수차항을 각각 정리하면

$$y(x) = c_0\left(1 - \frac{x^2}{2!} + \frac{x^4}{4!} - \cdots\right) + c_1\left(x - \frac{x^3}{3!} + \frac{x^5}{5!} - \cdots\right)$$

으로 쓸 수 있고, 일반해는 $y(x) = c_0 \cos x + c_1 \sin x$ 이다. ■

예제 4 Legendre의 미분방정식[2)]

$$(1 - x^2)y'' - 2xy' + \alpha(\alpha + 1)y = 0 \tag{3}$$

은 물리적인 문제, 특히 원이나 구(circle or sphere)에서 정의된 경계조건값 미분방정식(boundary value problems)에 나타난다. 미분방정식 (3)에서 매개 변수 α는 주어진 실수이다. 미분방정식 (3)의 해를 Legendre 함수(Legendre

2) Adrien Marie Legendre(1752～1833) 프랑스의 수학자로서, 정수론과 타원함수론에 중요한 공헌을 하였다.

function)라고 부른다. 미분방정식 (3)을 $1-x^2$으로 나누면, 4.1절의 표준형 (9)을 얻고, 그 계수는 $x=0$에서 해석적임을 알 수 있다. 따라서 거듭제곱급수 해법을 적용할 수 있다.

$$y=\sum_{m=0}^{\infty} c_m x^m \tag{4}$$

과 그 도함수를 (3)에 대입하고, 상수 $\alpha(\alpha+1)$을 k라고 하면

$$(1-x^2)\sum_{m=2}^{\infty} m(m-1)c_m x^{m-2} - 2x\sum_{m=1}^{\infty} mc_m x^{m-1} + k\sum_{m=0}^{\infty} c_m x^m = 0 \tag{5}$$

여기서 $s=m-2$라 하고, 이것을 전개하면

$$\begin{aligned}
&2\cdot 1c_2 + 3\cdot 2c_3x + 4\cdot 3c_4x^2 + \cdots + (s+2)(s+1)c_{s+2}\,x^s + \cdots \\
&\qquad\qquad -2\cdot 1c_2x^2 - \cdots \qquad\qquad - s(s-1)c_sx^s - \cdots \\
&\qquad -2\cdot 1c_1x - 2\cdot 2c_2x^2 - \cdots \qquad\qquad -2s\,c_s\,x^s - \cdots \\
&\qquad +kc_0 + kc_1x + kc_2x^2 + \cdots \qquad\qquad +kc_sx^s + \cdots = 0
\end{aligned}$$

이 된다. 이것은 (4)가 (3)의 해라면 항등식 (5)가 성립해야 하므로, x의 각 항의 계수의 합은 0이 된다. 그런데 $k=\alpha(\alpha+1)$이라 두었으므로

$$\begin{aligned}
&2c_2 + \alpha(\alpha+1)c_0 = 0 && x^0\text{의 계수} \\
&6c_3 + [-2+\alpha(\alpha+1)]c_1 = 0 && x^1\text{의 계수}
\end{aligned} \tag{6}$$

이 되고, 일반적으로 $s=2,\ 3,\ \cdots$일 때는

$$(s+2)(s+1)c_{s+2} + [-s(s-1) - 2s + \alpha(\alpha+1)]c_s = 0 \tag{7}$$

이 된다. 이때 대괄호 $[\cdots]$ 안의 식은

$$(\alpha-s)(\alpha+s+1)$$

로 쓸 수 있다. 이렇게 하여 (7)로부터

$$c_{s+2} = -\frac{(\alpha-s)(\alpha+s+1)}{(s+2)(s+1)}c_s \quad (s=0,\ 1,\ \cdots) \tag{8}$$

를 얻는다. 이것은 순환관계식(recurrence relation) 또는 점화공식(recursion

formula)이라고 부르며 c_0, c_1은 임의의 상수로 남고, 그 밖의 모든 계수는 그보다 두 항 앞선 항으로 표시된다. 이것을 차례로

$$c_2 = -\frac{\alpha(\alpha+1)}{2!}c_0 \qquad c_3 = -\frac{(\alpha-1)(\alpha+2)}{3!}c_1$$

$$c_4 = -\frac{(\alpha-2)(\alpha+3)}{4\cdot 3}c_2 = \frac{(\alpha-2)\alpha(\alpha+1)(\alpha+3)}{4!}c_0 \qquad c_5 = -\frac{(\alpha-3)(\alpha+4)}{5\cdot 4}c_3 = \frac{(\alpha-3)(\alpha-1)(\alpha+2)(\alpha+4)}{5!}c_1$$

등과 같이 구할 수 있다. 이 수치를 (4)의 계수에 대입하면

$$y(x) = c_0 y_1(x) + c_1 y_2(x) \tag{9}$$

를 얻는다. 단,

$$y_1(x) = 1 - \frac{\alpha(\alpha+1)}{2!}x^2 + \frac{(\alpha-2)\alpha(\alpha+1)(\alpha+3)}{4!}x^4 - + \cdots \tag{10}$$

$$y_2(x) = x - \frac{(\alpha-1)(\alpha+2)}{3!}x^3 + \frac{(\alpha-3)(\alpha-1)(\alpha+2)(\alpha+4)}{5!}x^5 - + \cdots \tag{11}$$

이다. 이 급수는 $|x| < 1$에서 수렴한다. (10)이 x의 짝수거듭제곱만을 포함하는데 반해, (11)은 x의 홀수거듭제곱만을 포함하므로, 그 비 y_1/y_2는 상수가 아니고, y_1, y_2는 일차독립인 해이다. 따라서 (9)는 구간 $-1 < x < 1$에서 (3)의 일반해가 된다. ■

■ Legendre 다항식

응용분야에서 사용되는 Legendre 방정식의 매개변수 α은 음이 아닌 정수가 되는 경우가 많다. α가 정수일 때 n으로 나타내자. 따라서 $\alpha = n$이라 하자. 그러면 (8)의 우변은 $s = n$일 때 0이 되고, 따라서 $c_{n+2} = 0$, $c_{n+4} = 0$, $c_{n+6} = 0$, $\cdots$이다. 그러므로 n이 짝수이면 $y_1(x)$는 n차 다항식이 된다. 또 n이 홀수일 때에는 y_2에 대하여도 같은 사실이 성립한다. 이러한 다항식에 상수가 곱해진 다항식을 Legendre 다항식(Legendre polynomial)이라 부른다. 이것은 실제로 매우 중요하므로 좀 더 자세히 연구해 보자. 이와 같은 목적을 위해 (8)을

$$c_s = -\frac{(s+2)(s+1)}{(n-s)(n+s+1)} c_{s+2} \quad (s \leqq n-2) \tag{12}$$

와 같은 형태로 쓰면, 0이 아닌 모든 계수는 다항식의 최고차의 계수 c_n으로 나타낼 수 있다. 이때 계수 c_n는 임의의 상수이다. 보통 $n=0$일 때 $c_n=1$로 택하고

$$c_n = \frac{(2n)!}{2^n(n!)^2} = \frac{1 \cdot 3 \cdot 5 \cdots (2n-1)}{n!}, \quad n=1,\ 2,\ \cdots \tag{12*}$$

으로 놓는다. 여기서 c_n을 이와 같이 택한 까닭은 모든 그러한 다항식은 $x=1$일 때 1이란 값을 갖기 때문이다. 그러면

$$\begin{aligned} c_{n-2} &= -\frac{n(n-1)}{2(2n-1)} c_n = -\frac{n(n-1)(2n)!}{2(2n-1)2^n(n!)^2} \\ &= -\frac{n(n-1)2n(2n-1)(2n-2)!}{2(2n-1)2^n n(n-1)! n(n-1)(n-2)!} \end{aligned} \tag{12**}$$

을 얻는데, 이것은

$$c_{n-2} = -\frac{(2n-2)!}{2^n(n-1)!(n-2)!}$$

이고, 같은 방법으로

$$c_{n-4} = -\frac{(n-2)(n-3)}{4(2n-3)} c_{n-2} = -\frac{(2n-4)!}{2^n 2!(n-2)!(n-4)!}$$

등이 된다. 일반적으로 $n-2m \geq 0$일 때

$$c_{n-2m} = (-1)^m \frac{(2n-2m)!}{2^n m!(n-m)!(n-2m)!} \tag{13}$$

이다. 이 결과로 생기는 Legendre 방정식의 해를 n차의 Legendre 다항식 (Legendre polynomial of degree n)이라 하고 $P_n(x)$로 나타낸다. 식 (13)에서

$$\begin{aligned} P_n(x) &= \sum^{M}(-1)^m \frac{(2n-2m)!}{2^n m!(n-m)!(n-2m)!} x^{n-2m} \\ &= \frac{(2n)!}{2^n(n!)^2} x^n - \frac{(2n-2)!}{2^n 1!(n-1)!(n-2)!} x^{n-2} + - \cdots \end{aligned} \tag{14}$$

을 얻는다. 여기서 M은 $n/2$ 또는 $\dfrac{n-1}{2}$ 중 정수가 되는 것을 택한다. 특히 $n=0, 1, 2, 3, 4, 5, \cdots$일 때는

$$\begin{aligned} &P_0(x)=1,\ P_1(x)=x, \\ &P_2(x)=\frac{1}{2}(3x^2-1),\ P_3(x)=\frac{1}{2}(5x^3-3x), \\ &P_4(x)=\frac{1}{8}(35x^4-30x^2+3),\ P_5(x)=\frac{1}{8}(63x^5-70x^3+15x) \end{aligned} \tag{14*}$$

등이 된다(그림 4.3 참조).

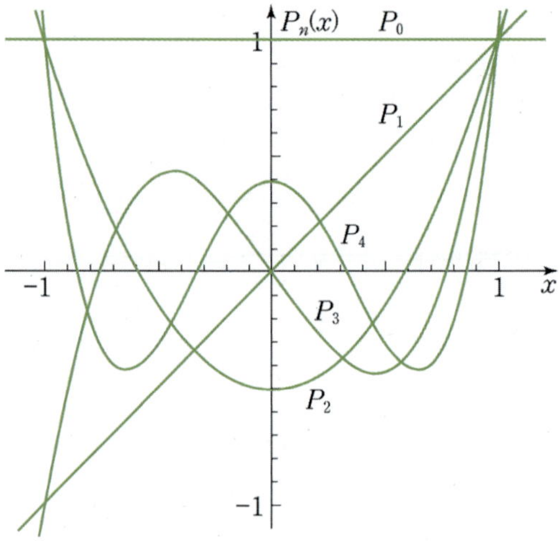

그림 4.3 ▌ Legendre 다항식

연습문제 4.2

■ 다음 미분방정식을 거듭제곱급수 해법으로 풀어라.

01 $y'=2y$

02 $y'=ky$

03 $y''-(1+x)y=0$

04 $y'+2xy=0$

05 $(x-1)y''+y'=0$

06 $y''-y'=0$

■ 거듭제곱급수 해법을 사용하여 다음 미분방정식을 풀어라.

07 $xy' = 3y + 3$

08 $(x+1)y' - (2x+3)y = 0$

09 $y'' - 3y' + 2y = 0$

10 $(1-x^2)y'' - 2xy' + 2y = 0$

11 미분방정식 $y' = (y/x) + 1$은 x의 거듭제곱급수로서 y에 관해서 풀 수 없음을 보여라. 이 방정식을 $x-1$의 거듭제곱급수로서 y에 관해서 풀어라(힌트: 새로운 독립변수로서 $t = x - 1$을 도입하고, 이 결과로 생긴 방정식을 t의 거듭제곱급수로서 y에 관해서 풀어라). 그 결과를 적절한 초등방법에 의하여 얻은 결과와 비교하여라.

■ 다음 방정식을 $x-1$의 거듭제곱급수로서 y에 관해서 풀어라.

12 $y'' + y = 0$

■ 다음 초기값 문제를 풀어라.

13 $(x-1)y'' - xy' + y = 0$

$y(0) = -2,\ \ y'(0) = -1$

14 $y'' - 2xy' + 8y = 0$

$y(0) = 3,\ \ y'(0) = 0$

4.3 거듭제곱급수 해법의 확장

4.2절에서는 이계 미분방정식의 계수함수가 해석적인 경우를 다루고 있다. 그런데 여러 응용분야에서 나타나는 중요한 이계 미분방정식 중에는 계수함수가 해석적이 아닌 경우도 있다. 이 절에서는 거듭제곱급수 해법을 확장하여 계수함수가 해석적이지는 않지만 어떤 특별한 형태인 경우에 미분방정식의 거듭제곱급수 해를 구하는 방법을 소개한다. 이 방법을 Frobenius의 방법[3](Frobenius's method)이라 부른다.

정리 4.2

함수 $a(x)$와 $b(x)$가 $x=0$에서 해석적일 때,

$$y'' + \frac{a(x)}{x}y' + \frac{b(x)}{x^2}y = 0 \tag{1}$$

과 같은 형태의 미분방정식은 다음 식

$$y(x) = x^r \sum_{m=0}^{\infty} c_m x^m = x^r(c_0 + c_1 x + c_2 x^2 + \cdots) \quad (c_0 \neq 0) \tag{2}$$

과 같이 표현되는 적어도 하나의 해를 갖는다.[4] 이때 지수 r는 $c_0 \neq 0$이 되도록 선택한 임의의 수(실수 또는 복소수)이다.

여기서, 급수 (2)의 지수 r은 음이 아닌 정수여야 한다는 제한이 없다는 점을 잘 기억하자.

미분방정식 (1)을 풀기 위하여 이것을 변형하면

$$x^2y'' + xa(x)y' + b(x)y = 0 \tag{1$'$}$$

3) Georg Frobenius(1849～1917) 독일의 수학자로서 행렬론과 군론에 중요한 공헌을 하였다.

4) 이 정리에서 변수 x는 $x-a$(a는 상수)로 바꾸어 놓을 수 있다.

이 된다. 먼저 $a(x)$와 $b(x)$를 거듭제곱급수로 전개하자. 즉,

$$a(x) = a_0 + a_1 x + a_2 x^2 + \cdots, \quad b(x) = b_0 + b_1 x + b_2 x^2 + \cdots$$

이라 하자. 그리고 (2)를 각 항별로 미분하여

$$y'(x) = \sum_{m=0}^{\infty} (m+r) c_m x^{m+r-1} = x^{r-1}[rc_0 + (r+1)c_1 x + \cdots]$$

$$\begin{aligned} y''(x) &= \sum_{m=0}^{\infty} (m+r)(m+r-1) c_m x^{m+r-2} \\ &= x^{r-2}[r(r-1)c_0 + (r+1)rc_1 x + \cdots] \end{aligned}$$

를 얻는다. 이러한 급수를 (1′)에 대입하면

$$\begin{aligned} x^r[r(r-1)c_0 + \cdots] + (a_0 + a_1 x + \cdots) x^r (rc_0 + \cdots) \\ + (b_0 + b_1 x + \cdots) x^r (c_0 + c_1 x + \cdots) = 0 \end{aligned}$$

이 된다. 그러면 모든 항의 계수가 0이므로 미지계수 c_m을 포함하는 연립방정식을 구할 수 있다. 가장 낮은 차수 x^r에 대응하는 방정식은

$$[r(r-1) + a_0 r + b_0] c_0 = 0$$

이다. $c_0 \neq 0$이므로

$$r^2 + (a_0 - 1)r + b_0 = 0 \tag{3}$$

을 얻을 수 있다. 이 이차방정식을 미분방정식 (1)의 결정방정식(indicial equation)이라 한다. 결정방정식의 두 근을 이용하여 미분방정식의 두 기저해를 구한다. 두 해 중의 하나는 항상 (2)와 같은 형태가 되고, 나머지 해의 형태는 결정방정식의 두 근의 차에 의하여 결정된다. 다음과 같이 세 가지 경우가 있을 수 있으므로, 각각의 경우에 대하여 살펴보자.

[경우 I] 서로 다른 근을 갖고 그 차가 정수가 아닐 때[5)]

두 해가 모두 (2)와 같은 형태가 된다($r = r_1$, r_2이고 서로 다른 계수를 갖는).

---

5) 이 경우에는 근이 켤레복소수 r_1과 $r_2 = \bar{r}_1$일 때도 포함된다. 왜냐하면 $r_1 - r_2 = r_1 - \bar{r}_1 = 2i\mathrm{Im}\, r_1 \neq \pm 1, \pm 2, \cdots$이기 때문이다.

[경우 II] 중근일 때

첫 번째 해는 (2)와 같은 형태가 되고, 두 번째 해는 $\ln x$항을 포함한다.

[경우 III] 서로 다른 근을 갖고 그 차가 정수일 때

첫 번째 해는 (2)와 같은 형태가 되고, 두 번째 해는 $\ln x$항을 포함할 수도 있고, 안 할 수도 있다.

예제 1 Euler-Cauchy 방정식

결정방정식의 두 근이 두 개의 일차독립인 미분방정식의 형태를 결정하는 가장 간단한 예가 Euler-Cauchy 방정식

$$x^2y'' + a_0xy' + b_0y = 0 \quad (a_0,\ b_0\text{는 상수})$$

이다. 이 방정식은 $y = x^r$을 대입함으로써 풀 수 있다는 것을 알고 있다(이것은 (2)의 특별한 경우이다). 이것의 보조방정식은

$$r^2 + (a_0 - 1)r + b_0 = 0$$

이고 이것은 주어진 미분방정식의 결정방정식이다. 만일 두 근이 r_1과 r_2 $(r_1 \neq r_2)$이면 해의 기저는

$$y_1 = x^{r_1}, \quad y_2 = x^{r_2}$$

이고 이것은 [경우 I] 또는 [경우 III]에 해당한다. 만일, $r_1 = r_2 = r$이면, 그 기저는

$$y_1 = x^r, \quad y_2 = x^r \ln x$$

이고, 이것은 [경우 II]에 해당한다.

이제 각각의 경우에 해를 구하는 방법을 살펴보자.

[경우 I] 결정방정식의 서로 다른 두 근의 차가 정수가 아닐 때

이것은 가장 간단한 경우이다. 여기서 r_1, r_2를 (3)의 해라고 하자. 그리고 $r = r_1$을 연립방정식에 대입하여 이전과 같이 계수 c_0, c_1, $\cdots$을 차례로 결정하면, 하나의 해

$$y_1(x) = x_1^r(c_0 + c_1x + c_2x^2 + \cdots) \tag{4}$$

를 얻는다. 주어진 미분방정식은 비슷한 형태의 또 다른 독립해

$$y_2(x) = x_2^r(c_0^* + c_1^*x + c_2^*x^2 + \cdots) \tag{5}$$

를 갖는다는 것을 보일 수 있는데, 이것은 $r = r_2$를 연립방정식에 대입하고 c_0^*, c_1^*을 차례로 결정함으로써 얻을 수 있다. 또 y_1, y_2의 일차독립성은 $r_1 - r_2$가 정수가 아니므로 y_1/y_2가 상수가 아니라는 사실에서 나온다. 따라서 y_1, y_2는 두 급수의 수렴구간에서 (1)의 기저가 된다.

예제 2 [경우 Ⅰ]의 예

미분방정식

$$x^2y'' + \left(x^2 + \frac{5}{36}\right)y = 0$$

을 풀어라.

풀이 (2)를 이 방정식에 대입하면

$$\sum_{m=0}^{\infty}(m+r)(m+r-1)c_m x^{m+r} + \sum_{m=0}^{\infty}c_m x^{m+r+2} + \frac{5}{36}\sum_{m=0}^{\infty}c_m x^{m+r} = 0 \tag{6}$$

을 얻는다. 여기서 x^r의 계수를 0으로 놓으면, 결정방정식

$$r(r-1) + \frac{5}{36} = 0$$

을 얻는다. 이 방정식의 근은 $r_1 = \frac{5}{6}$, $r_2 = \frac{1}{6}$이다. (6)에서 x^{r+s}의 계수의 합을 0으로 놓으면

$$\text{(a)} \quad \left[(r+1)r + \frac{5}{36}\right]c_1 = 0 \quad (s=1) \tag{7}$$

$$\text{(b)} \quad (s+r)(s+r-1)c_s + c_{s-2} + \frac{5}{36}c_s = 0 \quad (s = 2, 3, \cdots)$$

이 된다.

• 첫 번째 해

먼저 $r_1 = \frac{5}{6}$에 대응하는 해 $y_1(x)$를 구하자. 방정식 (7a)에 의해 $c_1 = 0$이고, 방정식 (7b)는 다음과 같이 쓸 수 있다. 즉,

$$s\left(s+\frac{2}{3}\right)c_s + c_{s-2} = 0 \tag{8}$$

이다. 그런데 $c_1 = 0$이므로 $c_3 = 0,\ c_5 = 0,\ \cdots$이 된다. (8)에서 $s = 2p$라 가정하면

$$c_{2p} = -\frac{3}{4}\cdot\frac{c_{2p-2}}{p(3p+1)} \quad (p = 1,\ 2,\ \cdots)$$

를 얻는다. 이 공식으로부터 계수는

$$\begin{aligned} c_2 &= -\frac{3}{4}\cdot\frac{c_0}{4} \\ c_4 &= -\frac{3}{4}\cdot\frac{c_2}{2\cdot 7} = \left(\frac{3}{4}\right)^2\frac{c_0}{2!\,4\cdot 7} \\ c_6 &= -\frac{3}{4}\cdot\frac{c_4}{3\cdot 10} = -\left(\frac{3}{4}\right)^3\frac{c_0}{3!\,4\cdot 7\cdot 10} \end{aligned}$$

등이 됨을 알 수 있고, 따라서 해는

$$\begin{aligned} y_1(x) &= c_0\sum_{p=0}^{\infty}(-1)^p\left(\frac{3}{4}\right)^p\frac{x^{2p+5/6}}{p!\,1\cdot 4\cdots(3p+1)} \\ &= c_0x^{5/6}\left(1-\frac{3}{16}x^2+\frac{9}{896}x^4+\cdots\right) \end{aligned} \tag{9}$$

이 된다.

• 두 번째 해

$r_2 = \frac{1}{6}$에 대응하는 해 $y_2(x)$도 같은 방법으로 얻을 수 있다. 이 해의 계수를 $c_0^*,\ c_1^*,\ \cdots$으로 표시하면 (7) 대신에

(a) $\left[(r_2+1)r_2+\frac{5}{36}\right]c_1^* = 0 \quad (s=1)$

$$\text{(b)}\ \ (s+r_2)(s+r_2-1)c_s^* + c_{s-2}^* + \frac{5}{36}c_s^* = 0 \ \ (s=2,\ 3,\ \cdots) \tag{10}$$

을 얻는다. 공식 (10a)에서 $c_1^* = 0$임을 알 수 있고, (10b)는

$$s\left(s-\frac{2}{3}\right)c_s^* + c_{s-2}^* = 0 \ \ (s=2,\ 3,\ \cdots) \tag{11}$$

과 같이 쓸 수 있다. 여기서 $c_1^* = 0$이므로 $c_3^* = 0,\ c_5^* = 0,\ \cdots$이 차례로 나온다. (11)에서 $s = 2p$라 가정하면

$$c_{2p}^* = -\frac{3}{4}\cdot\frac{c_{2p-2}^*}{p(3p-1)} \ \ (p=1,\ 2,\ \cdots)$$

를 얻는다. 이 공식에서

$$c_2^* = -\frac{3}{4}\cdot\frac{c_0^*}{2}$$
$$c_4^* = -\frac{3}{4}\cdot\frac{c_2^*}{2\cdot 5} = \left(\frac{3}{4}\right)^2\frac{c_0^*}{2!\,2\cdot 5}$$

등이 됨을 알 수 있고, 이에 대응하는 해는

$$\begin{aligned} y_2(x) &= c_0^* + c_0^*\sum_{m=0}^{\infty}(-1)^p\left(\frac{3}{4}\right)^p\frac{x^{2p+1/6}}{p!\,2\cdot 5\cdots(3p-1)} \\ &= c_0^* x^{1/6}\left(1-\frac{3}{8}x^2+\cdots\right) \end{aligned} \tag{12}$$

가 된다. 급수 (9)와 (12)는 모든 x에 대하여 수렴하고 $y_1,\ y_2$는 일차독립이다. 따라서 이 두 함수는 x의 모든 값에 대해 기저가 된다.

[경우 II] 결정방정식이 중근을 가질 때

결정방정식 (3)이 중근 r을 가질 필요충분조건은 $(a_0-1)^2 - 4b = 0$이고, 이때 $r = \dfrac{1-a_0}{2}$가 된다. 이 경우 첫 번째 해

$$y_1(x) = x^r(c_0 + c_1x + c_2x^2 + \cdots) \ \ \left(r = \frac{1-a_0}{2}\right) \tag{13}$$

은 앞에서와 같이 구할 수 있다.

두 번째 해는

$$y_2(x) = y_1(x)\ln x + x^r \sum_{m=1}^{\infty} A_m x^m \quad (x>0) \tag{14}$$

과 같은 형태가 됨을 보이자. ■

증명 y_1에서 출발하여 매개변수변화법에 의하여 다른 해 y_2를 유도한다. 즉, 해 cy_1의 c를 결정해야 할 함수 $u(x)$로 치환하고

$$y_2(x) = u(x)y_1(x) \tag{15}$$

가 (1)의 해가 되도록 $u(x)$를 결정한다. (15)와 그 도함수

$$y_2{}' = u'y_1 + uy_1{}', \quad y_2{}'' = u''y_1 + 2u'y_1{}' + uy_1{}''$$

을 미분방정식 (1′)에 대입하면

$$x^2(u''y_1 + 2u'y_1{}' + uy_1{}'') + xa(u'y_1 + uy_1{}') + buy_1 = 0$$

이 된다. 지금 y_1이 (1′)의 해이므로

$$x^2y_1u'' + 2x^2y_1{}'u' + xay_1u' = 0$$

이 된다. x^2y_1으로 나누어 a에 관한 거듭제곱급수를 대입하여

$$u'' + \left(2\frac{y_1{}'}{y_1} + \frac{a_0}{x} + \cdots\right)u' = 0 \tag{16}$$

을 얻는다. (13)으로부터

$$\begin{aligned}\frac{y_1{}'}{y_1} &= \frac{x^{r-1}[rc_0 + (r+1)c_1x + \cdots]}{x^r[c_0 + c_1x + \cdots]} \\ &= \frac{1}{x}\left(\frac{rc_0 + (r+1)c_1x + \cdots}{c_0 + c_1x + \cdots}\right) = \frac{r}{x} + \cdots\end{aligned}$$

을 얻는다. 따라서 (16)은

$$u'' + \left(\frac{2r + a_0}{x} + \cdots\right)u' = 0 \tag{16′}$$

과 같이 쓸 수 있다. 그런데 $r=(1-a_0)/2$이므로, $(2r+a_0)/x$는 $1/x$과 같게 된다. (16′)을 u'으로 나누면

$$\frac{u''}{u'}=-\frac{1}{x}+\cdots$$

이고, 양변을 적분하면

$$\ln u'=-\ln x+\cdots \quad \text{또는} \quad u'=\frac{1}{x}e^{(\cdots)}$$

을 얻는다. 지수함수를 x의 거듭제곱급수로 전개하고 한 번 더 적분하면, u의 전개식은

$$u=\ln x+k_1x+k_2x^2+\cdots$$

과 같은 형태임을 알게 된다. 이것을 (15)에 대입하면, (14)를 얻는다.

이와 같은 경우 중 가장 간단한 예는 예제 1의 Euler-Cauchy 방정식에 의해 주어진다. ■

예제 3 [경우 II]의 예

미분방정식

$$x(x-1)y''+(3x-1)y'+y=0 \tag{17}$$

을 풀어라.

풀이 이 방정식을 표준형 (1)로 고치면, 이는 정리 4.2의 가정을 만족함을 알 수 있다. 공식 (2)와 그 도함수를 (17)에 대입하여

$$\begin{aligned}&\sum_{m=0}^{\infty}(m+r)(m+r-1)c_mx^{m+r}\sum_{m=0}^{\infty}(m+r)(m+r-1)c_mx^{m+r-1}\\&+3\sum_{m=0}^{\infty}(m+r)c_mx^{m+r}-\sum_{m=0}^{\infty}(m+r)c_mx^{m+r-1}+\sum_{m=0}^{\infty}c_mx^{m+r}=0\end{aligned} \tag{18}$$

을 얻는다. 차수가 가장 낮은 항은 x^{r-1}이다. 이 항의 계수를 0으로 가정하면

$$[-r(r-1)-r]\,c_0=0 \quad \text{또는} \quad r^2=0$$

을 얻을 수 있다.

• 첫 번째 해

결정방정식은 $r=0$인 중근을 가진다. 이것을 (18)에 대입하고 x^s의 계수를 0으로 놓으면

$$s(s-1)c_s-(s+1)sc_{s+1}+3sc_s-(s+1)c_{s+1}+c_s=0$$

즉, $c_{s+1}=c_s$가 됨을 알 수 있다. 따라서 $c_0=c_1=c_2=\cdots$이고, $c_0=1$로 택하면 해

$$y_1(x)=\sum_{m=0}^{\infty}x^m=\frac{1}{1-x}$$

을 얻는다.

• 두 번째 해

$y_2=uy_1$과 그 도함수를 (17)에 대입하면

$$x(x-1)(u''y_1+2u'y_1{}'+uy_1{}'')+(3x-1)(u'y_1+uy_1{}')+uy_1=0$$

을 얻고, 여기서 y_1이 (17)의 해이므로, 이것은

$$x(x-1)(u''y_1+2u'y_1{}')+(3x-1)u'y_1=0$$

이 된다. 또 y_1, $y_1{}'$에 대한 전개식을 대입하고 간단히 하면 미분방정식

$$xu''+u'=0 \ \text{또는}\ \frac{u''}{u'}=-\frac{1}{x}$$

을 얻는다. 이것을 두 번 적분하면 $u=\ln x$를 얻을 수 있고 모든 양의 x에 대하여 두 번째 해는

$$y_2=uy_1=\frac{\ln x}{1-x}$$

가 된다.

[경우 Ⅲ] 결정방정식의 두 근의 차가 정수일 때

결정방정식 (3)의 근 r_1, r_2의 차가 정수일 때, 즉 $r_1 = r$이고 $r_2 = r - p$(p는 양의 정수)일 때 하나의 해는 앞에서와 같이 구할 수 있다. 다시 말해서 해

$$y_1(x) = x_1^r(c_0 + c_1 x + c_2 x^2 + \cdots) \tag{19}$$

는 근 r_1에 대응하는 해이다.

두 번째 해는

$$y_2(x) = k_p y_1(x) \ln x + x_2^r \sum_{m=0}^{\infty} C_m x^m \quad (x > 0) \tag{20}$$

과 같은 형태가 됨을 보이자. 여기서 $k_p \neq 0$이거나 $k_p = 0$일 수 있다. 따라서 $\ln x$를 포함하는 항은 주어진 미분방정식에 따라 나타날 수도 나타나지 않을 수도 있다([경우 Ⅱ]에서는 항상 나타나야 한다). ■

증명 y_1에서 y_2를 유도하는 첫 단계는 [경우 Ⅱ]에서와 같고 (16), 즉

$$u'' + \left(\frac{2r + a_0}{x} + \cdots\right)u' = 0$$

을 얻는다. 여기서 $2r + a_0 = p + 1$이다. 왜냐하면 (3)에서 계수 $a_0 - 1$은 $-(r_1 + r_2)$와 같고, $r_1 = r$, $r_2 = r - p$이므로 $a_0 - 1 = -2r + p$이기 때문이다.

따라서

$$\frac{u''}{u'} = -\left(\frac{p+1}{x} + \cdots\right)$$

이다. 그 다음 단계는 [경우 Ⅱ]와 같다. 양변을 적분하면

$$\ln u' = -(p+1)\ln x + \cdots \quad \text{또는} \quad u' = x^{-(p+1)} e^{(\cdots)}$$

이 된다. 지수함수를 앞에서와 같이 전개하면

$$u' = \frac{1}{x^{p+1}} + \frac{k_1}{x_p} + \cdots + \frac{k_p}{x} + k_{p+1} + k_{p+2}x + \cdots$$

과 같은 형태의 급수를 얻는다. 이것을 다시 적분하면

$$u = -\frac{1}{px^p} - \cdots + k_p \ln x + k_{p+1} x + \cdots$$

가 되므로, 이 식에 급수

$$y_1 = x_1^r (c_0 + c_1 x + \cdots)$$

를 곱하고, $r_1 - p = r_2$를 대입하면 $y_2 = uy_1$은 (20)과 같은 형태가 됨을 알 수 있다. ■

예제 4와 5는 [경우 III]에는 $\ln x$항이 나타날 수도 나타나지 않을 수도 있음을 설명해 준다. 예제 4는 또한 [경우 III]에 근 $r_2 = r_1 - p$에 대해서는 [경우 I]에서 사용했던 방법으로 두 번째 해를 구할 수 없는 경우가 있음을 보여준다. 이 예제는 [경우 III]에는 매개변수변화법을 직접 적용하는 것이 때로는 (20)을 대입한 것보다 쉽다는 것을 아울러 설명해 준다. [경우 II]에도 비슷한 경우가 있다.

예제 4 [경우 III]의 예

방정식

$$(x^2 - 1)x^2 y'' - (x^2 + 1)xy' + (x^2 + 1)y = 0$$

을 풀어라.

풀이 공식 (2)와 그 도함수를 미분방정식에 대입하면

$$(x^2 - 1)\sum_{m=0}^{\infty}(m+r)(m+r-1)c_m x^{m+r} - (x^2+1)\sum_{m=0}^{\infty}(m+r)c_m x^{m+r} + (x^2+1)\sum_{m=0}^{\infty} c_m x^{m+r} = 0$$

이 된다. 간단히 하면

$$\sum_{m=0}^{\infty}(m+r-1)^2 c_m x^{m+r+2} - \sum_{m=0}^{\infty}(m+r+1)(m+r-1)c_m x^{m+r} = 0 \quad (21)$$

을 얻고 여기서 x^r의 계수를 0으로 놓고 계산하면, 결정방정식은

$$(r+1)(r-1)=0$$

이 됨을 알 수 있다. 근 $r_1=1$과 $r_2=-1$의 차는 정수이다. 따라서 이것은 [경우 Ⅲ]에 해당한다.

• 첫 번째 해

(20)에서 x^{r+1}의 계수를 0이라 놓으면

$$-(r+2)rc_1=0$$

이 된다. 이때 $r=r_2$에서는 물론, $r=r_1$에 대해서도 이 방정식은 $c_1=0$을 의미한다. (21)에서의 x^{s+r+2}의 계수를 0이라 하면

$$(s+r-1)^2c_s=(s+r+3)(s+r+1)c_{s+2}\ \ (s=0,\ 1,\ \cdots) \tag{22}$$

를 얻는다. 여기서 $r=r_1=1$을 대입하고, c_{s+2}에 대하여 풀면

$$c_{s+2}=\frac{s^2}{(s+4)(s+2)}c_s\ \ (s=0,\ 1,\ \cdots)$$

임을 알 수 있다. $c_1=0$이므로 $c_3=0$, $c_5=0$ 등이 되고, $s=0$에서 $c_2=0$이므로 이것으로부터 $s=2,\ 4,\ \cdots$을 대입하여 $c_4=0$, $c_6=0$ 등을 얻는다. 따라서 큰 근 $r_1=1$에 대해서는 해

$$y_1=c_0x$$

가 대응된다.

• 두 번째 해

작은 근 $r=r_2=-1$을 (22)에 대입하면

$$(s-2)^2c_s=(s+2)sc_{s+2}\ \ (s=0,\ 1,\ \cdots)$$

를 얻을 수 있고, $s=0$에서 이 식은 $4c_0=0$이 되어 $c_0=0$이 된다. 그런데 이것은 $c_0\neq 0$이라는 가정에 모순된다. 실제로 이 방정식은 작은 근 r_2에 대응하는 (2)와 같은 형태의 두 번째 독립해 $y_2(x)$를 갖지 않음을 알게 될 것이다. 공식 (20)에서 $y_2(x)$는

$$y_2(x) = kx \ln x + \frac{1}{x} \sum_{m=0}^{\infty} C_m x^m$$

과 같은 형태이어야 한다. 이것과 그 도함수를 미분방정식에 대입하면

$$\begin{aligned}(x^2-1)x^2\left(\frac{k}{x} + \sum_{m=0}^{\infty}(m-1)(m-2)C_m x^{m-3}\right)& \\ -(x^2+1)x\left(k\ln x + k + \sum_{m=0}^{\infty}(m-1)C_m x^{m-2}\right)& \\ +(x^2+1)x\left(kx\ln x + \sum_{m=0}^{\infty}C_m x^{m-1}\right) &= 0\end{aligned}$$

을 얻는다. 여기서 $\ln x$항은 없어지고, 간단히 하면

$$-2kx + \sum_{m=0}^{\infty}(m-2)^2 C_m x^{m+1} - \sum_{m=0}^{\infty} m(m-2)C_m x^{m-1} = 0$$

이 된다. 여기서 x^s의 계수를 0이라 하면

$$\begin{aligned} C_1 = 0 \ (s=0) \\ -2k + 4C_0 = 0 \ (s=1) \\ (s-3)^2 C_{s-1} - (s^2-1)C_{s+1} = 0 \ (s = 2, 3, \cdots) \end{aligned}$$

이 되고, 이것을 C_{s+1}에 대하여 풀면

$$C_{s+1} = \frac{(s-3)^2}{s^2-1} C_{s-1} \quad (s = 2, 3, \cdots)$$

을 얻는다. 그런데 $C_1 = 0$이므로 $C_3 = 0$, $C_5 = 0$ 등이 되고, $s = 3$일 때 $C_4 = 0$, 따라서 $C_6 = 0$, $C_8 = 0$ 등이 된다. 또 $k = 2C_0$와 C_2는 아직도 임의 상수이다. 결과적으로

$$y_2(x) = 2C_0 x \ln x + \frac{1}{x}(C_0 + C_2 x^2)$$

이 된다. 마지막 항은 $C_2 y_1 / C_0$이므로 $C_2 = 0$이라 놓을 수 있다. $C_0 = 1/2$로 놓으면

$$y_2(x) = x \ln x + \frac{1}{2x}$$

이다.

[경우 II]와 [경우 III]에 두 번째 해는 매개변수변화법으로 간단히 구할 수도 있다. 방정식에 이 방법을 적용해 보자.

$$y_2(x) = xu(x)$$

라 놓을 수 있다. 이것을 방정식에 대입하여 간단히 하면

$$(x^3 - x)u'' + (x^2 - 3)u' = 0$$

이 된다. 부분분수분해법을 사용하면

$$\frac{u''}{u'} = \frac{3 - x^2}{x^3 - x} = -\frac{3}{x} + \frac{1}{x+1} + \frac{1}{x-1}$$

을 얻는다. 양변을 적분하면

$$\ln u' = -3 \ln x + \ln(x+1) + \ln(x-1) = \ln \frac{x^2 - 1}{x^3}$$

이 되고, 이것의 지수를 취하여 다시 적분하면

$$u = \ln x + \frac{1}{2x^2}$$

이 된다. 이것을 $y_2(x) = xu(x)$에 대입하면 앞에서와 같은 식, 즉

$$y_2(x) = xu(x) = x \ln x + \frac{1}{2x}$$

을 얻는다. ■

예제 5 [경우 III]의 예

미분방정식

$$x^2 y'' + xy' + \left(x^2 - \frac{1}{4}\right)y = 0$$

을 풀어라.

풀이 공식 (2)와 그 도함수를 이 방정식에 대입하면

$$\sum_{m=0}^{\infty}\left[(m+r)(m+r-1)+(m+r)-\frac{1}{4}\right]c_m x^{m+r}+\sum_{m=0}^{\infty}c_m x^{m+r+2}=0$$

이 된다. 여기서 x^r의 계수를 0으로 가정하면, 결정방정식

$$r(r-1)+r-\frac{1}{4}=0 \text{ 또는 } r^2=\frac{1}{4}$$

을 얻을 수 있다. 근 $r_1=\frac{1}{2}$과 $r_2=-\frac{1}{2}$의 차는 정수이다. x^{s+r}의 계수를 0이라 하면

$$\begin{aligned}&\text{(a)}\ \left[(r+1)r+(r+1)-\frac{1}{4}\right]c_1=0\ \ (s=1)\\&\text{(b)}\ \left[(s+r)(s+r-1)+s+r-\frac{1}{4}\right]c_s+c_{s-2}=0\ \ (s=2,3,\cdots)\end{aligned}\tag{23}$$

이 된다.

• 첫 번째 해

여기서 $r=r_1=\frac{1}{2}$에 대해서는 방정식 (23a)에 의해 $c_1=0$이 되고, 공식 (23b)는

$$(s+1)sc_s+c_{s-2}=0\tag{24}$$

이 된다. 이 식과 $c_1=0$에서 $c_3=0$, $c_5=0$ 등을 얻는다. (24)를 c_s에 대하여 풀고, $s=2p$라 놓으면

$$c_{2p}=-\frac{c_{2p-2}}{2p(2p+1)}\quad(p=1,2,\cdots)$$

가 된다. 따라서 0이 아닌 계수는

$$c_2=-\frac{c_0}{3!},\quad c_4=-\frac{c_2}{4\cdot5}=\frac{c_0}{5!},\quad c_6=-\frac{c_0}{7!}$$

등이고, 구하는 해는

$$y_1(x)=c_0x^{1/2}\sum_{m=0}^{\infty}\frac{(-1)^m x^{2m}}{(2m+1)!}$$

$$= c_0 x^{-1/2} \sum_{m=0}^{\infty} \frac{(-1)^m x^{2m+1}}{(2m+1)!} \tag{25}$$

$$= c_0 \frac{\sin x}{\sqrt{x}}$$

가 된다.

• 두 번째 해

(20)으로부터, 두 번째 해는

$$y_2(x) = k y_1(x) \ln x + x^{-1/2} \sum_{m=0}^{\infty} C_m x^m$$

과 같은 형태임을 알 수 있다. 이것과 그 도함수를 주어진 미분방정식에 대입하면, $\ln x$를 포함하는 세 개의 항과 ky_1 및 $-ky_1$이 포함된 항이 소거된다. 나머지 방정식을 간단히 하면

$$2ky_1' + \sum_{m=0}^{\infty} m(m-1) C_m x^{m-1/2} + \sum_{m=0}^{\infty} C_m x^{m+3/2} = 0$$

이 된다. (25)에서 $2kxy' = kc_0 x^{1/2} + \cdots$ 임을 알 수 있고, $x^{1/2}$을 포함하는 항은 이 이상 없고, 또 $c_0 \neq 0$이므로 $k = 0$이 되어야 한다. 여기서 $x^{s-1/2}$의 계수는

$$s(s-1)C_s + C_{s-2} \quad (s = 2, 3, \cdots)$$

이다. 이것을 0으로 놓고, C_s에 대하여 풀면

$$C_s = -\frac{C_{s-2}}{s(s-1)} \quad (s = 2, 3, \cdots)$$

이다. 따라서

$$C_2 = -\frac{C_0}{2!},\ C_4 = -\frac{C_2}{4 \cdot 3} = \frac{C_0}{4!},\ C_6 = -\frac{C_0}{6!},\ \cdots$$

$$C_3 = -\frac{C_1}{3!},\ C_5 = -\frac{C_3}{5 \cdot 4} = \frac{C_1}{5!},\ C_7 = -\frac{C_1}{7!},\ \cdots$$

을 얻는다. 홀수거듭제곱은 $C_1 y_1 / C_0$이 되기 때문에 $C_1 = 0$으로 택할 수 있다. 그러면

$$y_2(x) = C_0 x^{-1/2} \sum_{m=0}^{\infty} \frac{(-1)^m x^{2m}}{(2m)!} = C_0 \frac{\cos x}{\sqrt{x}} \tag{26}$$

가 되고, $y_1(x)$와 $y_2(x)$는 모든 0이 아닌 x에 대하여 해의 기저를 이룬다.

연습문제 4.3

■ 다음 미분방정식의 해의 기저를 구하여라. Frobenius의 방법으로 얻은 급수를 이미 알고 있는 급수의 전개식으로 나타내어라.

01 $x(1-x)y'' + 2(1-2x)y' - 2y = 0$

02 $2x(x-1)y'' - (x+1)y' + y = 0$

03 $x^2y'' + 6xy' + (6-x^2)y = 0$

04 $2x^2y'' + xy' - 3y = 0$

05 $xy'' + (1-2x)y' + (x-1)y = 0$

06 $x^2y'' + 4xy' + (x^2+2)y = 0$

07 $xy'' + 3y' + 4x^3y = 0$

08 $x(x+1)^2y'' + (1-x^2)y' + (x-1)y = 0$

09 $2x(x-1)y'' - (4x^2-3x+1)y' + (2x^2-x+2)y = 0$

10 $2x(1-2x)y'' + (12x^2-4x+1)y' - 2(4x^2+1)y = 0$

4.4 Bessel 방정식

■ 제1종 Bessel[6] 함수

응용수학에서 가장 중요한 미분방정식 중의 하나는 Bessel 미분방정식 (Bessel's differential equation)

$$x^2y'' + xy' + (x^2 - \nu^2)y = 0 \tag{1}$$

이다(매개변수 ν는 주어진 수이다). 지금 ν를 음이 아닌 실수라고 가정하자. 이것은 4.3절의 정리 4.2에서 언급된 것과 같은 형태이므로, 이것은

$$y(x) = \sum_{m=0}^{\infty} c_m x^{m+r} \quad (c_0 \neq 0) \tag{2}$$

형태의 해를 갖는다. 이 식과 그 도함수를 Bessel 방정식에 대입하면

$$\sum_{m=0}^{\infty}(m+r)(m+r-1)c_m x^{m+r} + \sum_{m=0}^{\infty}(m+r)c_m x^{m+r}$$
$$+ \sum_{m=0}^{\infty} c_m x^{m+r+2} - \nu^2 \sum_{m=0}^{\infty} c_m x^{m+r} = 0$$

이 되고, 여기서 x^{s+r}의 계수를 0으로 놓으면

$$\begin{aligned}
&\text{(a)}\ \ r(r-1)c_0 + rc_0 - \nu^2 c_0 = 0 \quad (s=0) \\
&\text{(b)}\ \ (r+1)rc_1 + (r+1)c_1 - \nu^2 c_1 = 0 \quad (s=1) \\
&\text{(c)}\ \ (s+r)(s+r-1)c_s + (s+r)c_s + c_{s-2} - \nu^2 c_s = 0 \quad (s = 2,\ 3,\ \cdots)
\end{aligned} \tag{3}$$

임을 알 수 있다. 공식 (3a)에서 결정방정식

$$(r+\nu)(r-\nu) = 0 \tag{4}$$

을 얻을 수 있다. 이 방정식의 근은 $r_1 = \nu(\geq 0)$와 $r_2 = -\nu$이다. 먼저 근 r_1에 해당하는 해를 구해 보자. 이러한 r에 대한 방정식 (3b)에서 $c_1 = 0$을 얻을 수 있다. 방정식 (3c)는

6) Friedrich Wilhelm Bessel(1784～1846) 독일의 수학자, 천문학자.

$$(s+r+\nu)(s+r-\nu)c_s + c_{s-2} = 0$$

으로 나타낼 수 있고 $r=\nu$에 대하여

$$(s+2\nu)sc_s + c_{s-2} = 0 \tag{5}$$

과 같은 형태가 된다. 그런데 $c_1 = 0$이고 $\nu \geq 0$이므로, $c_3 = 0$, $c_5 = 0$, $\cdots$이 차례로 결정된다. (5)에서 $s = 2m$이라 가정하면

$$c_{2m} = -\frac{1}{2^2 m(\nu+m)} c_{2m-2} \quad m = 1, 2, \cdots \tag{6}$$

이 되고, 계수 c_2, c_4, $\cdots$을 차례로 결정해 나갈 수 있다.

지금 c_0는 임의인데, 통상적으로

$$c_0 = \frac{1}{2^\nu \Gamma(\nu+1)} \tag{7}$$

로 놓는다. 여기서 $\Gamma(\nu+1)$은 감마함수(gamma function)라고 한다. 지금 수준에서는 $\Gamma(\alpha)$가 적분

$$\Gamma(\alpha) = \int_0^\infty e^{-t} t^{\alpha-1} dt \quad (\alpha > 0) \tag{8}$$

로 정의된다는 것만 알면 충분하다. 부분적분법으로 적분하면

$$\Gamma(\alpha+1) = \int_0^\infty e^{-t} t^\alpha dt = \left[-e^{-t} t^\alpha\right]_0^\infty + \alpha \int_0^\infty e^{-t} t^{\alpha-1} dt.$$

가 된다. 우변의 첫 번째 항은 0이 되고 두 번째 항의 적분부분은 $\Gamma(\alpha)$이다. 따라서

$$\Gamma(\alpha+1) = \alpha\Gamma(\alpha) \tag{9}$$

라는 중요한 관계식을 얻는다. 그런데

$$\Gamma(1) = \int_0^\infty e^{-t} dt = 1$$

이므로, (9)에서

$$\Gamma(2) = \Gamma(1) = 1!, \quad \Gamma(3) = 2\Gamma(2) = 2!, \quad \cdots$$

이 되어, 일반적으로

$$\Gamma(k+1) = k! \ \ (k = 0,\ 1,\ \cdots) \tag{10}$$

이라고 할 수 있다. 다시 (6), (7), (9)에서

$$c_2 = -\frac{c_0}{2^2(\nu+1)} = -\frac{1}{2^{2+\nu}1!\Gamma(\nu+2)}$$

$$c_4 = -\frac{c_2}{2^2\,2(\nu+2)} = -\frac{1}{2^{4+\nu}2!\Gamma(\nu+3)}$$

등을 얻고, 일반적으로

$$c_{2m} = \frac{(-1)^m}{2^{2m+\nu}m!\Gamma(\nu+m+1)} \tag{11}$$

을 얻는다. 이러한 계수를 (2)에 대입하고 $c_1 = 0,\ c_3 = 0,\ \cdots$ 임을 상기하면 $J_\nu(x)$로 표기되는 Bessel 방정식의 특수해

$$J_\nu(x) = x^\nu \sum_{m=0}^{\infty} \frac{(-1)^m x^{2m}}{2^{2m+\nu}m!\Gamma(\nu+m+1)} \tag{12}$$

을 얻는다. 방정식 (1)의 이러한 해를 차수 ν인 제1종 Bessel 함수(Bessel function of the first kind)라 한다. 비판정법에 의하면 이 급수는 모든 x에 대하여 수렴함을 알 수 있다.

ν가 정수인 경우 흔히 n으로 나타낸다.

$$J_n(x) = x^n \sum_{m=0}^{\infty} \frac{(-1)^m x^{2m}}{2^{2m+n}m!(n+m)!} \tag{13}$$

그리고 (12)에 ν 대신 $-\nu$를 대입하면

$$J_{-\nu}(x) = x^{-\nu} \sum_{m=0}^{\infty} \frac{(-1)^m x^{2m}}{2^{2m-\nu}m!\Gamma(m-\nu+1)} \tag{14}$$

을 얻는다. 그런데 Bessel 방정식은 ν^2을 포함하므로 함수 J_ν, $J_{-\nu}$는 같은 ν

에 대한 방정식의 해이다. 만약 ν가 정수가 아니라면 J_ν, $J_{-\nu}$는 일차독립이다. 왜냐하면 (12)의 첫 번째 항과 (14)의 첫 번째 항은 각각 x^ν, $x^{-\nu}$에 0이 아닌 상수를 곱한 것이기 때문이다. 따라서 다음 정리를 유도할 수 있다. ■

정리 4.3　Bessel 방정식의 일반해

ν가 정수가 아니면, 모든 $x \neq 0$에 대하여 Bessel 방정식의 일반해는

$$y(x) = a_1 J_\nu(x) + a_2 J_{-\nu}(x) \tag{15}$$

이다. 그러나 ν가 정수이면, (15)는 일반해가 아니다.

정리 4.4　함수 J_n과 J_{-n}의 1차종속

정리 $\nu = n$에 대해 Bessel 함수 $J_n(x)$와 $J_{-n}(x)$는

$$J_{-n}(x) = (-1)^n J_n(x) \quad (n = 1, 2, \cdots) \tag{16}$$

와 같은 관계에 있으므로 1차종속이다.

증명 공식 (14)에서 ν를 양의 정수 n이라 가정하면 처음 n항의 계수에 있는 Γ 함수는 양의 무한대 또는 음의 무한대이므로, 계수는 0이 된다. 따라서 급수는 $m = n$에서 시작되고 $\Gamma(m-n+1) = (m-n)!$이므로

$$J_{-n}(x) = \sum_{m=n}^{\infty} \frac{(-1)^m x^{2m-n}}{2^{2m-n} m!(m-n)!} = \sum_{s=0}^{\infty} \frac{(-1)^{n+s} x^{2s+n}}{2^{2s+n}(n+s)!s!} = (-1)^n J_n(x)$$

을 얻는다(단, $m = n+s$, $s = m-n$이다). ■

$\nu = n$일 때의 Bessel 방정식의 일반해는 다음과 같이 구하겠다.

■ 제2종 Bessel 함수

정수 $\nu = n$에 대한 Bessel 함수 $J_n(x)$와 $J_{-n}(x)$는 일차종속이므로 일차독립인 두 번째 해를 구해야 한다. $n = 0$인 경우에서 시작하여 일차독립인 두 번

째 해를 구해 보기로 하자. 이 경우 Bessel 방정식은

$$xy'' + y' + xy = 0 \tag{17}$$

과 같이 쓸 수 있고, 결정방정식은 $r = 0$이라는 중근을 갖는다. 이것은 4.3절의 경우 Ⅱ에 해당하고 4.3절의 (14)로부터 구하는 해는

$$y_2(x) = J_0(x)\ln x + \sum_{m=1}^{\infty} A_m x^m \tag{18}$$

인 형태가 되어야 한다. 지금 y_2와 그 도함수

$$y_2{}' = J_0{}'\ln x + \frac{J_o}{x} + \sum_{m=1}^{\infty} mA_m x^{m-1}$$
$$y_2{}'' = J_0{}''\ln x + \frac{2J_o{}'}{x} - \frac{J_0}{x^2} + \sum_{m=1}^{\infty} m(m-1)A_m x^{m-2}$$

을 (17)에 대입하면, J_0는 (17)의 해이므로 $\ln x$항은 없어지고, J_0를 포함하는 다른 두 항은 소거된다. 따라서

$$2J_0{}' + \sum_{m=1}^{\infty} m(m-1)A_m x^{m-1} + \sum_{m=1}^{\infty} mA_m x^{m-1} + \sum_{m=1}^{\infty} A_m x^{m+1} = 0$$

이고, (12)에서 $J_0{}'$의 거듭제곱급수

$$J_0{}'(x) = \sum_{m=1}^{\infty} \frac{(-1)^m 2m x^{2m-1}}{2^{2m}(m!)^2} = \sum_{m=1}^{\infty} \frac{(-1)^m x^{2m-1}}{2^{2m-1} m!(m-1)!}$$

을 얻을 수 있다. 이 급수를 대입하면

$$\sum_{m=1}^{\infty} \frac{(-1)^m x^{2m-1}}{2^{2m-2} m!(m-1)!} + \sum_{m=1}^{\infty} m^2 A_m x^{m-1} + \sum_{m=1}^{\infty} A_m x^{m+1} = 0$$

이 된다.

먼저 m이 홀수일 때 A_m이 모두 0이 되는 것을 보이자, 지금 x^0의 계수는 A_1이다. 따라서 $A_1 = 0$이다. 또 x^{2s}의 계수의 합을 0으로 놓으면

$$(2s+1)^2 A_{2s+1} + A_{2s-1} = 0, \quad (s = 1,\ 2,\ \cdots)$$

을 얻는다. 그런데 $A_1 = 0$이므로 위의 식에서 $A_3 = 0,\ A_5 = 0,\ \cdots$을 차례로 얻게 된다. 또 x^{2s+1}의 계수를 0이라 하자. 그러면 $s = 0$에 대하여

$$-1 + 4A_2 = 0, \quad A_2 = \frac{1}{4}$$

이 되고, 다른 s에 대해서는

$$\frac{(-1)^{s+1}}{2^{2s}(s+1)!s!} + (2s+2)^2 A_{2s+2} + A_{2s} = 0 \quad (s = 1,\ 2,\ \cdots)$$

을 얻을 수 있다. 또 $s = 1$에 대하여

$$\frac{1}{8} + 16A_4 + A_2 = 0, \quad A_4 = -\frac{3}{128}$$

이 되고, 일반적으로

$$A_{2m} = \frac{(-1)^{m-1}}{2^{2m}(m!)^2}\left(1 + \frac{1}{2} + \frac{1}{3} + \cdots + \frac{1}{m}\right) \quad (m = 1,\ 2,\ \cdots) \tag{19}$$

이 된다. 간단히 하기 위해

$$h_m = 1 + \frac{1}{2} + \cdots + \frac{1}{m} \tag{20}$$

로 놓고, (19)와 $A_1 = A_3 = \cdots = 0$을 (18)에 대입하면 다음과 같은 결과를 얻는다.

$$\begin{aligned} y_2(x) &= J_0(x)\ln x + \sum_{m=1}^{\infty} \frac{(-1)^{m-1}h_m}{2^{2m}(m!)^2} x^{2m} \\ &= J_0(x)\ln x + \frac{1}{4}x^2 - \frac{3}{128}x^4 + - \cdots \end{aligned} \tag{21}$$

이다. 여기서 J_0와 y_2는 일차독립인 함수이므로 그들은 (17)의 기저가 된다. 특별히 y_2 대신에 $a(y_2 + bJ_0)$, ($a \neq 0$, b는 상수)와 같은 형태의 일차독립인 해를 생각한다. 보통 $a = 2/\pi,\ b = \gamma - \ln 2$로 택하며, 여기서 $\gamma = 0.57721566490\cdots$은 Euler 상수(Euler constant)라 하고, 이것은 s가 무한히 커질 때

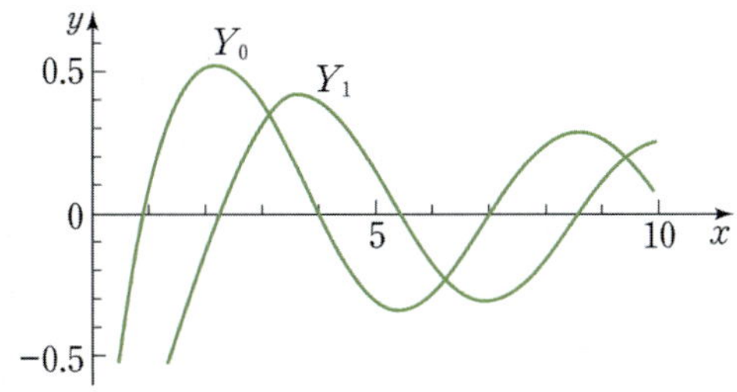

그림 4.4 ▌ 제2종 Bessel 함수

$$1+\frac{1}{2}+\cdots+\frac{1}{s}-\ln s$$

의 극한값으로 정의된다. 이렇게 하여 얻어진 표준형의 특수해는 차수가 0인 제2종 Bessel 함수(그림 4.6) 또는 차수가 0인 Neumann 함수(Neumann's function of order 0)라 하고 $Y_0(x)$로 표시한다. 즉,

$$Y_0(x)=\frac{2}{\pi}\left[J_0(x)\left(\ln\frac{x}{2}+r\right)+\sum_{m=1}^{\infty}\frac{(-1)^{m-1}h_m}{2^{2m}(m!)^2}x^{2m}\right] \tag{22}$$

이다.

작은 $x>0$에 대하여 함수 $Y_0(x)$는 대체로 $\ln x$와 같아지며(그림 4.5 참조) $x\to 0$일 때 $Y_0(x)\to -\infty$가 된다.

만일 $\nu=n=1, 2, \cdots$이면, 두 번째 해는 4.3절의 (19)에서 출발하여 비슷한 과정으로 얻을 수 있다. 이러한 경우에도 해는 $\ln x$항을 포함하고 있음이 밝혀진다.

지금 차수 ν가 정수이냐 아니냐에 따라서 두 번째 해가 서로 다르게 정의되었기 때문에, 일관성을 위해 어떤 차수에 대해서도 타당한 두 번째 해의 형태를 찾는 것이 바람직하다. 이것이 모든 ν에 대하여 다음 공식으로 정의된 표준형의 두 번째 해 $Y_\nu(x)$를 도입하는 이유이다. 즉,

$$\text{(a)}\quad Y_\nu(x)=\frac{1}{\sin\nu\pi}[J_\nu(x)\cos\nu\pi-J_{-\nu}(x)]$$
$$\text{(b)}\quad Y_\nu(x)=\lim_{\nu\to n}Y_\nu(x) \tag{23}$$

이다. 이 함수는 차수 ν인 제2종 Bessel 함수 또는 차수 ν인 Neumann 함수[7]

로 알려져 있다.

지금 $J_\nu(x)$와 $J_{-\nu}(x)$는 Bessel 방정식의 해이므로 정수가 아닌 차수 ν에 대해서는 함수 $Y_\nu(x)$는 분명히 Bessel 방정식의 해이다. 이와 같은 ν에 대하여 J_ν와 $J_{-\nu}$는 일차독립이고, Y_ν는 $J_{-\nu}$를 포함하므로, J_ν와 Y_ν는 일차독립이다. 또한 (23b)의 극한값이 존재하고, 정수의 차수에 대해 Y_ν이 Bessel 방정식의 해임을 보일 수 있다. $Y_\nu(x)$를 급수전개하면, 이는 $\ln x$항을 포함하고 있음을 알 수 있다. 따라서 $J_n(x)$와 $Y_n(x)$는 일차독립인 Bessel 방정식의 해이다. $Y_n(x)$의 급수전개는 $J_\nu(x)$와 $J_{-\nu}(x)$의 전개식인 (12)와 (14)를 (23a)에 대입하고 ν를 n에 수렴시켜서 얻을 수 있다. 그 결과는

$$Y_n(x) = \frac{2}{\pi} J_n(x)\left(\ln\frac{x}{2} + r\right) + \frac{x^n}{\pi}\sum_{m=0}^{\infty}\frac{(-1)^{m-1}(h_m + h_{m+n})}{2^{2m+n}m!(m+n)!}x^{2m}$$
$$-\frac{x^{-n}}{\pi}\sum_{m=0}^{n-1}\frac{(n-m-1)!}{2^{2m-n}m!}x^{2m} \tag{24}$$

이다. 여기서 $x > 0,\ n = 0,\ 1,\ \cdots$이고

$$h_0 = 0,\ h_s = 1 + \frac{1}{2} + \frac{1}{3} + \cdots + \frac{1}{s} \quad (s = 1,\ 2,\ \cdots)$$

이며, $n = 0$일 때 (24)의 마지막 항은 0으로 치환되어 (24)는 (22)와 같은 형태가 된다. 또한

$$Y_{-n}(x) = (-1)^n Y_n(x)$$

가 성립하는 것도 밝힐 수 있다.

지금까지의 결과를 다음과 같이 정리할 수 있다.

---

7) Carl Neumann(1832～1925) 독일의 수학자, 물리학자. 해 $Y_\nu(x)$는 $N_\nu(x)$로 표시될 때도 있다. Weber의 함수라고 부르기도 한다. 식 (22)의 Euler의 상수는 C 또는 $\ln\gamma$(γ 대신)로 표시되는 경우도 있다.

정리 4.5　Bessel 방정식의 일반해

모든 ν에 대하여 Bessel 방정식의 일반해는

$$y(x) = C_1 J_\nu(x) + C_2 Y_\nu(x) \tag{25}$$

이다.

끝으로 x의 실수값에 대하여 Bessel 방정식의 다음과 같은 복소해를 구할 필요성이 있음을 언급하겠다.

$$\begin{aligned} H_\nu^{(1)}(x) &= J_\nu(x) + i\,Y_\nu(x) \\ H_\nu^{(2)}(x) &= J_\nu(x) - i\,Y_\nu(x) \end{aligned} \tag{26}$$

이 일차독립인 함수를 차수 ν인 제3종 Bessel 함수 또는 차수 ν인 제1 및 제2의 Hankel 함수[8]라고 한다.

연습문제 4.4

01 식 (12)의 급수는 모든 x에서 수렴함을 보여라.

■ Bessel 함수 J_0와 J_1은 어떤 공학적 문제에서는 특별히 중요하다. 다음 각 문제는 그들의 몇 가지 성질을 보여준다.

02 다음을 보여라.

$$J_0(x) = 1 - \frac{x^2}{2^2(1!)} + \frac{x^4}{2^4(2!)^2} - \frac{x^6}{2^6(3!)^2} + \cdots \tag{27}$$

$$J_1(x) = \frac{x}{2} - \frac{x^3}{2^3\,1!\,2!} + \frac{x^5}{2^5\,2!\,3!} - \frac{x^7}{2^7\,3!\,4!} + \cdots \tag{28}$$

8) Hermann Hankel(1839～1873) 독일의 수학자.

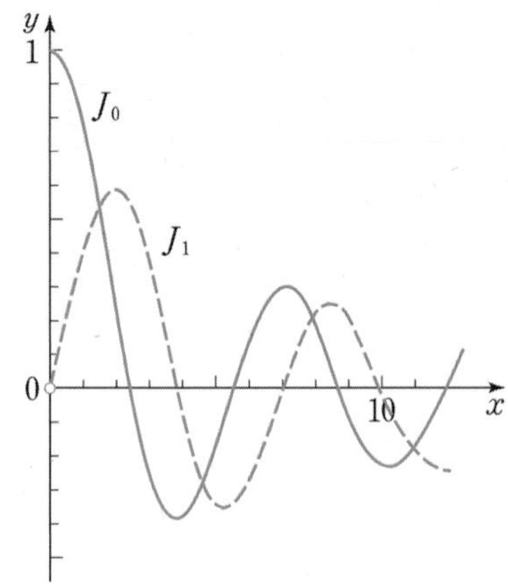

그림 4.5 ▌ 제1종 Bessel 함수

03 $|x|$가 작을 때는 $J_0(x) \approx 1 - 0.25x^2$임을 보여라. 이 공식을 사용하여 $x = 0.1, 0.2, \cdots, 1.0$일 때의 $J_0(x)$를 계산하여라.

04 급수 (27)과 (28)은 매우 빨리 수렴한다. 따라서 그들은 계산에 유용하다. 이를 알아보기 위하여, 함수 $J_0(1)$을 계산하는 데 있어 그 오차를 10^{-5}보다 작게 하려면 (17)의 몇 번째 항까지 필요한가? 또 $\ln(1+x)$의 Maclaurin 급수로부터 $\ln 2$를 계산하는 데 있어서, 그 오차가 10^{-5}보다 작게 하려면 급수의 몇 번째 항까지가 필요한가?

05 큰 x에 대해서는

$$\begin{aligned} J_{2n}(x) &\approx (-1)^n (\pi x)^{-1/2}(\cos x + \sin x) \\ J_{2n+1}(x) &\approx (-1)^{n+1}(\pi x)^{-1/2}(\cos x - \sin x) \end{aligned} \tag{29}$$

가 성립함을 밝힐 수 있다. 공식 (29)를 사용하여 큰 x에 대한 $J_0(x)$의 그래프를 그리고, $J_0(x) = 0$의 처음 다섯 개의 양의 근의 근사값을 계산하여, 이들과 이들보다 정확한 값 2.405, 5.520, 8.654, 11.792, 14.931을 비교하여라.

■ Bessel 함수는 공학적인 응용에서 매우 중요하다. 그들을 사용할 때에 그들이 여러 관계를 만족함을 알 필요가 있다. 몇 가지 중요한 관계가 다음 문제에 포함되어 있다.

06 (12)와 (9)를 사용하여

$$[x^{\nu} J_{\nu}(x)]' = x^{\nu} J_{\nu-1}(x) \tag{30}$$

$$[x^{-\nu} J_{\nu}(x)]' = -x^{-\nu} J_{\nu+1}(x) \tag{31}$$

임을 보여라.

07 (30)과 (31)로부터 순환관계식(recurrence relation)

$$J_{\nu-1}(x) + J_{\nu+1}(x) = \frac{2\nu}{x} J_{\nu}(x) \tag{32}$$

를 유도하여라.

08 (30)과 (31)로부터 Bessel 방정식 (1)을 유도하여라.

■ (30)~(32)를 사용하여 다음을 보여라.

09 $J_2'(x) = \frac{1}{2}[J_1(x) - J_3(x)]$

10 Rolle의 정리를 사용하여, $J_0(x) = 0$의 두 이웃한 근 사이에는 $J_1(x) = 0$의 꼭 하나의 근이 존재함을 보여라.

■ ν의 어떤 값에 대해서는 Bessel 함수 J_{ν}는 cos과 sin으로 표시될 수 있다.

11 (12)와 관계식 $\Gamma\left(\frac{1}{2}\right) = \sqrt{\pi}$를 사용하여

$$J_{1/2}(x) = \sqrt{\frac{2}{\pi x}} \sin x, \; J_{-1/2}(x) = \sqrt{\frac{2}{\pi x}} \cos \tag{33}$$

임을 보여라.

12 (32)와 (33)을 사용하여

$$J_{3/2}(x) = \sqrt{\frac{2}{\pi x}} \left(\frac{\sin x}{x} - \cos x \right),$$

$$J_{-3/2}(x) = -\sqrt{\frac{2}{\pi x}} \left(\frac{\cos x}{x} + \sin x \right)$$

임을 보여라.

■ Bessel 함수를 포함하는 적분은 공식 (30)~(32)를 사용하여 그 값을 구하거나 또는 단순화할 수 있다. 다음을 보여라.

13 $\int x^{-\nu} J_{\nu+1}(x)dx = -x^{-\nu} J_\nu(x) + c$

■ 공식과 필요하면 부분적분법을 사용하여 다음 적분을 구하여라.

14 $\int J_3(x)dx$

15 $\int x^3 J_0(x)dx$

■ Bessel 방정식으로 변형되는 미분방정식은 많다. 아래에 지시된 치환을 사용하여 주어진 방정식의 일반해를 Bessel 함수로 구하여라.

16 $x^2y'' + xy' + (\lambda^2x^2 - \nu^2)y = 0 \quad (\lambda x = z)$

17 $4x^2y'' + 4xy' + (x - \nu^2)y = 0 \quad (\sqrt{x} = z)$

18 $xy'' - xy' + xy = 0 \quad (y = xu)$

19 $xy'' + (1+2n)y' + xy = 0 \quad (y = x^{-n}u)$

20 $x^2y'' - 3xy' + 4(x^4 - 3)y = 0 \quad (y = x^2u,\ x^2 = z)$

21 $x^2y'' + (1-2\nu)xy' + \nu^2(x^{2\nu} + 1 - \nu^2)y = 0 \quad (y = x^\nu u,\ x^\nu = z)$

22 주어진 함수가 대응하는 미분방정식의 해임을 보여라.

$$y'' + k^2x^2y = 0,\ y = \sqrt{x}\,J_{1/4}(kx^2/2),\ y = \sqrt{x}\,Y_{1/4}(kx^2/2)$$

23 작은 $x > 0$에 대해서 $Y_0(x) \approx 2\pi^{-1}\left(\ln\frac{1}{2}x + r\right)$임을 보여라. 이 공식을 사용하여, $Y_0(x) = 0$의 가장 작은 양의 근의 근사값을 계산하고, 보다 정밀한 수치인 0.9와 비교하여라.

24 Hankel 함수 (26)은 임의의 ν에 대하여 Bessel 방정식의 해의 기저임을 보여라.

25 모든 실수 x와 실수 ν에 대하여, $I_\nu(x)$는 실수가 되고, 0이 아닌 모든 실수 x에 대해서는 $I_\nu(x) \neq 0$, 또 n이 정수이면 $I_{-n}(x) = I_n(x)$임을 보여라.

4.5 직교함수계

앞에서 학습한 Legendre 다항식과 Bessel 함수는 직교성(orthogonality)이라는 성질을 가지고 있다. 여기서는 이에 대한 개념과 기호를 소개하려고 한다.

먼저 함수의 직교성을 정의해 보자. 지금 $g_m(x)$와 $g_n(x)$를 구간 $a \le x \le b$에서 정의된 두 실수함수라 하고, 같은 구간에서 곱 $g_m(x)g_n(x)$의 적분이 존재한다고 하자. 이 적분을 다음과 같이 (g_m, g_n)으로 표시한다.

$$(g_m, g_n) = \int_a^b g_m(x) g_n(x) dx \tag{1}$$

만약 적분 (1)이 0, 즉

$$(g_m, g_n) = \int_a^b g_m(x) g_n(x) dx = 0 \quad (m \ne n) \tag{2}$$

이면 이 함수 $g_m(x)$, $g_n(x)$는 구간 $a \le x \le b$에서 직교(orthogonal)한다고 말한다.

실수 함수계 $g_1(x)$, $g_2(x)$, $g_3(x)$, $\cdots$가 구간 $a \le x \le b$에서 정의되고 또 임의의 서로 다른 함수쌍 g_m, g_n에 대하여 (g_m, g_n)이 존재하고 또한 0이면, 이것을 구간 $a \le x \le b$에서의 함수의 직교계(orthogonal set of function)라고 말한다. 또한 (g_m, g_m)의 음이 아닌 제곱근 $\sqrt{(g_m, g_m)}$을 $g_m(x)$의 크기(norm)라고 하고 일반적으로 $\| g_m \|$으로 표시한다. 즉,

$$\| g_m \| = \sqrt{(g_m, g_m)} = \sqrt{\int_a^b g_m^2(x) dx} \tag{3}$$

이다.

편의를 위하여 앞으로 나오는 모든 함수는 유계이고, 적분이 존재하며, 크기가 0이 아니라고 가정한다.

구간 $a \le x \le b$에서의 크기가 각각 1인 직교함수계 g_1, g_2, $\cdots$는 다음과 같은 관계를 만족한다.

$$(g_m, g_n) = \int_a^b g_m(x) g_n(x) dx = \begin{cases} 0 \ (m \neq n) \\ 1 \ (m = n) \end{cases} \quad (m = 1, 2, \cdots, n = 1, 2, \cdots) \tag{4}$$

이다. 이와 같은 집합 $g_1, g_2, \cdots$을 구간 $a \leqq x \leqq b$에서의 정규직교계(orthonormal set)라고 부른다. 정규직교계는 직교계에서 각 함수를 그 함수의 크기로 나눔으로써 얻어진다.

예제 1 함수 $g_m(x) = \sin mx, \ (m = 1, 2, \cdots)$은

$$\begin{aligned}(g_m, g_n) &= \int_{-\pi}^{\pi} \sin mx \sin nx \, dx \\ &= \frac{1}{2}\int_{-\pi}^{\pi} \cos(m-n)x dx - \frac{1}{2}\int_{-\pi}^{\pi} \cos(m+n)x dx = 0 \quad (m \neq n)\end{aligned} \tag{5}$$

이므로 구간 $-\pi \leq x \leq \pi$에서 직교계를 이룬다. 또한

$$\|g_m\|^2 = \int_{-\pi}^{\pi} \sin^2 mx \, dx = \pi \quad (m = 1, 2, \cdots)$$

이므로 $\|g_m\| = \sqrt{\pi}$이다. 따라서

$$\frac{\sin x}{\sqrt{\pi}}, \quad \frac{\sin 2x}{\sqrt{\pi}}, \quad \frac{\sin 3x}{\sqrt{\pi}}, \ \cdots$$

는 정규직교계이다.

예제 2 함수

$$1, \ \cos x, \ \sin x, \ \cos 2x, \ \sin 2x, \ \cdots$$

은 구간 $-\pi \leq x \leq \pi$에서 직교계를 이룬다. 이것은 (5)와 같은 방법이 cos함수에도 적용되고, 모든 $m = 0, 1, \cdots, n = 0, 1, \cdots$에 대하여

$$\int_{-\pi}^{\pi} \cos mx \sin nx \, dx = \frac{1}{2}\int_{-\pi}^{\pi} \sin(m+n)x \, dx - \frac{1}{2}\int_{-\pi}^{\pi} \sin(m-n)x \, dx = 0$$

이기 때문이다. 이때의 정규직교계는 다음과 같다.

$$\frac{1}{\sqrt{2\pi}}, \ \frac{\cos x}{\sqrt{\pi}}, \ \frac{\sin x}{\sqrt{\pi}}, \ \frac{\cos 2x}{\sqrt{\pi}}, \ \frac{\sin 2x}{\sqrt{\pi}}, \ \cdots$$

■ 직교함수의 급수

직교계를 이용하여 비교적 간단히 중요한 형태의 급수전개를 얻을 수 있다. $g_1(x)$, $g_2(x)$, $\cdots$을 구간 $a \le x \le b$에서 직교함수계라 하고, $f(x)$를 수렴하는 급수

$$f(x) = \sum_{n=1}^{\infty} c_n g_n(x) = c_1 g_1(x) + c_2 g_2(x) + \cdots \tag{6}$$

과 같이 g_n으로 표시할 수 있는 주어진 함수라 하자. 이때 이 급수를 함수 $f(x)$의 일반화된 Fourier 급수(generalized Fourier series)라 하고, 그 계수 c_1, c_2, $\cdots$을 그 직교함수계에 관한 $f(x)$의 Fourier 상수(Fourier constant)라고 한다.

이 상수는 직교성에 의하여 매우 간단하게 결정된다. (6)의 양변에 $g_m(x)$를 곱하여 a에서 b까지 적분하고, 또 우변이 각 항별로 적분가능하다고 가정하면[9)]

$$(f, g_m) = \int_a^b f\, g_m dx = \int_a^b \left(\sum_{n=1}^{\infty} c_n g_n \right) g_m dx = \sum_{n=1}^{\infty} c_n (g_n, g_m)$$

가 된다. 직교성에 의해서 $(g_m, g_m) = \| g_m \|^2$이 되고, 나머지 항은 모두 0이 된다. 따라서

$$(f, g_m) = c_m \| g_m \|^2 \tag{7'}$$

이 되어, Fourier 상수를 구하는 공식은 다음과 같다.

$$c_m = \frac{(f, g_m)}{\| g_m \|^2} = \frac{1}{\| g_m \|^2} \int_a^b f(x) g_m(x) dx \quad (m = 1, 2, \cdots) \tag{7}$$

예제 3 Fourier 급수

예제 2의 직교함수계인 경우 (6)은

$$f(x) = a_0 + \sum_{n=1}^{\infty} (a_n \cos nx + b_n \sin nx) \tag{8}$$

9) 이것은 평등수렴의 경우와 같이 가능한 가정이다.

와 같이 쓸 수 있고, (7)은

$$
\begin{aligned}
a_0 &= \frac{1}{2\pi}\int_{-\pi}^{\pi} f(x)dx \\
a_n &= \frac{1}{\pi}\int_{-\pi}^{\pi} f(x)\cos nx\, dx \\
b_n &= \frac{1}{\pi}\int_{-\pi}^{\pi} f(x)\sin nx\, dx \quad (n = 1,\ 2,\ \cdots)
\end{aligned}
\tag{9}
$$

가 된다. 만일 (8)에 있는 급수가 수렴하고 $f(x)$를 표시하면, 그 급수를 $f(x)$의 Fourier 급수(Fourier series)라고 한다. 또 그 계수를 $f(x)$의 Fourier 계수(Fourier coefficients)라 하고, 공식 (9)를 이 계수에 대한 Euler 공식(Euler formulas)이라 한다.

연습문제 4.5

■ (1)과 (3)에서 $a=0,\ b=1$이고 $g_1(x),\ g_2(x)$가 다음과 같이 주어질 때 $(g_1,\ g_2)$, $\|g_1\|$, $\|g_2\|$ 및 $(g_1+g_2,\ g_1-g_2)$를 계산하여라.

01 $g_1(x) = x,\ g_2(x) = x^2$

02 $g_1(x) = e^x,\ g_2(x) = e^{-x}$

■ 다음 함수는 주어진 구간 I에서 직교함수계임을 보이고 각각의 정규직교계를 구하여라.

03 $1,\ \cos x,\ \cos 2x,\ \cos 3x,\ \cdots,\ I: 0 \le x \le 2\pi$

04 $\sin \pi x,\ \sin 2\pi x,\ \sin 3\pi x,\ \cdots,\ I: -1 \le x \le 1$

05 $1,\ \cos\frac{2n\pi}{T}x\,(n=1,\ 2,\ \cdots),\ I: 0 \le x \le T$

06 $P_0(x),\ P_1(x),\ P_2(x),\ \ I: -1 \le x \le 1$

07 함수 $g_1(x),\ g_2(x),\ \cdots$이 구간 $a \le x \le b$에서 직교함수계이면, $g_1(ct+k),\ g_2(ct+k),\ \cdots$은 구간 $(a-k)/c \le t \le (b-k)/c$에서 직교함수계임을 보여라. (단, $c>0$)

05 Laplace 변환

5.1 Laplace 변환식, 역변환, 선형성

$f(t)$를 모든 $t \geq 0$에서 정의된 주어진 함수라 하자. 그리고 $f(t)$에 e^{-st}을 곱하고, t에 관하여 0에서 ∞까지 적분한다.

이때 그 적분이 존재한다면 이것은 s의 함수, 가령 $F(s)$, 즉

$$F(s) = \int_0^\infty e^{-st} f(t) dt$$

가 된다. 이 함수 $F(s)$를 원함수 $f(t)$의 Laplace 변환식[1](Laplace transform)이라 하고 $\mathcal{L}(f)$로 표시한다. 따라서

$$F(s) = \mathcal{L}(f) = \int_0^\infty e^{-st} f(t) dt \tag{1}$$

이다. 주어진 $f(t)$로부터 $F(s)$를 얻는 이와 같은 연산을 Laplace 변환(Laplace transformation)이라 한다. 또, (1)에 있는 원함수 $f(t)$를 역변환식(inverse transform) 또는 $F(s)$의 역(inverse)이라 부르고 $\mathcal{L}^{-1}$로 표시한다. 즉,

$$f(t) = \mathcal{L}^{-1}(F)$$

라고 쓴다.

■ 기호

원함수는 소문자로, 그 변환식은 같은 문자의 대문자로 표시하기도 한다. 따라서 $F(s)$는 $f(t)$의 변환식을, $Y(s)$는 $y(t)$의 변환식을 나타낸다.

예제 1 $t \geq 0$일 때 $f(t) = 1$이다. $F(s)$를 구하여라.

풀이 (1)로부터

---

1) Pierre Simon de Laplace(1749～1827) 프랑스의 위대한 수학자로서 파리 대학의 교수, 퍼텐셜 이론의 기초를 발전시켰고, 또 천제역학, 일반천문학, 특별함수와 확률론에 중요한 공헌을 했다. 나폴레옹이 그의 제자였다.

$$\mathcal{L}(f) = \mathcal{L}(1) = \int_0^{\infty} e^{-st} dt = -\frac{1}{s} e^{-st} \Big|_0^{\infty}$$

을 얻고, 따라서 $s > 0$이면

$$\mathcal{L}(1) = \frac{1}{s}$$

이다. (1)의 적분구간은 무한대이다. 이와 같은 적분을 이상적분이라고 부르는데, 이것은 정의에 의하여 다음의 법칙

$$\int_0^{\infty} e^{-st} f(t) dt = \lim_{T \to \infty} \int_0^{T} e^{-st} f(t) dt$$

에 따라 계산한다. 즉,

$$\int_0^{\infty} e^{-st} dt = \lim_{T \to \infty} \left[-\frac{1}{s} e^{-st} \right]_0^{T}$$

$$= \lim_{T \to \infty} \left[-\frac{1}{s} e^{-sT} + \frac{1}{s} e^{0} \right] = \frac{1}{s} \ (s > 0)$$

이 된다. ■

예제 2 a가 상수이고 $t \geq 0$일 때 $f(t) = e^{at}$이라 한다. $\mathcal{L}(f)$를 구하여라.

풀이 (1)에 의하여

$$\mathcal{L}(e^{at}) = \int_0^{\infty} e^{-st} e^{at} dt = \frac{1}{a-s} e^{-(s-a)t} \Big|_0^{\infty}$$

이 되고, 따라서 $s - a > 0$이면

$$\mathcal{L}(e^{at}) = \frac{1}{s-a}$$

이다. ■

Laplace 변환은 미분이나 적분과 마찬가지로 선형연산이라는 다음의 중요한 성질이 있다.

정리 5.1 선형성

Laplace 변환은 선형연산이다. 즉, Laplace 변환식이 존재하는 임의의 함수 $f(t)$와 $g(t)$ 및 임의의 상수 a와 b에 대하여

$$\mathcal{L}\{af(t)+bg(t)\} = a\mathcal{L}\{f(t)\}+b\mathcal{L}\{g(t)\}$$

가 성립한다.

증명 정의에 의하여

$$\begin{aligned}\mathcal{L}\{af(t)+bg(t)\} &= \int_0^\infty e^{-st}[af(t)+bg(t)]dt \\ &= a\int_0^\infty e^{-st}f(t)dt + b\int_0^\infty e^{-st}g(t)dt \\ &= a\mathcal{L}\{f(t)\}+b\mathcal{L}\{g(t)\}\end{aligned}$$

가 된다. ■

위의 정리의 결과로서 $f(t)$와 $g(t)$의 Laplace 변환식이 존재하면 $af(t)+bg(t)$ 함수의 Laplace 변환식이 존재하며, $\mathcal{L}(f(t))$와 $\mathcal{L}(g(t))$의 선형조합으로 보다 간편하게 계산할 수 있다.

예제 3 함수 $f(t)=\cosh at = (e^{at}+e^{-at})/2$에 관하여 $\mathcal{L}(f)$를 구하여라.

풀이 정리 5.1과 예제 2의 결과로부터

$$\mathcal{L}(\cosh at) = \frac{1}{2}\mathcal{L}(e^{at}) + \frac{1}{2}\mathcal{L}(e^{-at}) = \frac{1}{2}\left(\frac{1}{s-a}+\frac{1}{s+a}\right)$$

이다. 따라서 $s>|a|$일 때, 즉 적분이 존재하는 s의 범위에서,

$$\mathcal{L}(\cosh at) = \frac{s}{s^2-a^2}$$

이다. ■

표 5.1 ▌ 기본함수 $f(t)$와 그 Laplace 변환식 $\mathcal{L}(f)$

	$f(t)$	$\mathcal{L}(f)$		$f(t)$	$\mathcal{L}(f)$
(1)	1	$1/s$	(6)	e^{at}	$\frac{1}{s-a}$
(2)	t	$1/s^2$	(7)	$\cos \omega t$	$\frac{s}{s^2+\omega^2}$
(3)	t^2	$2!/s^3$	(8)	$\sin \omega t$	$\frac{\omega}{s^2+\omega^2}$
(4)	$t^n (n=1, 2, \cdots)$	$\frac{n!}{s^{n+1}}$	(9)	$\cosh at$	$\frac{s}{s^2-a^2}$
(5)	t^a (a는 양의 실수)	$\frac{\Gamma(a+1)}{s^{a+1}}$	(10)	$\sinh at$	$\frac{a}{s^2-a^2}$

몇 개의 중요한 기본함수와 그 Laplace 변환식을 표 5.1에 정리하여 놓았다. 더 광범위한 표는 5.8절에 있다. 또, 참고문헌도 참조해 주기 바란다.

표 5.1에 있는 변환식을 일단 이해하면, 필요로 하는 거의 모든 변환식은 다음 절에서 배울 몇 개의 간단한 일반적인 정리를 사용하여서 얻을 수 있다.

표 5.1에서 공식 (1), (2) 및 (3)은 공식 (4)의 특수한 경우이다. 공식 (4)는

$$\mathcal{L}(t^n) = \int_0^\infty e^{-st} t^n dt = -\frac{1}{s} e^{-st} t^n \bigg|_0^\infty + \frac{n}{s} \int_0^\infty e^{-st} t^{n-1} dt$$

$$= \frac{n}{s} \mathcal{L}(t^{n-1})$$

과 $\mathcal{L}(1) = \frac{1}{s}$을 이용하면 수학적 귀납법에 의해 $\mathcal{L}(t^n) = \frac{n!}{s^{n+1}}$을 보여서 증명할 수 있다.

공식 (5)는 정의

$$\mathcal{L}(t^a) = \int_0^\infty e^{-st} t^a dt$$

에서 출발하여, $st = x$로 놓고 적분하면

$$\mathcal{L}(t^a) = \int_0^\infty e^{-x} \left(\frac{x}{s}\right)^a \frac{dx}{s} = \frac{1}{s^{a+1}} \int_0^\infty e^{-x} x^a dx = \frac{\Gamma(a+1)}{s^{a+1}} \quad (s > 0)$$

이 된다. 여기서 $\Gamma(a+1)$는 4장에서 소개된 감마함수(gamma function)이며, n이 자연수일 때 $\Gamma(n+1)=n!$이다.

공식 (6)은 예제 2에서 이미 증명하였다. 공식 (7)과 (8)을 증명하기 위하여 공식 (6)에서 $a=i\omega$라 놓으면

$$\begin{aligned}\mathcal{L}(e^{i\omega t}) &= \frac{1}{s-i\omega} = \frac{s+i\omega}{(s-i\omega)(s+i\omega)} \\ &= \frac{s+i\omega}{s^2+\omega^2} = \frac{s}{s^2+\omega^2} + i\frac{\omega}{s^2+\omega^2}\end{aligned}$$

가 된다. 한편 정리 5.1에 의해

$$\mathcal{L}(e^{i\omega t}) = \mathcal{L}(\cos\omega t + i\sin\omega t) = \mathcal{L}(\cos\omega t) + i\,\mathcal{L}(\sin\omega t)$$

이므로, 이 두 방정식의 실수부와 허수부를 각각 같다고 놓으면 공식 (7)과 (8)을 얻는다.

공식 (9)는 예제 3에서 증명하였고 공식 (10)도 같은 방법으로 증명된다.

■ Laplace 변환의 존재

이 절을 끝맺음에 있어서 Laplace 변환의 존재성에 관해서 언급해 두고자 한다. 직관적으로 말하면 대략 다음과 같다. 고정된 s에 대하여, 만일 전피적분함수 $e^{-st}f(t)$가 $t\to\infty$임에 따라 마치 음의 지수를 갖는 지수함수처럼 충분히 빨리 0으로 수렴한다면, (1)의 적분은 존재한다. 이것이 다음 존재정리에서 부등식 (2)가 있어야 할 이유가 된다. 함수 $f(t)$가 연속일 필요는 없다. 이것은 실용면에서 중요하다. 왜냐하면 불연속적인 입력(구동력)에 Laplace 변환이 특별히 유용하기 때문이다. 함수 $f(t)$는 $t\ge 0$인 범위에 있는 모든 유한구간에서 구분적 연속이라야 한다.

어떤 함수 $f(t)$가 유한구간 $a\leqq t\leqq b$에서 정의되어 있다고 하자. 이때 구간 $[a\ b]$가 $f(t)$가 연속인 유한개의 소구간들로 분할되어 있고, 각 소구간의 양 끝점에서 $f(t)$가 유한극한값을 가지면, 이 함수 $f(t)$는 그 구간에서 구분적 연속(piecewise continuous)이라고 말한다.

정의로부터 유한도약점은 구분적 연속함수가 가질 수 있는 유일한 불연속점

이며, 이것은 통상적 불연속점으로 알려져 있다. 그림 5.1은 그런 하나의 예이다. 더욱이 구분적 연속함수가 모든 연속함수를 포함한다는 것은 명백하다.

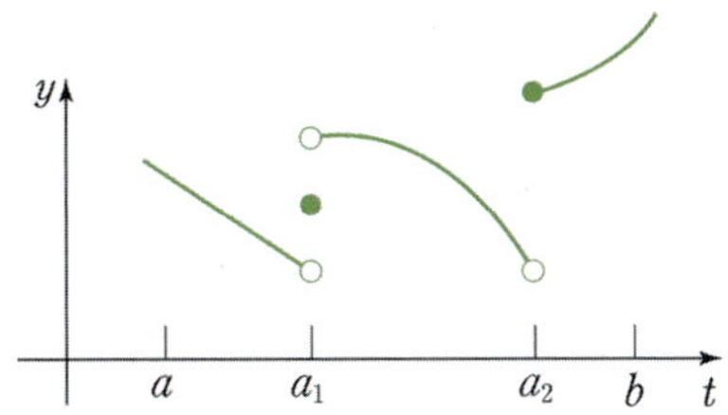

그림 5.1 ▌ 구분적 연속인 함수 $f(t)$의 예(파란 점 표시는 도약점에서의 함수값을 나타낸다)

정리 5.2　Laplace 변환에 대한 존재성정리

함수 $f(t)$가 $t \geq 0$인 범위에 있는 모든 유한구간에서 구분적 연속이고, 어떤 적당한 상수 r과 M이 존재하여서 모든 $t \geq 0$에 대하여

$$|f(t)| \leq Me^{rt} \tag{2}$$

를 만족한다고 하자. 그러면 모든 $s > r$에 대하여 $f(t)$의 Laplace 변환식이 존재한다.

증명 함수 $f(t)$는 구분적 연속이므로, $e^{-st}f(t)$의 $t-$축상의 임의의 유한구간에서 적분 가능하고, 부등식 (2)에서

$$|\mathcal{L}(f)| = \left| \int_0^\infty e^{-st} f(t) dt \right| \leq \int_0^\infty |f(t)| e^{-st} dt$$

$$\leq \int_0^\infty Me^{rt} e^{-st} dt = \frac{M}{s-r} (s > r)$$

이 된다. 이것으로 증명이 끝난다. ■

정리 5.2에 있는 조건, 즉 주어진 함수가 (2)의 부등식을 만족하느냐, 않느냐를 알아내는 것은 간단하다. 이를테면, 모든 $t > 0$에 대하여

$$\cosh t < e^t,\ t^n < n!\,e^t \quad (n = 0, 1, \cdots) \tag{3}$$

이다. 실변수의 sine 함수, cosine 함수와 같이 모든 $t \geq 0$에 대하여 그 절대값이 유계인 임의의 함수는 이 조건을 만족한다. 부등식 (2)를 만족하지 않는 함수의 예로는 지수함수 e^{t^2}이 있다. 왜냐하면 (2)에서 M과 r를 아무리 크게 택하더라도 모든 $t > t_0$에 대하여

$$e^{t^2} > Me^{rt}$$

인 t_0를 찾을 수 있기 때문이다. 여기서 t_0는 M과 a에 의존하는 충분히 큰 수이다.

정리 5.2의 조건은 필요조건이 아니라 충분조건임을 명심해야 된다. 이를테면, 함수 $1/\sqrt{t}$는 $t=0$에서 무한대이지만 그 변환식은 존재한다. 실제로, 정의와 $\Gamma\left(\frac{1}{2}\right) = \sqrt{\pi}$로부터

$$\begin{aligned}\mathcal{L}(t^{-1/2}) &= \int_0^\infty e^{-st}t^{-1/2}dt = \frac{1}{\sqrt{s}}\int_0^\infty e^{-x}x^{-1/2}dx \\ &= \frac{1}{\sqrt{s}}\Gamma\left(\frac{1}{2}\right) = \sqrt{\frac{\pi}{s}}\end{aligned}$$

를 얻는다.

만일, 주어진 함수의 Laplace 변환식이 존재한다면, 그것은 유일하게 결정된다. 역으로 같은 변환식을 갖는 양의 실수축에서 정의된 두 함수는 여러 고립점들에서는 서로 다를 수 있으나, 양의 길이를 갖는 구간상에서는 서로 다를 수가 없다는 것을 밝힐 수가 있다. 그런데 이것은 응용면에서는 중요하지 않으므로, 주어진 변환식의 역은 유일하다고 말해도 좋다. 특히 두 연속함수가 같은 변환식을 가지면 이 두 함수는 완전히 일치한다. 물론 이것은 실용적인 면에서 중요하다.

연습문제 5.1

■ 다음 함수의 Laplace 변환식을 구하여라. 단, a, b, T, ω, θ는 상수이다.

01 $2t+6$

02 $a+bt+ct^2$

03 $\sin \pi t$

04 $\cos(\omega t+\theta)$

05 $\cos^2 t$

06 e^{a-bt}

07

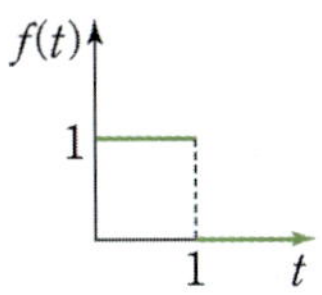

08

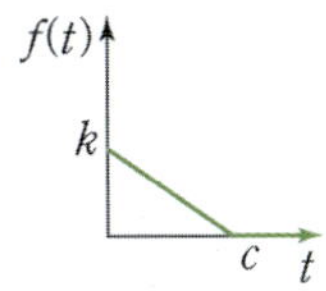

09 공식 (6)으로부터 표 5.1에 있는 공식 (10)을 유도하여라.

10 역 Laplace 변환이 선형 연산임을 증명하여라.

11 귀납법으로 표 5.1의 공식 (4)를 증명하여라.

■ $F(s)=\mathcal{L}(f)$가 다음과 같을 때 $f(t)$를 구하여라. 단, a, b 등은 상수이다.

12 $\dfrac{5s}{s^2+25}$

13 $\dfrac{-s-10}{s^2-s-2}$

14 $\dfrac{1}{s^4}$

15 $\dfrac{1}{(s+\sqrt{2})(s-\sqrt{3})}$

16 $\dfrac{2}{s^2+16}$

17 $\dfrac{s}{\left(s+\frac{1}{2}\right)^2+1}$

5.2 도함수와 적분의 Laplace 변환식과 초기값 문제

Laplace 변환의 가장 중요한 성질은 선형성(앞 절의 정리 5.1)이라 하겠다. 다음으로 중요한 것은, 대체적으로 함수 $f(t)$의 미분은 변환식 $F(s)$에 s를 곱한 것에 대응한다는 사실이다. 이와 같은 사실로 인해서 미적분의 연산은 Laplace 변환식에 관한 단순한 대수적인 연산으로 대치할 수 있다.

더욱이 적분은 미분의 역연산이므로 적분은 변환식을 s로 나눈 것에 대응하리라고 예측가능하다. 이것은 사실상 그러하다. 이 절은 다음 순서로 진행된다. 먼저, 정리 5.3은 $f(t)$의 미분에 관계되고, 정리 5.4는 고차도함수로의 확장에 관계되며, 정리 5.5는 $f(t)$의 적분에 관계된 것이다. 또, 미분방정식으로의 응용과 관련된 예제를 소개할 것이다.

(1) 도함수의 Laplace 변환

정리 5.3 $f(t)$**의 도함수의 Laplace 변환**

함수 $f(t)$가 모든 $t \geq 0$에서 연속이고, 어떤 적당한 상수 r와 M이 존재하여 5.1장 정리 5.2의 (2)를 만족하며, 또 $t \geq 0$인 범위에 있는 모든 유한구간에서 구분적으로 연속인 도함수 $f'(t)$를 갖는다고 가정하자. 그러면 $s > r$일 때 도함수 $f'(t)$의 Laplace 변환식이 존재하고

$$\mathcal{L}(f') = s\mathcal{L}(f) - f(0) \quad (s > r) \tag{1}$$

이다.

증명 먼저 $f'(t)$가 모든 $t \geq 0$에서 연속인 경우를 고려하자. 그러면 정의와 부분적분에 의하여

$$\mathcal{L}(f') = \int_0^\infty e^{-st} f'(t)dt = [e^{-st} f(t)]\Big|_0^\infty + s\int_0^\infty e^{-st} f(t)dt$$

를 얻고, f는 5.1절의 (2)를 만족하므로 $s > r$일 때 우변의 첫 항은 상한에서 0이 되고 하한에서는 $-f(0)$이 된다. 두 번째 항의 적분은 $\mathcal{L}(f)$이고, $s > r$

일 때 5.1절의 정리 5.2에 의해 존재한다. 우변의 식은 $-f(0)+s\mathcal{L}(f)$이며, 결과적으로 $s>r$일 때 $\mathcal{L}(f')$이 존재하고 (1)이 성립한다.

일반적으로, $f'(t)$가 구분적 연속일 경우는 원래의 적분구간을 분할하여 각 소구간에서 f'이 연속이 되도록 한 후 비슷한 방법으로 증명할 수 있다. ■

주의 구분적 연속함수 $f(t)$의 경우에는 (1) 대신

$$\mathcal{L}(f')=S\mathcal{L}(f)-f(0)-\sum_{i=1}^{N}[f(a_i+0)-f(a_i-0)]e^{-a_i s}$$

를 얻게 된다. 여기서 $\{a_i\}_{i=1}^{N}$는 함수 $f(t)$의 도약점들이다.

공식 (1)을 이계도함수 $f''(t)$에 적용하면

$$\begin{aligned}\mathcal{L}(f'') &= s\mathcal{L}(f')-f'(0)\\ &= s[s\mathcal{L}(f)-f(0)]-f'(0)\end{aligned}$$

즉,

$$\mathcal{L}(f'')=s^2\mathcal{L}(f)-sf(0)-f'(0) \tag{2}$$

을 얻고, 같은 방법으로

$$\mathcal{L}(f''')=s^3\mathcal{L}(f)-s^2f(0)-sf'(0)-f''(0) \tag{3}$$

등을 얻는다. 그러므로 귀납법에 의하여 정리 5.3의 확장인 다음 정리를 얻게 된다.

정리 5.4 n계 도함수의 Laplace 변환

함수 $f(t)$ 및 그 도함수 $f'(t), f''(t), \cdots, f^{(n-1)}(t)$가 모든 $t \geq 0$에서 연속이고, 모든 $t \geq 0$에 대하여 어떤 적당한 상수 r와 M이 존재하여서 $|f^{(k-1)}(t)| \leq Me^{rt}$ $(k=1, 2, \cdots, n)$을 만족하며 또 $f^{(n)}(t)$는 $t \geq 0$인 범위에 있는 모든 유한구간에서 구분적 연속이라고 하자.

그러면 $s > r$일 때 $f^{(n)}(t)$의 Laplace 변환식이 존재하고, 그것은

$$\mathcal{L}(f^{(n)}) = s^n \mathcal{L}(f) - s^{n-1}f(0) - s^{n-2}f'(0) - \cdots - f^{(n-1)}(0) \tag{4}$$

과 같은 공식으로 표시된다.

예제 1 $f(t) = t^2$이라 하고 $\mathcal{L}(f)$를 구하여라.

풀이 여기서 $f(0) = 0$, $f'(0) = 0$, $f''(t) = 2$이고 $\mathcal{L}(2) = 2/s$이므로, 공식 (2)로부터

$$\mathcal{L}(f'') = \mathcal{L}(2) = \frac{2}{s} = s^2 \mathcal{L}(f), \quad \text{따라서} \quad \mathcal{L}(t^2) = \frac{2}{s^3}$$

가 되어 표 5.1과 일치한다. 이 예로서 주어진 함수의 변환식을 얻는데는 여러 가지 방법이 있다는 것을 알 수가 있다. ■

예제 2 $f(t) = \sin^2 t$라 하고 $\mathcal{L}(f)$를 구하여라.

풀이 여기서 $f(0) = 0$, $f'(t) = 2\sin t\cos t = \sin 2t$이므로 공식 (1)에 의하여

$$\mathcal{L}(\sin 2t) = \frac{2}{s^2+4} = s\mathcal{L}(f), \quad \mathcal{L}(\sin^2 t) = \frac{2}{s(s^2+4)}$$

가 된다. ■

예제 3 $f(t) = t\sin\omega t$라 하고 $\mathcal{L}(f)$를 구하여라.

풀이 여기서 $f(0) = 0$이고

$$f'(t) = \sin \omega t + \omega t \cos \omega t, \ f'(0) = 0$$

$$f''(t) = 2\omega \cos \omega t - \omega^2 t \sin \omega t$$
$$= 2\omega \cos \omega t - \omega^2 f(t)$$

이다. 따라서 공식 (2)에 의하여

$$\mathcal{L}(f'') = 2\omega \mathcal{L}(\cos \omega t) - \omega^2 \mathcal{L}(f) = s^2 \mathcal{L}(f)$$

를 얻는다. 여기서 $\cos \omega t$의 Laplace 변환식에 관한 공식을 사용하면

$$(s^2 + \omega^2)\mathcal{L}(f) = 2\omega \mathcal{L}(\cos \omega t) = \frac{2\omega s}{s^2 + \omega^2}$$

를 얻고, 따라서 결과적으로

$$\mathcal{L}(t \sin \omega t) = \frac{2\omega s}{(s^2 + \omega^2)^2}$$

가 된다. ■

(2) 초기값 문제에의 활용

Laplace 변환식을 이용하여 어떻게 초기값 문제를 푸는가에 대하여 공부하자. 다음 초기값 문제를 고려하자.

$$y'' + ay' + by = r(t), \ \ y(0) = k_0, \ \ y'(0) = k_1 \tag{5}$$

그리고 위에서, a, b는 상수이다.

1단계: 보조방정식의 작성

식 (5)의 해를 $y(t)$라 하고,

$$Y(s) = \mathcal{L}\{y(t)\}, \ \ R(s) = \mathcal{L}\{r(t)\}$$

로 놓으면, 식 (1), (2)의 변환식에서

$$[s^2 Y - sy(0) - y'(0)] + a[sY - y(0)] + bY = R$$

이 된다. 위의 방정식을 보조방정식(subsidiary equation)이라 한다. 위의 식을

Y에 관해서 정리하면

$$(s^2+as+b)Y=(s+a)y(0)+y'(0)+R$$

2단계: 보조방정식의 해

1단계에서 구한 보조방정식에서 Y에 관해서 풀면

$$Y(s)=\frac{(s+a)y(0)+y'(0)+R(s)}{s^2+as+b} \tag{6}$$

이고, 식 (6)의 우변은 유리식이므로 유리식은 부분분수로 간략하게 정리할 수 있다.

3단계: $Y(s)$의 역변환

식 (6)의 우변을 Laplace 역변환이 쉬운 부분분수로 정리하여 Laplace 역변환, 즉

$$\mathcal{L}^{-1}\{Y(s)\}=y(t)=\mathcal{L}^{-1}\left\{\frac{(s+a)k_0+k_1+R(s)}{s^2+as+b}\text{의 부분분수 형태}\right\}$$

가 되어 구하는 해 $y(t)$를 구한다.

다음의 예제를 이용하여 위의 과정을 이해하도록 하겠다.

예제 4 초기값 문제

$$y''-y=1,\ \ y(0)=1,\ \ y'(0)=1$$

을 풀어라.

풀이 1단계 $Y(s)=\mathcal{L}\{y(t)\}$라 놓으면 보조방정식은

$$s^2Y-sy(0)-y'(0)-Y=\frac{1}{s}$$

즉, $(s^2-1)Y=s+1+\dfrac{1}{s}$

이 된다.

2단계 $Y(s)$를 구하면,

$$Y(s) = \frac{s+1}{s^2-1} + \frac{1}{s(s^2-1)}$$

이며, 우변을 부분분수로 나타내면,

$$Y(s) = \frac{1}{s-1} + \frac{s}{s^2-1} - \frac{1}{s}$$

3단계 위에서 구한 식의 양변에 Laplace 역변환을 취하면

$$\begin{aligned} \mathcal{L}^{-1}\{Y(s)\} &= y(t) = \mathcal{L}^{-1}\left\{\frac{1}{s-1}\right\} + \mathcal{L}^{-1}\left\{\frac{s}{s^2-1}\right\} - \mathcal{L}^{-1}\left\{\frac{1}{s}\right\} \\ &= e^t + \cosh t - 1 \end{aligned}$$

가 된다. ■

이상의 해법을 요약하면 다음의 표와 같다.

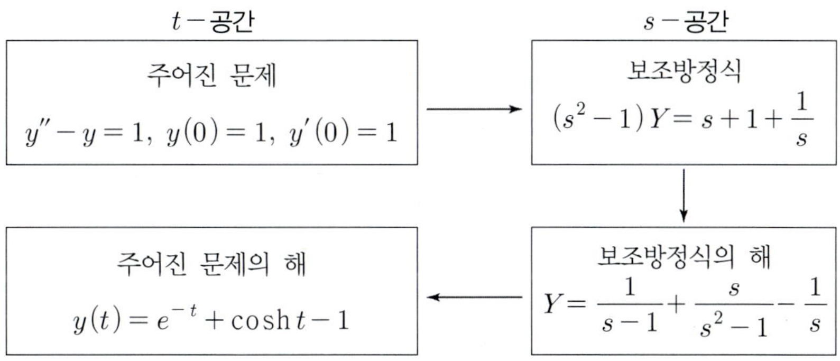

위의 예는 매우 간단하지만 Laplace 변환을 적용하여 미분방정식의 해를 찾는 전형적인 단계를 보여주고 있다. Laplace 변환으로 풀 수 있는 다양한 응용문제는, Laplace 변환을 강력하고 융통성 있게 해 주는 더 많은 성질과 기교를 공부한 후에 공부하기로 한다. 이것에 대해서는 다음 절의 이동법과 단위계단함수에서 다룬다.

(3) 함수의 적분의 Laplace 변환식

이 절은 미분의 역연산인 $f(t)$의 적분으로 끝맺는다. 나눗셈은 곱셈의 역연산이므로, 적분은 변환식을 s로 나눈 것에 대응하리라고 기대된다.

정리 5.5 $f(t)$의 적분의 Laplace 변환

함수 $f(t)$가 구분적 연속이고, 5.1절의 부등식 (2)를 만족한다면

$$\mathcal{L}\left\{\int_0^t f(\tau)d\tau\right\} = \frac{1}{s}\mathcal{L}\{f(t)\}\ (s>0,\ s>r) \tag{7}$$

이다.

증명 함수 $f(t)$가 구분적 연속이고, 어떤 적당한 r와 M이 존재하여, 5.1절의 조건 (2)를 만족한다고 가정하자. 만일, 조건 (2)가 어떤 음의 r에 대하여 성립하면, 이는 또 양의 r에 대하여도 성립할 것이 분명하므로, r를 양수라고 가정해도 된다. 그러면 적분

$$g(t) = \int_0^t f(\tau)d\tau$$

는 연속이고, 5.1절의 조건 (2)를 이용하여

$$|g(t)| \leqq \int_0^t |f(\tau)|d\tau \leqq M\int_0^t e^{r\tau}d\tau = \frac{M}{r}(e^{r\tau}-1)\ (r>0)$$

을 얻는다. 더욱이 $f(t)$가 불연속인 점을 제외하고는 $g'(t) = f(t)$이므로 $g'(t)$는 각 유한구간에서 구분적 연속이고, 정리 5.3에 의하여

$$\mathcal{L}\{f(t)\} = \mathcal{L}\{g'(t)\} = s\mathcal{L}\{g(t)\} - g(0)\ (s>r)$$

이 된다. $g(0)=0$이므로

$$\mathcal{L}(f) = s\mathcal{L}(g)$$

이다. 따라서, 이것으로 증명이 끝난다. ■

공식 (7)로부터 또 다른 유용한 공식을 얻을 수 있다. 즉, $\mathcal{L}\{f(t)\} = F(s)$라 쓰고 (7)의 양변을 교환하여 양변에 역변환식을 택하면

$$\mathcal{L}^{-1}\left\{\frac{1}{s}F(s)\right\} = \int_0^t f(\tau)d\tau \tag{8}$$

를 얻는다.

예제 5 지금, $\mathcal{L}(f) = \dfrac{1}{s^2(s^2+\omega^2)}$이라 하고 $f(t)$를 구하여라.

풀이 5.1절의 표 5.1로부터

$$\mathcal{L}^{-1}\left(\frac{1}{s^2+\omega^2}\right) = \frac{1}{\omega}\sin\omega t$$

를 얻고, 이것과 정리 5.5에서

$$\mathcal{L}^{-1}\left\{\frac{1}{s}\left(\frac{1}{s^2+\omega^2}\right)\right\} = \frac{1}{\omega}\int_0^t \sin\omega\tau\, d\tau = \frac{1}{\omega^2}(1-\cos\omega t)$$

가 된다. 정리 5.5를 한 번 더 적용하면, 구하는 해

$$\mathcal{L}^{-1}\left\{\frac{1}{s^2}\left(\frac{1}{s^2+\omega^2}\right)\right\} = \frac{1}{\omega^2}\int_0^t (1-\cos\omega\tau)d\tau = \frac{1}{\omega^2}\left(t-\frac{\sin\omega t}{\omega}\right)$$

를 얻는다. ■

연습문제 5.2

■ 다음의 초기값 문제를 Laplace 변환을 이용하여 풀어라.

01 $y' + 3y = 10\sin t,\quad y(0) = 0$

02 $y' + 0.2y = 0.01t,\quad y(0) = -0.25$

03 $y'' + ay' - 2a^2y = 0,\quad y(0) = 6,\quad y'(0) = 0$

04 $y'' - 4y' + 3y = 6t - 8,\quad y(0) = 0,\quad y'(0) = 0$

05 $y'' + 2y' - 3y = 6e^{-2t},\quad y(0) = 2,\quad y'(0) = -14$

■ 정리 5.3과 5.4를 이용하여 다음을 증명하여라.

06 $\mathcal{L}\{t\cos\omega t\} = \dfrac{s^2-\omega^2}{(s^2+\omega^2)^2}$

07 $\mathcal{L}\{t^2\sin\omega t\} = \dfrac{2\omega(3s^2-\omega^2)}{(s^2+\omega^2)^3}$

08 $\mathcal{L}\{t\cosh at\} = \dfrac{s^2+a^2}{(s^2-a^2)^2}$

■ 정리 5.5를 이용하여 다음의 역변환을 구하여라.

09 $\dfrac{1}{s^2+4s}$

10 $\dfrac{1}{s(s^2+\omega^2)}$

11 $\dfrac{1}{s^3-s}$

12 $\dfrac{9}{s^2}\left(\dfrac{s+1}{s^2+9}\right)$

■ 예제 4의 3단계에서와 같이 역변환의 선형성을 이용하여 다음을 보여라.

13 $\mathcal{L}^{-1}\left\{\dfrac{1}{(s^2+\omega^2)^2}\right\}=\dfrac{1}{2\omega^3}(\sin\omega t-\omega t\cos\omega t)$

14 $\mathcal{L}^{-1}\left\{\dfrac{s}{(s^2+\omega^2)^2}\right\}=\dfrac{1}{2\omega}t\sin\omega t$

15 $\mathcal{L}^{-1}\left\{\dfrac{s^2}{(s^2+\omega^2)^2}\right\}=\dfrac{1}{2\omega}(\sin\omega t+\omega t\cos\omega t)$

5.3 s-축상에서의 이동, t-축상에서의 이동, 단위계단함수

우리는 어떤 상태에 도달했으며 우리의 다음 목표는 무엇인가? Laplace 변환이 선형이라는 것(5.1절 정리 5.1)과, $f(t)$의 미분이 $\mathcal{L}(f)$에 s를 곱한 것에 대응한다는 것(5.2절 정리 5.3과 5.4) 그리고 이 성질이 미분방정식을 푸는 데 있어 필수적이라는 것을 알았다. Laplace 변환을 이용하여 미분방정식을 푸는 방법이 5.2절 예제 4에서 설명되었으나, 예제 4의 경우는 통상적인 방법으로도 쉽게 해를 구할 수 있다.

Laplace 변환은 보다 복잡한 응용 문제들을 풀기에 적합하며, 이를 위해서 먼저 Laplace 변환에 대한 일반적인 성질을 몇 개 더 유도할 것이다. 두 개의 이동정리(이 절의 정리 5.6과 5.7)가 말해주는 것처럼 두 개의 대단히 중요한 성질은 s-축상에서의 이동과 t-축상에서의 이동에 관련된 것이다.

정리 5.6 제1이동정리: s-축상에서의 이동

함수 $f(t)$의 변환식을 $F(s)$ $(s > r)$라 하면, $e^{at}f(t)$의 변환식은 $F(s-a)(s-a>r)$이다. 즉 $\mathcal{L}\{f(t)\} = F(s)$이면

$$\mathcal{L}\{e^{at}f(t)\} = F(s-a)$$

이다. 다시 말해서, 만일 변환식의 s를 $s-a$로 대치하면 (s-축상의 이동, 그림 5.2) 이것은 원함수에 e^{at}을 곱한 것에 대응한다.

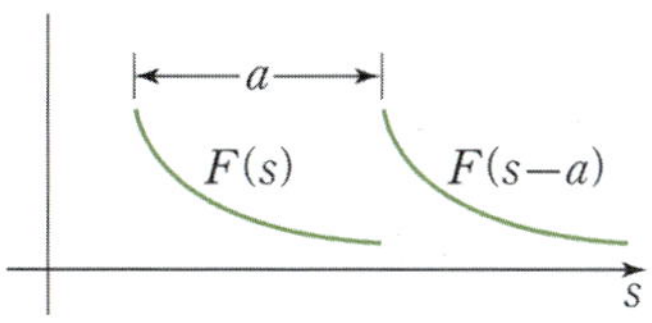

그림 5.2 제1이동정리. s-축상의 이동

증명 정의에 의하여

$$F(s) = \int_0^\infty e^{-st} f(t)\,dt$$

이고, 따라서

$$F(s-a) = \int_0^\infty e^{-(s-a)t} f(t)dt = \int_0^\infty e^{-st}[e^{at}f(t)]dt = \mathcal{L}\{e^{at}f(t)\}$$

가 성립한다. ■

예제 1 표 5.1의 공식 (4), (7), (8)에 정리 5.6을 적용하면 다음과 같은 결과를 얻는다.

$f(t)$	$\mathcal{L}(t)$
$e^{at}t^n$	$\dfrac{n!}{(s-a)^{n+1}}$
$e^{at}\cos\omega t$	$\dfrac{s-a}{(s-a)^2+\omega^2}$
$e^{at}\sin\omega t$	$\dfrac{\omega}{(s-a)^2+\omega^2}$

예제 2 **감쇠자유진동**

그림 5.3과 같이 질량 $m=2$인 작은 물체가, 상단이 고정되어 있는 탄성계수 $k=10$인 용수철의 하단에 매달려 있다. 지금 $y(t)$를 정적인 평형위치로부터의 물체의 변위라 하자. 속도에 비례하는 감쇠가 존재하며 감쇠상수 $c=4$라 가정하고, 초기속도 $y'(0)=-4$로서 초기위치 $y(0)=2$에서 출발하는 이 물체의 자유진동을 결정하여라.

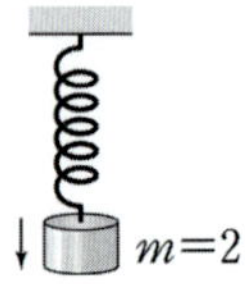

그림 5.3

풀이 이 운동은 초기값 문제

$$y''+2y'+5y=0,\;\; y(0)=2,\;\; y'(0)=-4$$

의 해 $y(t)$로 표시된다(2.13절의 (1) 참조). 앞 5.2절의 (1)과 (2)를 사용하면 보조방정식

$$s^2Y - 2s + 4 + 2(sY - 2) + 5Y = 0$$

을 얻고, 이 해는

$$Y(s) = \frac{2s}{(s+1)^2 + 2^2} = 2\frac{s+1}{(s+1)^2+2^2} - \frac{2}{(s+1)^2+2^2}$$

이다. 그런데 한편

$$\mathcal{L}^{-1}\left(\frac{s}{s^2+2^2}\right) = \cos 2t, \ \ \mathcal{L}^{-1}\left(\frac{2}{s^2+2^2}\right) = \sin 2t$$

이므로, 이들과 정리 5.6으로부터 구하려는 해

$$y(t) = \mathcal{L}^{-1}(Y) = e^{-t}(2\cos 2t - \sin 2t)$$

를 얻는다. ■

■ t-축상의 이동 · 단위계단함수

제1이동정리(정리 5.6)는 s-축상에서의 이동에 관련된 것이며, $F(s)$에서 s를 $s-a$로 대치한 것은 원함수 $f(t)$에 e^{at}을 곱한 것에 대응한다. 이제 t-축상에서의 이동에 관련된 제2이동정리(정리 5.7)에 대하여 기술해 보자. 원함수 $f(t)$에서 t를 $t-a$로 대치한 것은 대체적으로 변환식 $F(s)$에 e^{-as}을 곱한 것에 대응하게 된다. 이에 대한 정확한 공식화는 다음과 같다.

정리 5.7 　 제2이동정리: t-축상에서의 이동

만일, $F(s)$를 $f(t)$의 변환식이라 하면, $e^{-as}F(s)$ $(a>0$은 임의)는 함수

$$\tilde{f}(t) = \begin{cases} 0 & (0 \le t < a) \\ f(t-a) & (a \le t) \end{cases}$$

의 변환식이다.

주의 위의 공식을 아래와 같이 다른 방법으로 쓸 수가 있다. 정의에 의하면 단위계단함수 (unit step function) $u_a(t)$는

$$u_a(t) = \begin{cases} 0 \ (0 \le t < a) \\ 1 \ (a \le t) \end{cases} \quad (a \ge 0) \tag{1}$$

과 같이 정의된다(그림 5.4). 이것을 사용하면 $f(t) = f(t-a)\,u_a(t)$로 쓸 수 있으며, 그림 5.4는 그런 하나의 예이다. 그리고 정리 5.7에서 $\tilde{f}(t) = f(t-a)u_a(t)$이며, 따라서

$$e^{-as}F(s) = \mathcal{L}\{f(t-a)u_a(t)\} \tag{2}$$

로 표시된다. 양변에 역변환식을 취하면 이와 동치인 식

$$\mathcal{L}^{-1}\{e^{-as}F(s)\} = f(t-a)u_a(t) \tag{2*}$$

를 얻는다.

정리 5.7의 증명 정의로부터

$$e^{-as}F(s) = e^{-as}\int_0^\infty e^{-s\tau}f(\tau)\,d\tau = \int_0^\infty e^{-s(\tau+a)}f(\tau)d\tau$$

이고, 이 적분에서 $\tau + a = t$를 대치하면

$$e^{-as}F(s) = \int_a^\infty e^{-st}f(t-a)dt$$

를 얻는다.

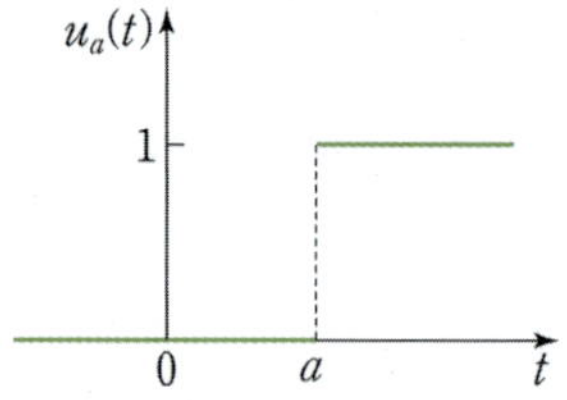

그림 5.4 ▌ 단위계단함수 $u_a(t)$

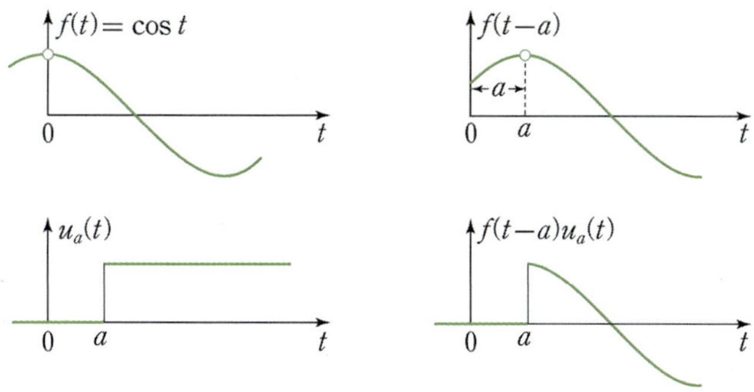

그림 5.5 ▌ $f(t-a)u_a(t)$ (단, $f(t)=\cos t$)

만일, 0에서 a까지의 모든 t에서 피적분함수가 0이 된다면, 위 적분은 0에서 ∞까지의 적분으로 고쳐 쓸 수 있다. 이것은 위의 피적분함수에 계단함수 $u_a(t)$를 곱함으로써 쉽게 얻어진다. 즉,

$$e^{-as}F(s) = \int_0^\infty e^{-st} f(t-a)u_a(t)dt = \mathcal{L}\{f(t-a)u_a(t)\}$$

이다. 이것은 (2)이고 증명은 끝난다. ■

이 정리의 응용면을 보이기 전에 단위계단함수 $u_a(t)$의 중요성을 강조하고자 하다. 함수 중에는 그 성질을 잘 알면 Laplace 변환의 유용성을 크게 높여 주는 것들이 있는데, 단위계단함수는 그러한 함수를 구성하는 기본구성인자임을 알게 된다.

나중에 사용하기 위하여, $u_a(t)$의 변환식이

$$\mathcal{L}\{u_a(t)\} = \frac{e^{-as}}{s} \quad (s>0) \tag{3}$$

임을 말해 둔다. 이것은 정의로부터 곧 유도된다. 왜냐하면

$$\mathcal{L}\{u_a(t)\} = \int_0^\infty e^{-st}u_a(t)dt = \int_0^a e^{-st}0\,dt + \int_a^\infty e^{-st}1\,dt = -\frac{1}{s}e^{-st}\bigg|_a^\infty$$

이기 때문이다.

■ 정리 5.7의 응용과 단위계단함수

앞으로 예제 5~7에서 예시하듯이, 통상의 고전적인 방법보다 Laplace 변환이 $f(t)$가 복잡하게 주어진 문제를 푸는 데 유리하다. 특히 단위계단함수는 전기회로의 입력이 시간에 따라서 불규칙적으로 들어오는 경우를 모델링하는 데 편리하게 사용될 수 있다.

예제 3 변환식 e^{-3s}/s^3의 역변환식을 구하여라.

풀이 $\mathcal{L}^{-1}(1/s^3) = t^2/2$ (5.1절 표 5.1 참조)이므로, 정리 5.7에 의하여(그림 5.6)

$$\mathcal{L}^{-1}(e^{-3s}/s^3) = \frac{1}{2}(t-3)^2 u_3(t)$$

가 된다. ■

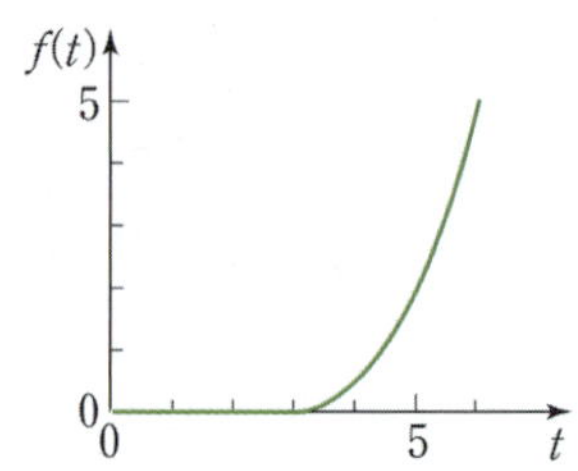

그림 5.6

예제 4 다음 함수 (그림 5.7)

$$f(t) = \begin{cases} 1 & (0 \le t < \pi) \\ 0 & (\pi \le t < 2\pi) \\ \sin t & (2\pi \le t) \end{cases}$$

의 Laplace 변환식을 구하여라.

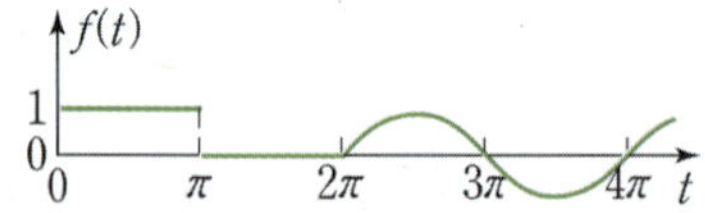

그림 5.7

풀이 함수 $f(t)$를 다음과 같이 단위계단함수로 나타낼 수 있다.

$$f(t) = u_0(t) - u_\pi(t) + u_{2\pi}(t)\sin t$$

이다.

주기성 때문에 $\sin t = \sin(t-2\pi)$이므로 공식 (3)과 (2), 그리고 표 5.1(5.1절)로부터

$$\mathcal{L}(f(t)) = \frac{1}{s} - \frac{e^{-\pi s}}{s} + \frac{e^{-2\pi s}}{s^2+1}$$

을 얻는다. ■

예제 5 **단일직사각형파에 대한 RC-회로의 반응**

전압 V_0인 단일직사각형파를 걸어 주었을 때, 그림 5.8의 회로에 흐르는 전류 $i(t)$를 구하여라. 직사각형파를 걸어주기 전에는 이 회로는 작동하지 않는다고 가정한다.

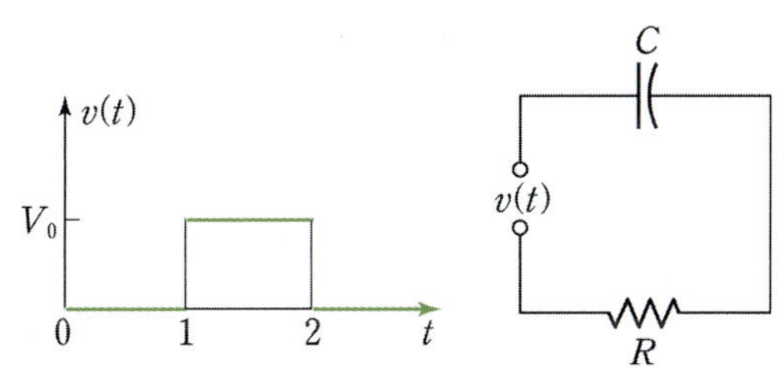

그림 5.8

풀이 이 회로의 방정식은

$$Ri(t) + \frac{q(t)}{C} = Ri(t) + \frac{1}{C}\int_0^t i(\tau)d\tau = v(t)$$

이고, 여기서 $v(t)$는 두 개의 단위계단함수를 써서

$$v(t) = V_0[u_1(t) - u_2(t)]$$

와 같이 표시할 수 있다. 앞의 5.2절의 정리 5.5와 공식 (3)을 사용하면, 보조방정식

$$RI(s) + \frac{I(s)}{sC} = \frac{V_0}{s}[e^{-s} - e^{-2s}]$$

을 얻고, 이 방정식의 해는

$$I(s) = F(s)(e^{-s} - e^{-2s}), \quad F(s) = \frac{V_0/R}{s + 1/RC}$$

와 같이 쓸 수 있다. 앞의 5.1절의 표 5.1로부터

$$\mathcal{L}^{-1}(F) = \frac{V_0}{R} e^{-t/(RC)}$$

이 된다. 따라서 정리 5.7에 의하여 그 해는 (그림 5.9)

$$\begin{aligned} i(t) &= \mathcal{L}^{-1}(I) = \mathcal{L}^{-1}\{e^{-s}F(s)\} - \mathcal{L}^{-1}\{e^{-2s}F(s)\} \\ &= \frac{V_0}{R}[e^{-(t-1)/(RC)}u_1(t) - e^{-(t-2)/(RC)}u_2(t)] \end{aligned}$$

인데, $t < 1$일 때 $i = 0$이고

$$i(t) = \begin{cases} K_1 e^{-t/(RC)} & (1 \le t < 2) \\ (K_1 - K_2)e^{-t/(RC)} & (2 \le t) \end{cases}$$

이다. 여기서 $K_1 = V_0 e^{1/RC}/R$이고 $K_2 = V_0 e^{2/RC}/R$이다. ■

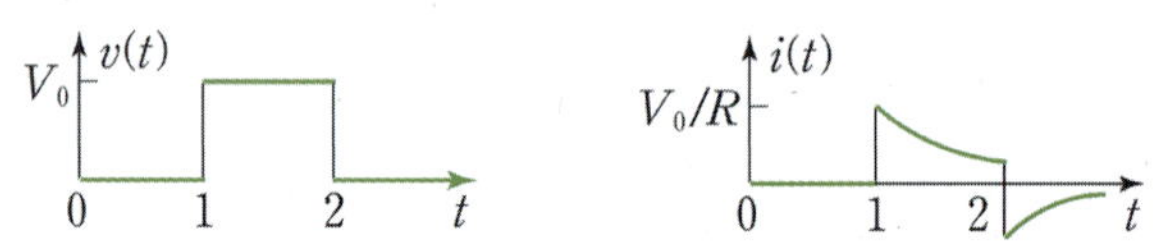

그림 5.9 ▌ 전압과 전류

예제 6 **단일직사각형파에 대한 비감쇠계의 반응**

초기값 문제

$$y'' + 2y = r(t),\ y(0) = 0,\ y'(0) = 0$$

을 풀어라. 여기서 $r(t) = \begin{cases} 1\ (0 \le t < 1) \\ 0\ (1 \le t) \end{cases}$ 이다(그림 5.10).

풀이 앞의 5.2절의 정리 5.4, 초기조건, 그리고 공식 (3)으로부터 보조방정식

$$s^2 Y + 2Y = \frac{1}{s} - \frac{e^{-s}}{s}$$

을 얻는다. 이 해는

$$Y(s) = \frac{1}{s(s^2+2)} - \frac{e^{-s}}{s(s^2+2)}$$

이고, 부분분수 분해에 의하면

$$\frac{1}{s(s^2+2)} = \frac{1}{2}\left(\frac{1}{s} - \frac{s}{s^2+2}\right)$$

이므로, 표 5.1(5.1절)과 정리 5.7에 의하여

$$y(t) = \frac{1}{2}[1 - \cos\sqrt{2}t] - \frac{1}{2}[1 - \cos\sqrt{2}(t-1)]u_1(t)$$

즉,

$$y(t) = \begin{cases} \frac{1}{2} - \frac{1}{2}\cos\sqrt{2}t & (0 \le t < 1) \\ \frac{1}{2}\cos\sqrt{2}(t-1) - \frac{1}{2}\cos\sqrt{2}t & (1 \le t) \end{cases}$$

이다. 이 $y(t)$는 합성조화진동을 나타낸다. ■

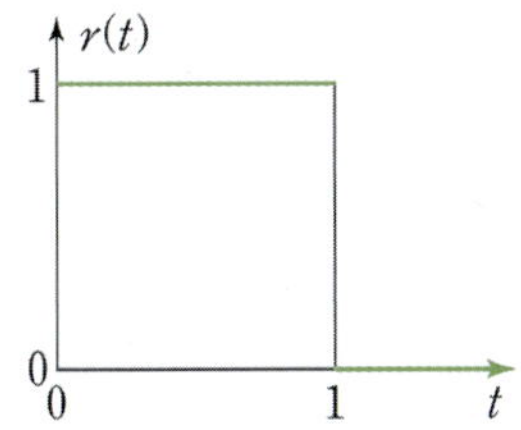

그림 5.10 | 예제 6과 7의 입력

예제 7 **단일직사각형파에 대한 감쇠진동계의 반응**

앞의 예제 6(그림 5.10)에서와 같은 $r(t)$를 갖는 초기값 문제

$$y'' + 3y' + 2y = r(t),\ y(0) = 0,\ y'(0) = 0$$

에 대응하는 감쇠진동계의 반응을 결정하여라.

풀이 앞서와 같은 방법으로, 보조방정식

$$s^2 Y + 3s Y + 2Y = \frac{1}{s}(1 - e^{-s})$$

을 얻고, Y에 관해서 풀면

$$F(s) = \frac{1}{s(s+1)(s+2)}$$

이라 할 때

$$Y(s) = F(s)(1 - e^{-s})$$

이 된다. 부분분수로 분해하면

$$F(s) = \frac{\frac{1}{2}}{s} - \frac{1}{s+1} + \frac{\frac{1}{2}}{s+2}$$

이므로, 표 5.1(5.1절)에 의하여

$$f(t) = \mathcal{L}^{-1}(F) = \frac{1}{2} - e^{-t} + \frac{1}{2}e^{-2t}$$

이다. 따라서 정리 5.7에 의하여

$$\mathcal{L}^{-1}\{e^{-s}F(s)\} = f(t-1)u_1(t) = \begin{cases} 0 & (0 \le t < 1) \\ \frac{1}{2} - e^{-(t-1)} + \frac{1}{2}e^{-2(t-1)} & (1 \le t) \end{cases}$$

이다. 이것으로부터 구하는 해는 (그림 5.11)

$$y(t) = \mathcal{L}^{-1}(Y) = f(t) - f(t-1)u_1(t) = \begin{cases} \frac{1}{2} - e^{-t} + \frac{1}{2}e^{-2t} & (0 \le t < 1) \\ K_1 e^{-t} - K_2 e^{-2t} & (1 \le t) \end{cases}$$

이다. 여기서 $K_1 = e - 1$, $K_2 = (e^2 - 1)/2$이다. ■

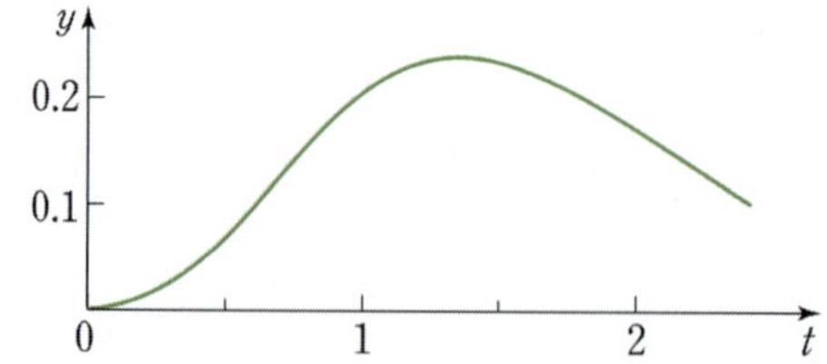

그림 5.11 ▌ 예제 7의 출력

■ Dirac 델타함수

테니스공을 칠 때, 망치로 내려칠 때, 배가 높은 파도와 부딪힐 때 등에서 나타나는 것과 같이 아주 큰 힘이 순간적으로 가해지는 충격파 현상을 설명해 주는 Dirac 델타함수를 정의하고 Laplace 변환식을 알아본다.

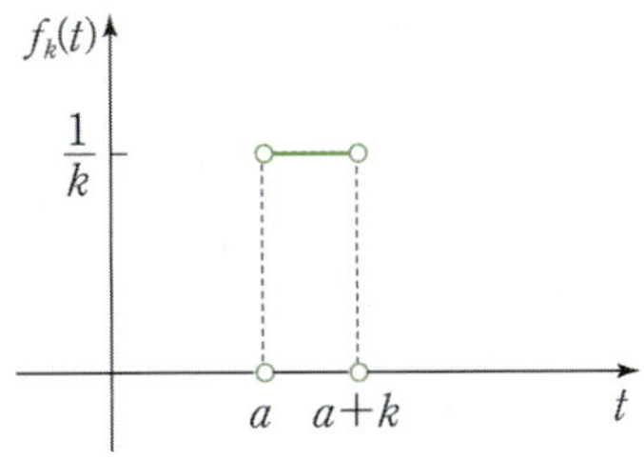

그림 5.12 Dirac 델타함수

우선 함수 $f_k(t)$를 다음과 같이 정의한다.

$$f_k(t) = \begin{cases} \frac{1}{k}, & a \le t < a+k \\ 0, & \text{그 외의 } t \end{cases}$$

또한, $f_k(t)$는 앞에서 설명한 단위계단함수에 의해 다음과 같이 표현될 수 있다.

$$f_k(t) = \frac{1}{k}[u_a(t) - u_{a+k}(t)]$$

따라서 Laplace 변환식은

$$\mathcal{L}(f_k(t)) = \frac{1}{ks}[e^{-as} - e^{-(a+k)s}] = e^{-as}\frac{1-e^{-ks}}{ks}$$

이 된다. 이제 정의된 함수 $f_k(t)$의 극한을 다음과 같이 정의하고

$$\delta_a(t) = \lim_{k \to 0} f_k(t) = \begin{cases} \infty & t = a \\ 0 & t \ne a \end{cases}$$

Dirac 델타함수라고 부른다. $f_k(t)$의 적분값이 k에 상관없이 항상 1이므로 $\int_0^\infty \delta_a(t)dt = 1$임을 알 수 있다. 이 함수의 Laplace 변환은 위에 있는 $f_k(t)$의 Laplace 식의 극한으로부터 (L'Hospital의 법칙 등을 이용하여) 다음과 같

이 얻을 수 있다.

$$\mathcal{L}\,(\delta_a(t)) = e^{-as}$$

사실 $\delta_a(t)$는 일반적인 의미에서 함수는 아니다. 그러나 역사적인 이유로 인하여 노벨상 수상자인 P. A. M. Dirac의 이름을 따서 Dirac 델타함수라고 부른다. 이와 같은 함수를 일반화된 함수라고 부르기도 한다.

예제 8 **충격파에 대한 감쇠진동계의 응답**

다음 식에 따르는 감쇠 질량 용수철계의 응답을 구하여라.

$$y'' + 3y' + 2y = \delta_a(t),\ \ y(0) = 0,\ \ y'(0) = 0$$

풀이 $Y(s) = \mathcal{L}\,(y(t))$라 하면, 주어진 식의 Laplace 변환은

$$s^2 Y + 3s\,Y + 2\,Y = e^{-as}$$

이다. 이를 Y에 관해서 풀면,

$$Y(s) = \frac{e^{-as}}{(s+1)(s+2)} = e^{-as}\left[\frac{1}{s+1} - \frac{1}{s+2}\right]$$

을 얻는다. 역변환을 취하면, $y(t)$를 다음과 같이 얻는다.

$$\begin{aligned} y(t) &= \mathcal{L}^{-1}(\,Y(s)) = (e^{-(t-a)} - e^{-2(t-a)})u_a(t) \\ &= \begin{cases} 0\,, & 0 \le t < a \\ e^{-(t-a)} - e^{-2(t-a)}, & a \le t \end{cases} \end{aligned}$$

■

연습문제 5.3

■ 다음 함수의 Laplace 변환식을 구하여라.

01 $2te^t$

02 $e^{-2t}\cos t$

03 $e^{-\alpha t}(A\cos\beta t + B\sin\beta t)$

■ $\mathcal{L}(f)$가 다음과 같을 때 $f(t)$를 구하여라.

04 $\dfrac{n\pi}{(s+2)^2+n^2\pi^2}$

05 $\dfrac{s}{(s+3)^2+1}$

■ **초기값 문제**. Laplace 변환을 사용하여 다음을 풀어라.

06 $4y''-4y'+37y=0,\ y(0)=3,\ y'(0)=10.5$

07 $y''+6y'+8y=2e^{-3t}-e^{-5t},\ y(0)=0,\ y'(0)=0$

08 $y''-2y'+10y=0,\ y(0)=3,\ y'(0)=3$

09 $4y''-8y'+5y=0,\ y(0)=0,\ y'(0)=1$

■ 쌍곡선함수를 지수함수로 나타내고, 제1이동정리를 적용하여 다음 각 식을 증명하여라.

10 $\mathcal{L}(\cosh at\cos at)=\dfrac{s^3}{s^4+4a^4}$

11 $\mathcal{L}(\sinh at\cos at)=\dfrac{a(s^2-2a^2)}{s^4+4a^4}$

■ **단위계단함수**. 다음 각 함수를 단위계단함수로 표시하고, 그들의 Laplace 변환식을 구하여라.

12

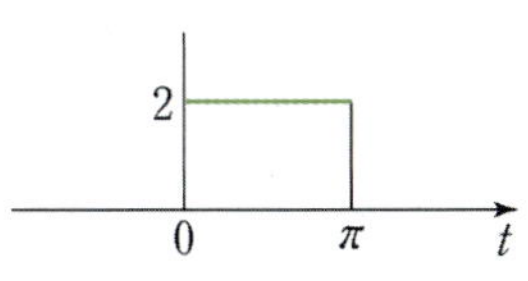

13

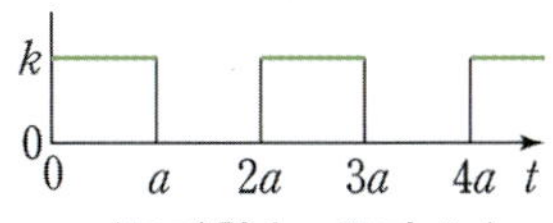

(주기함수, 주기 $2a$)

14

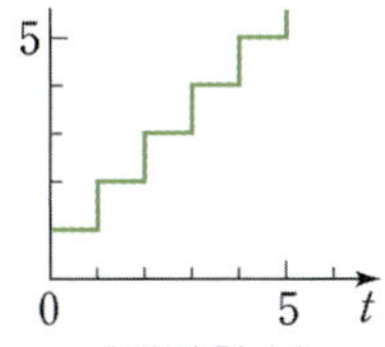

(계단함수)

15 앞의 5.2절 정리 5.5를 사용하여 다음 함수의 Laplace 변환식을 구하여라.

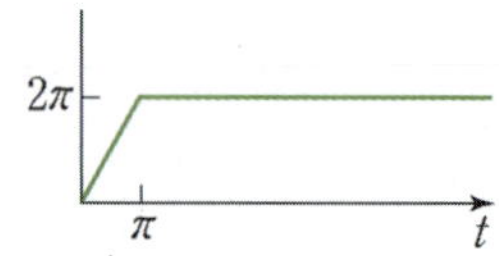

■ $F(s) = \mathcal{L}(f)$가 다음과 같을 때, $f(t)$를 구하고 그 그래프를 그려라.

16 $2(e^{-2s} - e^{-4s})/s$

17 e^{-as}/s^2

18 $(e^{-s} + e^{-2s} - 3e^{-3s} + e^{-6s})/s^2$

■ 다음 함수의 그래프를 그리고, 그들의 Laplace 변환식을 구하여라.

19 $(t-1)u_1(t)$

20 $t^2 u_1(t)$

21 $4u_\pi(t)\cos t$

■ 주어진 구간 밖에서는 0이라 가정하고 다음 함수의 그래프를 그려라. 또, 그들의 Laplace 변환식을 구하여라.

22 $t^2 \ (0 \le t < 1)$

23 $10 \cos \pi t \ (1 \le t < 2)$

24 $e^t \ (0 \le t < 1)$

■ 다음 함수의 역 Laplace 변환식을 구하고, 그 그래프를 그려라.

25 $\dfrac{3(1-e^{\pi s})}{s^2+9}$

26 $\dfrac{e^{-3s}}{s^3}$

27 $\dfrac{se^{-2s}}{s^2+\pi^2}$

■ 전기회로의 모형

28 그림 5.13의 회로에서 전류 $i(t)$를 계산하여라.

이때, 초기 전류 $i(0)=0$이고,

전압은 $v=\begin{cases}0 & (0 \le t < \pi) \\ \sin t & (\pi \le t)\end{cases}$로 주어진다.

■ L=1henry, C=0.5farad, 초기전류가 0, 그리고 축전기의 전하와 $v(t)$가 다음과 같다고 가정하고, 그림의 LC-회로에서 전류 $i(t)$를 구하여라.

29 $v=\begin{cases}1 & (0 \le t < a) \\ 0 & (\text{그외에서})\end{cases}$

30 $v=\begin{cases}1-e^{-t} & (0 \le t < \pi) \\ 0 & (\text{그외에서})\end{cases}$

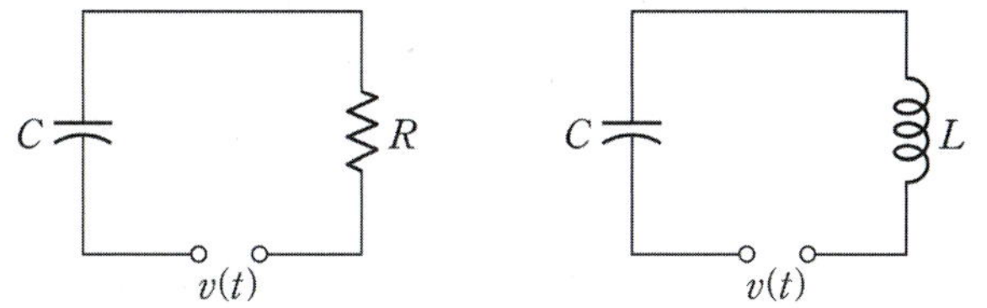

그림 5.13 ▌ 문제 28　　그림 5.14 ▌ 문제 29~30

31 $y''+9y=\delta_1(t),\ y(0)=0,\ y'(0)=0$

32 $y''+5y'+6y=u_1(t)-\delta_2(t),\ y(0)=0,\ y'(0)=1$

5.4 변환식의 미분과 적분

Laplace 변환은 변환식 또는 역변환식을 얻을 경우에 사용할 수 있는 많은 일반적인 성질을 지니고 있다. 이에 대한 방법으로는 직접 적분하는 방법(5.1절), 선형성을 이용하는 방법(5.1절), 이동법(5.3절), 그리고 원함수 $f(t)$를 미분 또는 적분하는 방법(5.2절) 등이 있다. 그러나 이들이 모두는 아니다. 이 절에서는 변환식 $F(s)$의 미분과 적분에 대하여 공부하고 원함수 $f(t)$에 관한 이에 대응하는 연산법을 구한다. 그리고 다음 절에서는 변환식의 곱셈에 대하여 공부하고, 원함수에 관한 이에 대응하는 연산들을 구한다.

■ 변환식의 미분

함수 $f(t)$가 5.1절의 존재정리의 조건을 만족하면, f의 Laplace 변환

$$F(s) = \mathcal{L}(f) = \int_0^\infty e^{-st} f(t)dt$$

의 s에 관한 도함수는 적분기호 안을 s에 관하여 미분한 것과 같다는 것을 증명할 수가 있다. 따라서

$$F'(s) = -\int_0^\infty e^{-st}[tf(t)]dt$$

이다. 그러므로 $\mathcal{L}(f) = F(s)$이면

$$\mathcal{L}\{tf(t)\} = -F'(s) \tag{1}$$

이다. 다시 말하면 함수 f의 변환식의 미분은 함수 f에 $-t$를 곱한 것에 대응한다.

Laplace 변환의 이러한 성질에 의하여 주어진 변환으로부터 새로운 변환을 얻을 수가 있다.

예제 1 다음 세 공식을 유도해 보자.

$\mathcal{L}(f)$	$f(t)$	
$\dfrac{1}{(s^2+\omega^2)^2}$	$\dfrac{1}{2\omega^3}(\sin\omega t-\omega t\cos\omega t)$	(2)
$\dfrac{s}{(s^2+\omega^2)^2}$	$\dfrac{t}{2\omega}\sin\omega t$	(3)
$\dfrac{s^2}{(s^2+\omega^2)^2}$	$\dfrac{1}{2\omega}(\sin\omega t+\omega t\cos\omega t)$	(4)

풀이 공식 (1)과 5.1절, 표 5.1의 공식 (8)로부터

$$\mathcal{L}(t\sin\omega t)=\frac{2\omega s}{(s^2+\omega^2)^2}$$

를 얻고, 이것을 2ω로 나누면 공식 (3)을 얻는다. 공식 (1)과 5.1절, 표 5.1의 공식 (7)로부터

$$\mathcal{L}(t\cos wt)=\frac{-(s^2+\omega^2)+2s^2}{(s^2+\omega^2)^2}=\frac{s^2-w^2}{(s^2+\omega^2)^2}$$

을 얻는다. 이것과 5.1절, 표 5.1의 공식 (8)로부터

$$\mathcal{L}\left(t\cos\omega t\pm\frac{1}{\omega}\sin\omega t\right)=\frac{s^2-\omega^2}{(s^2+\omega^2)^2}\pm\frac{1}{s^2+\omega^2}$$

이고, 우변에서 공통분모를 취하면, 양부호에 대해서는 분자는

$$s^2-\omega^2+s^2+\omega^2=2s^2$$

이 되어 (4)가 성립하고, 또한 음부호에 대해서는 분자가

$$s^2-\omega^2-s^2-\omega^2=-2\omega^2$$

이 되어 (2)를 얻는다. ■

■ 변환식의 적분

같은 방법으로, 만일 $f(t)$가 5.1절 존재정리의 조건을 만족하고, t가 우측에서 0에 수렴할 때 $f(t)/t$의 극한이 존재하면 다음 결과를 얻을 수가 있다.

$$\mathcal{L}\left\{\frac{f(t)}{t}\right\} = \int_s^\infty F(\tilde{s})d\tilde{s} \quad (s > r) \tag{6}$$

즉, 함수 $f(t)$의 변환식의 적분은 $f(t)$를 t로 나눈 것의 변환식과 같다. (6)을 증명하기 위해, $F(\tilde{s})$의 정의에 의해 아래식을 얻고,

$$\int_s^\infty F(\tilde{s})d\tilde{s} = \int_s^\infty \left[\int_0^\infty e^{-\tilde{s}t} f(t)dt\right] d\tilde{s}$$

$f(t)$가 5.1절의 존재조건을 만족하는 경우 적분의 순서를 바꿀 수 있으므로

$$\int_s^\infty F(\tilde{s})d\tilde{s} = \int_0^\infty \left[\int_s^\infty e^{-\tilde{s}t} f(t)d\tilde{s}\right] dt = \int_0^\infty f(t)\left[\int_s^\infty e^{-\tilde{s}t} d\tilde{s}\right] dt$$

라는 것을 밝힐 수가 있다. 여기서 $s > r$일 때 우변을 $\tilde{s}$에 대하여 적분한 것은 e^{-st}/t와 같으며, 따라서

$$\int_s^\infty F(\tilde{s})d\tilde{s} = \int_0^\infty e^{-st}\frac{f(t)}{t}dt = \mathcal{L}\left\{\frac{f(t)}{t}\right\}$$

이다.

예제 2 변환식 $\ln\left(1+\dfrac{2\omega^2}{s^2}\right)$의 역변환식을 구하여라.

풀이 먼저 s에 관해서 미분하면

$$-\frac{d}{ds}\ln\left(1+\frac{2\omega^2}{s^2}\right) = \frac{4\omega^2}{s(s^2+2\omega^2)} = \frac{2}{s} - 2\frac{s}{s^2+2\omega^2}$$

이고, 마지막 등식은 직접 계산으로 쉽게 검증할 수 있다. 위의 식은 $F(s)$와 같고, 앞의 5.1절, 표 5.1로부터

$$f(t) = \mathcal{L}^{-1}(F) = \mathcal{L}^{-1}\left\{\frac{2}{s} - 2\frac{s}{s^2+2\omega^2}\right\} = 2 - 2\cos\sqrt{2}\,\omega t$$

를 얻는다. 이 함수는 관계식 (6)이 성립하기 위한 조건을 만족한다. 따라서

$$\mathcal{L}^{-1}\left\{\ln\left(1+\frac{2\omega^2}{s^2}\right)\right\} = \mathcal{L}^{-1}\left\{\int_s^\infty F(\tilde{s})d\tilde{s}\right\} = \frac{f(t)}{t}$$

이고, 결과적으로

$$\mathcal{L}^{-1}\left\{\ln\left(1+\frac{2\omega^2}{s^2}\right)\right\} = \frac{2}{t}(1-\cos\sqrt{2}\,\omega t)$$

이다. ■

연습문제 5.4

■ 공식 (1)을 사용하여 다음 각 함수의 Laplace 변환식을 구하여라.

01 $t\cos t$

02 $t^2\cosh\omega t$

03 $t\sinh 2t$

04 $te^{-t}\sin t$

05 (3)을 사용하여, 경계값 문제 $y''+y=\cos t,\ y(0)=0,\ y'(0)=0$을 풀어라.

■ $\mathcal{L}(f)$가 다음과 같이 주어질 때 공식 (5)를 사용하여 $f(t)$를 구하여라.

06 $\dfrac{1}{(s-3)^3}$

07 $\dfrac{1}{(s^2+4)^2}$

08 $\ln\dfrac{s+2}{s+1}$

09 $\operatorname{arc\,cot}\dfrac{s}{\omega}$

■ Laguerre 미분방정식 · Laguerre 다항식

$$ty''+(1-t)y'+ny=0$$

을 Laguerre 미분방정식이라 한다. 위수 n인 Laguerre 다항식은

$$l_0(t)=1,\ l_n(t)=\frac{e^t}{n!}\frac{d^n}{dt^n}(t^n e^{-t})\quad n=1,\ 2,\ \cdots$$

으로 정의된다(L_n이 통상적인 표기법이나, 함수는 소문자로, 변환식은 대문자로 나타내기로 한 표기법과 일치시키기 위하여 l_n을 사용한다).

10 이동정리(5.3절)와 n계도함수의 변환공식(5.2절)을 사용하여

$$\mathcal{L}\{l_n(t)\} = \frac{(s-1)^n}{s^{n+1}}$$

을 증명하여라.

5.5 대합

Laplace 변환의 또 다른 중요한 성질은 변환식의 곱과 관계가 있다. 사실상, 만일 $F(s)$의 역변환식 $f(t)$와 $G(s)$의 역변환식 $g(t)$를 안다면, $f(t)$와 $g(t)$로부터 곱 $H(s)=F(s)G(s)$의 역변환식 $h(t)$를 계산할 수 있다. 이 함수 $h(t)$를 $(f*g)(t)$로 표시하고, f와 g의 대합(convolution)이라 부른다. 그리고 이것이 표준표기법이다. 그러면 f와 g로부터 어떻게 h를 구할 것인가? 이것은 다음 정리에 기술되어 있다. 위의 사실은 응용면에서 매우 자주 나타나기 때문에 그것의 실질적인 중요성은 자명해진다.

정리 5.8 대합정리

만일, $f(t)$와 $g(t)$가 각각 $F(s)$와 $G(s)$의 역변환식이고, 존재정리(5.1절)의 가정을 만족한다면, $H(s)=F(s)G(s)$의 역변환식 $h(t)$는 $f(t)$와 $g(t)$의 대합, 즉 $(f*g)(t)$이고, 이것은

$$h(t)=(f*g)(t)=\int_0^t f(\tau)g(t-\tau)d\tau \tag{1}$$

로서 주어진다.

증명 $G(s)$의 정의와 제1이동정리에 의하여 각 고정값 $\tau(\tau\geq 0)$에 대하여

$$e^{-s\tau}G(s)=\int_0^\infty e^{-st}g(t-\tau)u_\tau(t)dt=\int_\tau^\infty e^{-st}g(t-\tau)dt \ (s>r)$$

가 성립한다. 이때, r은 존재정리의 가정에 등장하는 수이다.

따라서 $F(s)$의 정의에 의하여

$$\begin{aligned}F(s)G(s)&=\int_0^\infty e^{-s\tau}f(\tau)G(s)d\tau\\&=\int_0^\infty f(\tau)\int_\tau^\infty e^{-st}g(t-\tau)dtd\tau \ (s>r)\end{aligned}$$

를 얻는다. 여기서 t에 관하여 τ에서 ∞까지 적분한 다음, τ에 관하여 0에서

∞까지의 적분은, 그림 5.15의 $t\tau$-평면에서 무한대까지 확장된 색칠한 부분의 영역에 해당한다. 함수 f와 g에 관한 가정은 적분순서를 바꿀 수 있다는 것이다. 따라서 처음에 τ에 관하여 0에서 t까지 적분하고(그림 5.15 참조), 다음에 t에 관하여 0에서 ∞까지 적분하면

$$F(s)G(s) = \int_0^\infty e^{-st}\int_0^t f(\tau)g(t-\tau)d\tau dt \quad (s > r)$$
$$= \int_0^\infty e^{-st}h(t)dt = \mathcal{L}(h)$$

가 된다. 여기서 h는 (1)로서 주어지며, 이것으로 증명이 끝난다. ■

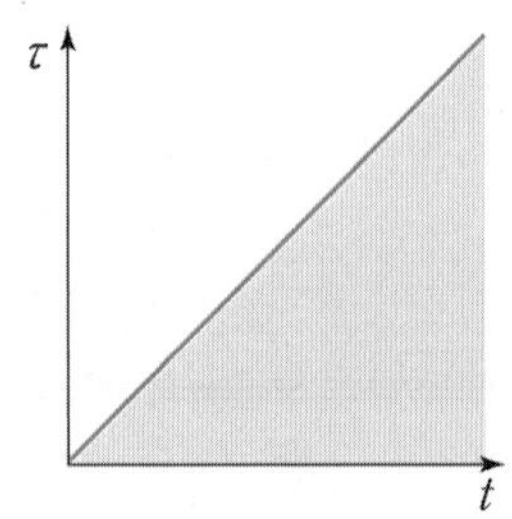

그림 5.15 ▌ 정리 5.8의 증명에서 $t\tau$–평면의 적분영역

정의를 사용하면 대합 $f*g$는 다음과 같은 성질을 갖고 있음을 밝힐 수 있다. 즉,

$$f*g = g*f \text{ (교환법칙)}$$
$$(f*g)*v = f*(g*v) \text{ (결합법칙)}$$
$$f*(g_1+g_2) = f*g_1 + f*g_2 \text{ (분배법칙)}$$
$$f*0 = 0*f = 0$$

이며, 이것은 수의 곱셈과도 유사하다. 그러나 일반적으로 $1*g \neq g$이다. 예를 들어, 만일 $g(t) = t$이면

$$(1*g)(t) = \int_0^t 1 \cdot (t-\tau)d\tau = \frac{t^2}{2}$$

이다. 또 다른 보기 드문 성질은 $(f*f)(t) \geq 0$이 성립하지 않을 수 있다는 것

이다.

이제 대합이 역변환식을 얻거나 또 미분방정식을 푸는 데 있어 유용하다는 것을 예제로서 이해해 보자.

예제 1 $H(s) = 1/s^2(s-a)$일 때 $h(t)$를 구하여라.

풀이 표 5.1(5.1절)로부터

$$\mathcal{L}^{-1}\left\{\frac{1}{s^2}\right\} = t, \quad \mathcal{L}^{-1}\left\{\frac{1}{s-a}\right\} = e^{at}$$

임을 알 수 있다. 정리 5.8을 사용하고 부분적분하면

$$\begin{aligned} h(t) &= t * e^{at} = \int_0^t \tau e^{a(t-\tau)} d\tau \\ &= e^{at} \int_0^t \tau e^{-a\tau} d\tau \\ &= \frac{1}{a^2}(e^{at} - at - 1) \end{aligned}$$

이 된다. ■

예제 2 **강제진동계의 모형, 공진**

초기값 문제

$$my'' + ky = K_0 \sin pt, \quad y(0) = 0, \ y'(0) = 0$$

의 해를 구하여라.

풀이 앞의 2.13절로부터 이 방정식은 상단이 고정된 한 용수철의 하단에 매달린, 질량 m인 물체의 강제진동을 나타낸다는 것을 알 수 있다(그림 5.16). 이때 k는 용수철의 탄성계수이고, $K_0 \sin pt$는 소동력 또는 입력이다. 여기서 $\omega_0 = \sqrt{k/m}$로 놓으면, 이 방정식은

$$y'' + \omega_0^2 y = K \sin pt \quad \left(K = \frac{K_0}{m}\right)$$

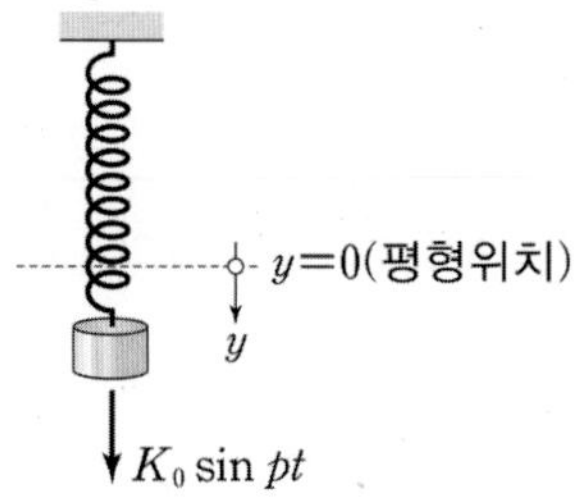

그림 5.16 ▌ 진동계·강제진동

와 같은 형태로 쓸 수 있다. 보조방정식은

$$s^2 Y + \omega_0^2 Y = K\frac{p}{s^2+p^2} \tag{2}$$

이고, 이 해는

$$Y(s) = \frac{Kp}{(s^2+\omega_0^2)(s^2+p^2)} \tag{3}$$

이다. 한편

$$\mathcal{L}^{-1}\left\{\frac{1}{s^2+\omega_0^2}\right\} = \frac{1}{\omega_0}\sin\omega_0 t, \quad \mathcal{L}^{-1}\left\{\frac{1}{s^2+p^2}\right\} = \frac{1}{p}\sin pt$$

이므로, 대합의 정리에 의하여

$$y(t) = \frac{Kp}{\omega_0 p}\sin\omega_0 t * \sin pt = \frac{K}{\omega_0}\int_0^t \sin\omega_0\tau\,\sin(pt-p\tau)d\tau \tag{4}$$

가 된다. 피적분함수는

$$\frac{1}{2}[-\cos(pt+(\omega_0-p)\tau)+\cos(pt-(\omega_0+p)\tau)] \tag{5}$$

이다.

비공진. 만일 $p^2 \neq \omega_0^2$이면, τ에 관해서 적분하여

$$\begin{aligned} y(t) &= \frac{K}{2\omega_0}\left[-\frac{\sin(pt+(\omega_0-p)\tau)}{\omega_0-p}+\frac{\sin(pt-(\omega_0+p)\tau)}{-\omega_0-p}\right]_0^t \\ &= \frac{K}{2\omega_0}\left[\frac{\sin pt-\sin\omega_0 t}{\omega_0-p}+\frac{\sin pt+\sin\omega_0 t}{\omega_0+p}\right] \end{aligned}$$

를 얻고, 공통분모를 만들어 간단히 하면, 결과적으로

$$y(t) = \frac{K}{p^2 - \omega_0^2}\left[\frac{p}{\omega_0}\sin\omega_0 t - \sin pt\right]$$

를 얻는다. 이것은 두 조화진동의 중첩을 나타내는데, 이들의 진동수는 각각 자유진동계의 고유 진동수와 구동력의 진동수이다.

공진. 만일 $p = \omega_0$이면 (5)는 단순히

$$\frac{1}{2}[-\cos\omega_0 t + \cos(\omega_0 t - 2\omega_0 \tau)]$$

가 되고, τ에 관해서 적분하면

$$y(t) = \frac{K}{2\omega_0}\left[-\tau\cos\omega_o t - \frac{1}{2\omega_0}\sin(\omega_0 t - 2\omega_0\tau)\right]_0^t$$

$$= \frac{K}{2\omega_0^2}[\sin\omega_0 t - \omega_0 t\cos\omega_0 t]$$

가 된다. 이것은 2.13절에서 공부한 바와 같이 공진임을 보여준다. ■

예제 3 5.3절의 예제 6

$$y'' + 2y = r(t), \quad y(0) = 0, \quad y'(0) = 0$$

을 다시 생각해 보자. 여기에서 $0 < t < 1$일 때 $r(t) = 1$이고, 그 밖에는 0이다. 이 문제를 대합의 기법을 써서 풀어 보자.

풀이 보조방정식 $(s^2 + 2)Y = \mathcal{L}(r)$는

$$Y = \frac{1}{s^2 + 2}\mathcal{L}(r) = \mathcal{L}\left(\frac{1}{\sqrt{2}}\sin\sqrt{2}t\right)\mathcal{L}(r)$$

를 해로 가지는데, 여기에는 5.1절의 표 5.1의 공식 (8)을 이용하였다. 따라서 대합정리에 의하여 해

$$y(t) = \left(\frac{1}{\sqrt{2}}\sin\sqrt{2}\,t\right) * r(t)$$

를 얻는다. 이제 $0<t<1$일 때 $r(t)=1$이고, $t>0$일 때 $r(t)=0$임을 유의해야 한다. 따라서 $t<1$에 대하여 대합적분은

$$\begin{aligned} r*\left(\frac{1}{\sqrt{2}}\sin\sqrt{2}\,t\right) &= \frac{1}{\sqrt{2}}\int_0^t \sin(\sqrt{2}\,t-\sqrt{2}\,\tau)d\tau \\ &= \frac{1}{2}(1-\cos\sqrt{2}\,t) \end{aligned}$$

이다. 그러나 $t>1$에 대하여는 $t>1$일 때 $r(t)=0$이므로 0에서 1까지만 적분하여야 한다. 이 결과는 5.3절의 예제 6과 같다. 즉,

$$\begin{aligned} r*\left(\frac{1}{\sqrt{2}}\sin\sqrt{2}\,t\right) &= \frac{1}{\sqrt{2}}\int_0^1 \sin(\sqrt{2}\,t-\sqrt{2}\,\tau)d\tau \\ &= \frac{1}{2}\cos(\sqrt{2}\,t-\sqrt{2}\,\tau)\Big|_0^1 \\ &= \frac{1}{2}[\cos(\sqrt{2}\,t-\sqrt{2})-\cos\sqrt{2}\,t]. \end{aligned}$$ ■

연습문제 5.5

■ 다음의 대합을 구하여라.

01 $1*t$

02 $1*\cos t$

03 $(e^{-t}-e^{-2t})*e^{-t}$

04 $t*e^{at}$

05 $\cos t*\cos t$

06 $\sin\omega t*\cos\omega t$

■ $H(s)=\mathcal{L}\{h(t)\}$가 다음과 같을 때 대합의 정리를 이용하여 $h(t)$를 구하여라.

07 $\dfrac{1}{s^2(s-1)}$

08 $\dfrac{1}{s(s^2+4)}$

09 $\dfrac{1}{s^2(s^2+9)}$

10 $\dfrac{1}{(s^2+\omega^2)^2}$

11 $\dfrac{s^2}{(s^2+4)^2}$

12 $\dfrac{s^2-\omega^2}{(s^2+\omega^2)^2}$

13 앞의 5.2절의 정리 5.5는 대합정리로부터 어떻게 얻을 수 있겠는가?

14 교환법칙 $f*g=g*f$를 증명하여라.

15 분배법칙 $f*(g_1+g_2)=f*g_1+f*g_2$를 증명하여라.

■ 대합을 이용하여 다음의 초기값 문제를 풀어라.

16 $y''+y=3\cos 2t,\ \ y(0)=0,\ \ y'(0)=0$

17 $y''+2y'+2y=r(t),\ \ r(t)=5u_{2\pi}(t)\sin t,\ \ y(0)=1,\ \ y'(0)=0$

18 $y''+2y=r(t),\ \ r(t)=\begin{cases}1\ (0<t<1)\\0\ (1<t)\end{cases},\ \ y(0)=0,\ \ y'(0)=0$

■ **적분방정식**. 미지함수, 가령 $y(t)$가 적분기호 내에 포함된 방정식을 적분방정식(integral equation)이라고 한다. 다음 문제는 특별한 형태의 적분방정식은 대합의 정리에 의하여 풀 수 있다는 것을 설명해 준다. 다음 적분방정식을 풀어라.

19 $y(t)=1+\int_0^t y(\tau)d\tau$

20 $y(t)=\sin 2t+\int_0^t y(\tau)\sin 2(t-\tau)d\tau$

21 $y(t)=1-\int_0^t (t-\tau)y(\tau)d\tau$

22 $y(t)=1-\sinh t+\int_0^t (1+\tau)y(t-\tau)d\tau$

5.6 부분분수

이 장에서 지금까지 공부한 대부분의 응용은, 그 해 $Y(s)$가

$$Y(s)=\frac{F(s)}{G(s)}$$

와 같은 형태인 보조방정식을 푸는 문제로 한정했다. 여기서 $F(s)$, $G(s)$는 s에 관한 다항식이다. 그러한 경우, 문제의 해 $y(t)=\mathcal{L}^{-1}(Y)$는 먼저 $Y(s)$를 부분분수로 표시함으로써 결정할 수 있다. 실제로 이것은 몇 개의 간단한 문제에서는 별로 어려움 없이 이미 사용한 방법이다. 이 절에서는 다음 가정하에서 부분분수에 대하여 보다 체계적으로 상계수를 결정하는 방법을 배워 보기로 한다.

■ 가정

$F(s)$와 $G(s)$는 공통인수가 없는 실계수다항식이고 $F(s)$의 차수는 $G(s)$의 차수보다 낮다. 부분분수의 형태는 분모의 인수에 의존한다. 그리고 대응하는 역변환식은 이미 알고 있는 것들이다.

먼저 $G(s)$의 일차인수 $(s-a)$에 관하여 다음에 중복인수 $(s-a)^m$에 관하여, 그 다음에는 이차인수 $(s-a)(s-\bar{a})$(단, a는 복소수이고 $\bar{a}$는 그 켤레복소수)에 관하여, 마지막으로 이들 이차인수의 제곱승에 관하여 공부해 보기로 한다.

■ 기호

$Y(s)=F(s)/G(s)$에 부수되는 각 표현에 있어서, $W(s)$는 $G(s)$의 모든 다른(일차 또는 이차 이상의) 인수에 대응하는 부분분수의 합을 나타내게 되는데 이들에 관해서는 당분간 생각하지 않기로 한다.

[경우 Ⅰ] $s-a$의 중복도가 1일 때. 이때에는

$$Y(s) = \frac{F(s)}{G(s)} = \frac{A}{s-a} + W(s) \tag{1a}$$

이다.

이것의 역변환식은

$$\mathcal{L}^{-1}(Y) = Ae^{at} + \mathcal{L}^{-1}(W) \tag{1b}$$

이다. 여기서 A는

$$A = Q_a(a) \text{ 또는 } A = \frac{F(a)}{G'(a)} \tag{1c}$$

로 주어진다. 그리고 $Q_a(s)$는 $Y(s)$ 안의 $G(s)$에서 인수 $s-a$를 소거하고 남는 함수이다. 즉,

$$Q_a(s) = \frac{(s-a)F(s)}{G(s)} \tag{1d}$$

이다.

여기서 Q_a의 첨자 a는 Q_a가 a에 의존하고, 하나의 일차인수에서 다른 것으로 넘어갈 때 바뀌게 된다는 것을 강조하고 있다.

증명 $(1a)$에 $s-a$를 곱하고, (1d)를 이용하면

$$Q_a(s) = A + (s-a)W(s)$$

이다. 지금 $s \to a$일 때 $W(s)$가 $(s-a)$라는 인수를 갖지 않고 있다는 것을 고려하면 (1c)의 첫째 식 $A = Q_a(a)$가 얻어진다. (1d)를

$$Q_a(s) = \frac{F(s)}{G(s)/(s-a)}$$

로 쓰고, $s \to a$라 하면 $F(s) \to F(a)$이고 분모는 부정형 $0/0$이 되므로, 이것을 통상적인 방법으로 계산하여

$$\lim_{s \to a} \frac{G(s)}{s-a} = \lim_{s \to a} \frac{G'(s)}{(s-a)'} = G'(a)$$

를 얻는다. 이것으로 공식 (1c)의 둘째 식이 증명되었다. 또 $A/(s-a)$의 역변

환식은 Ae^{at}이므로 증명이 모두 끝났다. ■

[경우 II] $s-a$의 중복도가 m일 때. 즉 인수 $(s-a)^m$일 때. 이때에는

$$Y(s)=\frac{F(s)}{G(s)}=\frac{A_m}{(s-a)^m}+\frac{A_{m-1}}{(s-a)^{m-1}}+\cdots+\frac{A_1}{s-a}+W(s) \tag{2a}$$

이다. 이 식의 역변환식은

$$\mathcal{L}^{-1}(Y)=e^{at}\left(A_m\frac{t^{m-1}}{(m-1)!}+A_{m-1}\frac{t^{m-2}}{(m-2)!}+\cdots+A_2\frac{t}{1!}+A_1\right)+\mathcal{L}^{-1}(W) \tag{2b}$$

이다.

여기서, 상수 $A_1,\ \cdots,\ A_m$은 식

$$A_m=Q_a(a),\ A_k=\frac{1}{(m-k)!}\frac{d^{m-k}Q_a(s)}{ds^{m-k}}\bigg|_{s=a}\quad(k=1,\ \cdots,\ m-1) \tag{2c}$$

에 의하여 주어지고, 또 여기서

$$Q_a(s)=\frac{(s-a)^m F(s)}{G(s)} \tag{2d}$$

이다.

증명 (2a)에 $(s-a)^m$을 곱하고, (2d)를 사용하면

$$Q_a(s)=A_m+(s-a)A_{m-1}+(s-a)^2A_{m-2}+\cdots+(s-a)^m W(s)$$

가 된다. 따라서 $Q_a(a)=A_m$이다. 위의 식을 미분하면

$$Q_a'(s)=A_{m-1}+(\text{인수 }(s-a)\text{를 포함하는 항})$$

이 되고, 따라서 $Q_a'(a)=A_{m-1}$이다(왜냐하면 $s=a$일 때에는 $s-a$를 포함하는 항은 0이 되므로). 다시 미분하면 $Q_a''(a)=2!\,A_{m-2}$ 등이 얻어지고, 이것으로 (2c)가 증명된다.

부분분수 $\dfrac{A_k}{(s-a)^k}$는 역변환식 $A_k \dfrac{t^{k-1}}{(k-1)!}e^{at}$을 갖는데 이것은 5.3절 예제 1에서 볼 수 있다. 이것으로부터 (2b)가 나온다. ■

복소인수. 경우 Ⅰ과 Ⅱ는 a가 실수이거나 복소수이거나에 관계없이 성립하지만, 특히 a가 복소수인 경우에는 더욱 실용적인 공식이 있다. 이는 다음과 같은 사실에 근거를 두고 있다. 즉, 만일 $G(s)=0$이 한 복소근

$$a=\alpha+i\beta\text{를 갖는다면 그 켤레복소수 } \overline{a}=\alpha-i\beta$$

도 $G(s)=0$의 한 근이다. 왜냐하면 $G(s)$는 실수의 계수를 갖기 때문이다. 여기서 α, β는 실수이고 $\beta \neq 0$이다.

[경우 Ⅲ] **복소인수 $s-a$의 중복도가 1일 때.** 이때에는 $s-a$와 $s-\overline{a}$에 대응하는 부분분수를 쓰고, 등식

$$(s-a)(s-\overline{a})=(s-\alpha)^2+\beta^2$$

을 이용하여, 다시 정리하면

$$Y(s)=\frac{F(s)}{G(s)}=\frac{As+B}{(s-\alpha)^2+\beta^2}+W(s)\,(A,\ B\text{는 실수}) \tag{3a}$$

를 얻는다. 그 역변환식은

$$\mathcal{L}^{-1}(Y)=\frac{1}{\beta}e^{\alpha t}(T_a\cos\beta t+S_a\sin\beta t)+\mathcal{L}^{-1}(W) \tag{3b}$$

이다. 여기서 S_a와 T_a는

$$R_a(a)=S_a+iT_a \tag{3c}$$

의 실수부와 허수부이며

$$R_a(s)=[(s-\alpha)^2+\beta^2]\frac{F(s)}{G(s)} \tag{3d}$$

이다.

증명 (3a)에 $(s-\alpha)^2+\beta^2$을 곱하고, (3d)를 사용한다. $s\to a$일 때

$$R_a(a)=aA+B=(\alpha+i\beta)A+B.$$

이다. 양변의 실수부, 허수부는 각각 같아야 하므로 (3c)에 의하여

$$S_a=\alpha A+B,\quad T_a=\beta A$$

이다. 5.3절 예제 1로부터 (3a)에서 부분분수

$$\frac{As+B}{(s-\alpha)^2+\beta^2}=\frac{A(s-\alpha)+\alpha A+B}{(s-\alpha)^2+\beta^2}$$

는 역변환식

$$e^{\alpha t}\left[A\cos\beta t+\frac{\alpha A+B}{\beta}\sin\beta t\right]$$

를 갖는다는 것을 알 수 있다. 여기에서 $A=T_a/\beta$, $(\alpha A+B)/\beta=S_a/\beta$인데 이것은 위에서 보인 바와 같다. 따라서 (3b)가 성립한다. ■

[경우 Ⅳ] **복소인수 $s-a$의 중복도가 2일 때.** 이때에는 $(s-a)^2$과 $(s-\bar{a})^2$에 대응하는 부분분수를 쓰고, 경우 Ⅲ과 같이 간단히 하면, $Y(s)$는

$$Y(s)=\frac{F(s)}{G(s)}=\frac{As+B}{[(s-\alpha)^2+\beta^2]^2}+\frac{Cs+D}{(s-\alpha)^2+\beta^2}+W(s)\tag{4a}$$

이다. 여기서 A, B, C, D는 실수이고, 역변환식은

$$\begin{aligned}\mathcal{L}^{-1}(Y)=\frac{1}{2\beta^3}e^{\alpha t}[&(T_a-\beta S_a^*-\beta S_a t)\cos\beta t\\&+(S_a+\beta T_a^*+\beta T_a t)\sin\beta t]+\mathcal{L}^{-1}(W)\end{aligned}\tag{4b}$$

이다. 여기서

$$R_a(a)=S_a+iT_a,\quad R_a'(a)=S_a^*+iT_a^*\tag{4c}$$

이고

$$R_a(s)=[(s-\alpha)^2+\beta^2]^2\frac{F(s)}{G(s)}\tag{4d}$$

이다.

증명

$$p(s)=(s-a)(s-\overline{a})=(s-\alpha)^2+\beta^2$$

을 도입하고 (4a)에 p^2을 곱한 다음, (4d)를 이용하면

$$R_a(s)=As+B+(Cs+D)p(s)+p^2(s)W(s)$$

를 얻는다. 이제 $s\rightarrow a$라 하면 $p(a)=0$이므로

$$R_a(a)=aA+B=(\alpha+i\beta)A+B \tag{5}$$

가 된다. 여기서 $R_a(s)$를 s로 미분하면

$$R_a{}'(s)=A+(Cs+D)p'(s)+(\text{인수 } p(s)\text{를 갖는 항의 전부를 더한 것})$$

이다. 그런데 $p(a)=0$이고 $p'(a)=2(a-\alpha)=2i\beta$이므로

$$R_a{}'(a)=A+2i\beta[C(\alpha+i\beta)+D] \tag{6}$$

이다. 한편, (5)와 (6)에서 실수부와 허수부는 같아야 하므로, (4c)를 이용하여 (5)로부터

$$S_a=\alpha A+B,\ T_a=\beta A \tag{7}$$

를 얻는다. 또한 (6)으로부터

$$S_a^*=A-2\beta^2C,\quad T_a^*=2\alpha\beta C+2\beta D$$

이므로

$$C=(T_a-\beta S_a^*)/2\beta^3,\ \ \alpha C+D=T_a^*/2\beta \tag{8}$$

이다. 앞의 5.3절 예제 1로부터 (4a)의 부분분수

$$\frac{Cs+D}{(s-\alpha)^2+\beta^2}=\frac{C(s-\alpha)+\alpha C+D}{(s-\alpha)^2+\beta^2}$$

의 역변환식은

$$e^{\alpha t}\left(C\cos\beta t+\frac{D+\alpha C}{\beta}\sin\beta t\right)$$

임을 알 수 있다. (4)의 또 다른 부분분수

$$\frac{As+B}{[(s-\alpha)^2+\beta^2]^2} = \frac{A(s-\alpha)+\alpha A+B}{[(s-\alpha)^2+\beta^2]^2}$$

의 역변환식은 5.4절 (3)과 (2)로부터

$$e^{\alpha t}\left[\frac{At}{2\beta}\sin\beta t+\frac{\alpha A+B}{2\beta^3}(\sin\beta t-\beta t\cos\beta t)\right]$$

이다. (7)과 (8)을 대입하고 정리하면 (4b)를 얻게 되고, 증명이 끝난다. ■

예제 1 변환식

$$Y(s)=\frac{F(s)}{G(s)} = \frac{s+1}{s^3+s^2-6s}$$

의 역변환식을 구하여라.

풀이 분모는 그의 근 $a_1=0$, $a_2=2$, $a_3=-3$에 대응하는 세 개의 서로 다른 일차 인수 s, $s-2$, $s+3$을 갖기 때문에

$$Y(s)=\frac{s+1}{s(s-2)(s+3)} = \frac{A_1}{s}+\frac{A_2}{s-2}+\frac{A_3}{s+3}$$

이고, $F(s)=s+1$, $G'(s)=3s^2+2s-6$이다. 공식 (1c)에 의하여

$$A_1=\frac{F(0)}{G'(0)}=-\frac{1}{6},\quad A_2=\frac{F(2)}{G'(2)}=\frac{3}{10},\quad A_3=\frac{F(-3)}{G'(-3)}=-\frac{2}{15}$$

가 되고, 이 식과 공식 (1b)로부터 역변환식은

$$\mathcal{L}^{-1}(Y)=-\frac{1}{6}+\frac{3}{10}e^{2t}-\frac{2}{15}e^{-3t}$$

임을 알 수 있다. ■

예제 2 초기값 문제

$$y''-3y'+2y=4t+e^{3t},\quad y(0)=1,\quad y'(0)=-1$$

을 풀어라.

풀이 앞의 5.1절의 표 5.1과 5.2절의 (1), (2)에 의하여 보조방정식은

$$s^2 Y - s + 1 - 3(sY - 1) + 2Y = \frac{4}{s^2} + \frac{1}{s-3}$$

이 된다. 이것을 Y에 관해서 풀고, Y를 부분분수로 나타내면

$$\begin{aligned} Y(s) = \frac{F(s)}{G(s)} &= \frac{s^4 - 7s^3 + 13s^2 + 4s - 12}{s^2(s-3)(s^2-3s+2)} \\ &= \frac{A_2}{s^2} + \frac{A_1}{s} + \frac{B}{s-3} + \frac{C}{s-2} + \frac{D}{s-1} \end{aligned}$$

이다. 먼저 부분분수에서 근 $a = 0$에 대응하는 계수 A_1, A_2를 결정하자. (2d)와 (2c)에서

$$Q_0(s) = \frac{F(s)}{(s-3)(s^2-3s+2)}, \quad A_2 = Q_0(0) = 2, \quad A_1 = Q_0{}'(0) = 3$$

이 되고, (1c)를 사용하면 나머지의 계수

$$B = \left. \frac{F(s)}{s^2(s^2-3s+2)} \right|_{s=3} = \frac{1}{2},$$

$$C = \left. \frac{F(s)}{s^2(s-3)(s-1)} \right|_{s=2} = -2,$$

$$D = \left. \frac{F(s)}{s^2(s-3)(s-2)} \right|_{s=1} = -\frac{1}{2}$$

을 얻는다. (1b), (2b)에 의하여 해는

$$y(t) = \mathcal{L}^{-1}(Y) = 2t + 3 + \frac{1}{2}e^{3t} - 2e^{2t} - \frac{1}{2}e^t$$

임을 알게 된다. 이 문제를 종전의 방법으로 풀어보면, 위의 방법이 보다 간단하고 빠르다는 것을 확인할 수 있을 것이다. ■

예제 3 **강제진동, 비공진**

부분분수에 의하여 5.5절 예제 2의 초기값 문제를 풀어라.

비공진. 만일, $p^2 \neq \omega_0^2$이면, 5.5절의 보조방정식 (2)의 해 $Y(s)$와 이것을 부

분분수로 표시한 식은

$$Y(s) = \frac{Kp}{(s^2+\omega_0^2)(s^2+p^2)} = \frac{As+B}{s^2+\omega_0^2} + \frac{Ms+N}{s^2+p^2} \tag{9}$$

과 같이 된다. 먼저 $a_1 = \alpha_1 + i\beta_1 = i\omega_0$에 대응하는 분수식에서 A와 B를 결정하자.

(3c)에서

$$R_{a_1}(a_1) = S_{a_1} + i\,T_{a_1} = \left.\frac{Kp}{s^2+p^2}\right|_{s=a_1} = \frac{Kp}{p^2-\omega_0^2}$$

이므로 $T_{a_1} = 0$이다. 이것과 (3b)로부터 (9)의 우변의 첫째 분수식의 역변환식은

$$\frac{Kp}{\omega_0(p^2-\omega_0^2)}\sin\omega_0 t$$

가 된다. 이제 $a_2 = \alpha_2 + i\beta_2 = ip$에 대응하는 두 번째 분수식의 M과 N을 결정하자. 이번에는 (3c)에서

$$R_{a_2}(a_2) = S_{a_2} + i\,T_{a_2} = \left.\frac{Kp}{s^2+\omega_0^2}\right|_{s=a_2} = \frac{Kp}{\omega_0^2-p^2}$$

이고, 따라서 $T_{a_2} = 0$이다. (3b)로부터 이 분수식의 역변환식은

$$-\frac{K}{p^2-\omega_0^2}\sin pt$$

가 된다. 이 두 변환식을 합하면 원하는 해

$$y(t) = \mathcal{L}^{-1}(Y) = \frac{K}{p^2-\omega_0^2}\left(\frac{p}{\omega_0}\sin\omega_0 t - \sin pt\right)$$

를 얻는다. ■

■ 연립미분방정식

Laplace 변환은 연립미분방정식을 푸는 데도 사용할 수 있다. 하나의 전형

적인 예를 들어 그 방법을 설명해 보자.

예제 4 **용수철에 매달린 두 질점의 진동**

그림 5.17과 같은 역학계는 세 개의 용수철에 매달린 두 개의 질점으로 구성되어 있으며 연립미분방정식

$$
\begin{aligned}
y_1'' &= -ky_1 + k(y_2 - y_1) \\
y_2'' &= -k(y_2 - y_1) - ky_2
\end{aligned}
\tag{10}
$$

로 표시된다. 여기서 k는 세 개의 용수철 각각의 탄성계수이고, y_1, y_2는 각 질점의 움직이지 않을 때의 평형위치에서의 변위이다. 용수철의 질량과 감쇠진동은 무시한다. 방정식 (10)의 유도과정은 3.1절의 미분방정식의 유도과정과 흡사하다(3.1절 예제 1 참조).

초기조건

$$
\begin{aligned}
&y_1(0) = 1, \quad y_2(0) = 1 \\
&y_1'(0) = \sqrt{3k}, \quad y_2'(0) = -\sqrt{3k}
\end{aligned}
$$

에 대한 해를 구해보자. 지금

$$Y_1 = \mathcal{L}(y_1),\ Y_2 = \mathcal{L}(y_2)$$

라 하면, 5.2절의 (2)와 초기조건으로부터 보조방정식

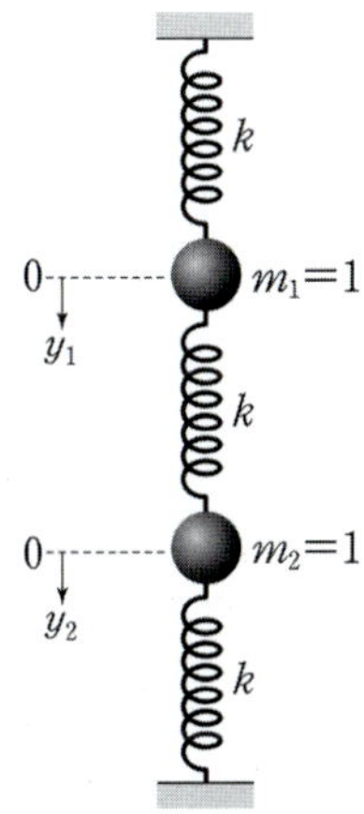

그림 5.17 ▌ 예제 4

$$s^2 Y_1 - s - \sqrt{3k} = -kY_1 + k(Y_2 - Y_1)$$
$$s^2 Y_2 - s + \sqrt{3k} = -k(Y_2 - Y_1) - kY_2$$

를 얻는다. 여기서 Y_1, Y_2를 미지수로 하는 연립일차방정식은

$$(s^2 + 2k)Y_1 - kY_2 = s + \sqrt{3k}$$
$$-kY_1 + (s^2 + 2k)Y_2 = s - \sqrt{3k}$$

와 같이 쓸 수 있다. Cramer의 해법 또는 소거법에 의하여 해를 구하면

$$Y_1 = \frac{(s + \sqrt{3k})(s^2 + 2k) + k(s - \sqrt{3k})}{(s^2 + 2k)^2 - k^2}$$
$$Y_2 = \frac{(s^2 + 2k)(s - \sqrt{3k}) + k(s + \sqrt{3k})}{(s^2 + 2k)^2 - k^2}$$

와 같다. 이 식을 부분분수로 나타내면

$$Y_1 = \frac{s}{s^2 + k} + \frac{\sqrt{3k}}{s^2 + 3k}, \quad Y_2 = \frac{s}{s^2 + k} - \frac{\sqrt{3k}}{s^2 + 3k}$$

가 되므로 위의 초기조건문제의 해는

$$y_1(t) = \mathcal{L}^{-1}(Y_1) = \cos\sqrt{k}\,t + \sin\sqrt{3k}\,t$$
$$y_2(t) = \mathcal{L}^{-1}(Y_2) = \cos\sqrt{k}\,t - \sin\sqrt{3k}\,t$$

이다. ■

연습문제 5.6

■ $\mathcal{L}f(t)$가 다음과 같을 때 부분분수를 사용하여 $f(t)$를 구하여라.

01 $\dfrac{1}{(s+2)(s-4)}$

02 $\dfrac{s^2 + 9s - 9}{s^3 - 9s}$

03 $\dfrac{3s^2 - 2s - 1}{(s-3)(s^2+1)}$

04 $\dfrac{2s^3}{s^4 - 81}$

05 $\dfrac{s^4 + 3(s+1)^3}{s^4(s+1)^3}$

06 $\dfrac{s^3 - 7s^2 + 14s - 9}{(s-1)^2(s-2)^3}$

07 예제 1의 결과를 다음 방법으로 검증하여라. (i) 역으로 계산해 나아감으로써, (ii) $Y(s)/s$에 5.2절 정리 5.5를 적용함으로써, (iii) 대합의 방법을 사용하여라.

■ **초기값 문제.** Laplace 변환을 이용하여 다음을 풀어라.

08 $y'' - 4y' + 3y = 0,\quad y(0) = 3,\quad y'(0) = 7$

09 $y'' + 2y' - 3y = 10\sinh 2t,\quad y(0) = 0,\quad y'(0) = 4$

10 예제 2를 고전적인 방법으로 풀고, 계산량을 비교하여라.

■ **연립미분방정식.** Laplace 변환을 이용하여 다음 초기문제를 풀어라.

11 $y_1' = -y_2,\quad y_2' = y_1,\quad y_1(0) = 1,\quad y_2(0) = 0$

12 $y_1' + y_2' = 2\sinh t,\quad y_2' + y_3' = e^t,\quad y_3' + y_1' = 2e^t + e^{-t},$
$y_1(0) = 1,\quad y_2(0) = 1,\quad y_3(0) = 0$

13 $y_1'' = y_1 + 3y_2,\quad y_2'' = 4y_1 - 4e^t,$
$y_1(0) = 2,\quad y_1'(0) = 3,\quad y_2(0) = 1,\quad y_2'(0) = 2$

■ **쌍곡선함수로 표시된 역함수.** 다음 각 식을 증명하여라.

14 $\mathcal{L}^{-1}\left\{\dfrac{s}{s^4 + 4a^4}\right\} = \dfrac{1}{2a^2}(\sinh at \sin at)$

15 $\mathcal{L}^{-1}\left\{\dfrac{s^3}{s^4 + 4a^2}\right\} = \cosh at \cos at$

5.7 주기함수, 응용

주기함수는 실용적인 문제에서 많이 나타나며, 많은 경우에 그들은 단일의 cosine 함수나 sine 함수보다 한층 복잡하다. 이것이 이 절을 공부하는 이유이기도 한다. 이 절에서는 주기함수의 변환에 대한 체계적인 방법을 알아본다. 본문과 문제에서도 많은 응용이 실려 있다.

지금 $f(t)$를 모든 양의 t에 대해서 정의된 주기 $p(>0)$인 함수라 하자. 즉,

$$f(t+p)=f(t), \qquad t>0$$

이다. 만일 $f(t)$가 길이 p인 구간에서 구분적 연속이면 $f(t)$의 Laplace 변환은 존재하므로, 0에서 ∞까지의 적분을 다음과 같이 계속된 주기 위에서의 적분의 급수로 나타낼 수 있다. 즉,

$$\mathcal{L}(f)=\int_0^\infty e^{-st}f(t)dt=\int_0^p e^{-st}f\,dt+\int_p^{2p} e^{-st}f\,dt+\int_{2p}^{3p} e^{-st}f\,dt+\cdots$$

이다. 두 번째 적분에서 $t=\tau+p$를 대입하고, 세 번째 적분에서는 $t=\tau+2p$를 대입하고, $\cdots$, n번째 적분에서는 $t=\tau+(n-1)p$를 대입하면, 새로운 적분의 상한과 하한은 각각 0과 p가 된다. 그런데

$$f(\tau+p)=f(\tau), \qquad f(\tau+2p)=f(\tau)$$

이므로

$$\mathcal{L}(f)=\int_0^p e^{-s\tau}f(\tau)d\tau+\int_0^p e^{-s(\tau+p)}f(\tau)d\tau+\int_0^p e^{-s(\tau+2p)}f(\tau)d\tau+\cdots$$

을 얻는다. 여기서 τ에 무관한 인자는 적분기호 밖으로 뽑아낼 수 있으므로

$$\mathcal{L}(f)=[1+e^{-sp}+e^{-2sp}+\cdots]\int_0^p e^{-s\tau}f(\tau)d\tau$$

이다. 괄호 $[\cdots]$ 내의 급수는 그 합이 $1/(1-e^{-ps})$인 기하급수이므로, 다음의 결과를 얻을 수 있다.

정리 5.9 주기함수의 변환

주기가 p이고 구분적 연속인 주기함수 $f(t)$의 Laplace 변환식은

$$\mathcal{L}(f)=\frac{1}{1-e^{-ps}}\int_0^p e^{-st}f(t)dt \quad (s>0) \tag{1}$$

이다.

예제 1 주기적 직사각형파

그림 5.18의 직사각형파의 변환식을 구하여라.

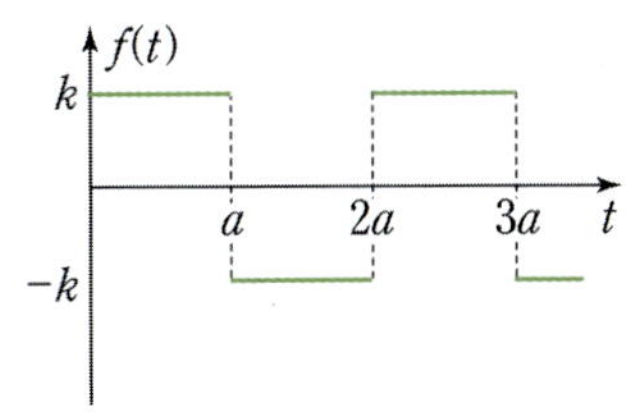

그림 5.18

풀이 $p=2a$이므로 (1)을 직접 적분하고 간단히 함으로써

$$\begin{aligned}\mathcal{L}(f)&=\frac{1}{1-e^{-2as}}\left(\int_0^a ke^{-st}dt+\int_a^{2a}(-k)e^{-st}dt\right)\\&=\frac{k}{s}\frac{1-2e^{-as}+e^{-2as}}{(1+e^{-as})(1-e^{-as})}=\frac{k}{s}\left(\frac{1-e^{-as}}{1+e^{-as}}\right)\\&=\frac{k}{s}\frac{e^{-as/2}(e^{as/2}-e^{-as/2})}{e^{-as/2}(e^{as/2}+e^{-as/2})}\end{aligned}$$

을 얻고, 따라서 이 결과는

$$\mathcal{L}(f)=\frac{k}{s}\tanh\frac{as}{2}$$

와 같이 쓸 수 있다.

만일,

$$\mathcal{L}(f)=\frac{k}{s}\left(\frac{1-e^{-as}}{1+e^{-as}}\right)=\frac{k}{s}\left(1-\frac{2e^{-as}}{1+e^{-as}}\right)=\frac{k}{s}\left(1-\frac{2}{e^{as}+1}\right)$$

와 같이 쓰면, 표현이 다소 복잡하지만 때로는 더욱 유용한 결과식을 얻을 수 있다. ■

예제 2 **주기적 삼각파**

그림 5.19의 주기함수의 Laplace 변환식을 구하여라.

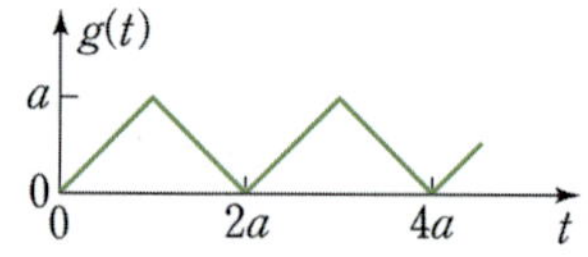

그림 5.19

풀이 $g(t)$는 예제 1에서 $k=1$인 경우의 함수 $f(t)$의 적분임을 알 수 있다. 따라서 5.2절 정리 5.5에 의하여

$$\mathcal{L}(g) = \frac{1}{s}\mathcal{L}(f) = \frac{1}{s^2}\tanh\frac{as}{2}$$

가 된다. ■

예제 3 **반파정류기**

주기 $p=2\pi/\omega$인 다음의 함수 $f(t)$의 변환식을 구하여라.

$$f(t) = \begin{cases} \sin\omega t & (0 \le t < \pi/\omega) \\ 0 & (\pi/\omega \le t < 2\pi/\omega) \end{cases}$$

위의 함수가 $\sin\ \omega t$의 반파정류를 표시한다는 것에 유의하여라(그림 5.20).

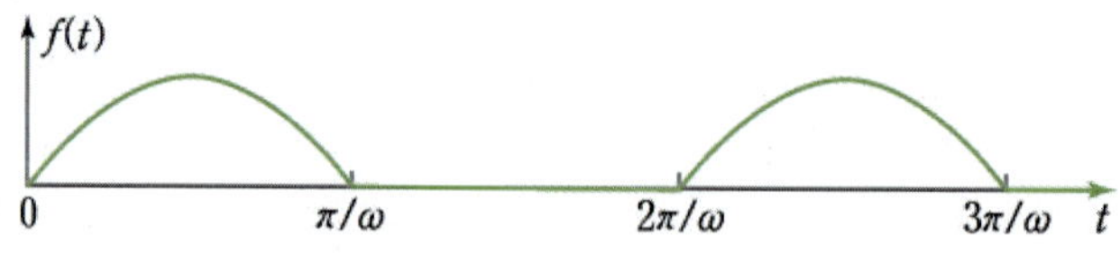

그림 5.20 $\sin\ \omega t$의 반파정류

풀이 공식 (1)로부터

$$\mathcal{L}(f) = \frac{1}{1-e^{-2\pi s/\omega}}\int_0^{\pi/\omega} e^{-st}\sin\omega t\,dt$$

를 얻고, $1-e^{-2\pi s/\omega}=(1+e^{-\pi s/\omega})(1-e^{-\pi s/\omega})$을 사용하고, 부분적분법을 이용하거나 또는 이 적분이 다음 적분

$$\int_0^{\pi/\omega} e^{(-s+i\omega)t}dt=\frac{1}{-s+i\omega}e^{(-s+i\omega)t}\bigg|_0^{\pi/\omega}=\frac{-s-i\omega}{s^2+\omega^2}(-e^{-s\pi/\omega}-1)$$

의 허수부임을 고려하면, 결과적으로

$$\mathcal{L}(f)=\frac{\omega(1+e^{-\pi s/\omega})}{(s^2+\omega^2)(1-e^{-2\pi s/\omega})}=\frac{\omega}{(s^2+\omega^2)(1-e^{-\pi s/\omega})}$$

를 얻는다. ■

예제 4 거치파

함수

$$f(t)=\frac{1}{p}t \quad (0\le t<p), \quad f(t+p)=f(t)$$

의 Laplace 변환식을 구하여라(그림 5.21).

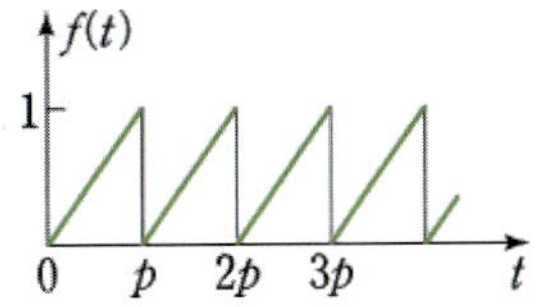

그림 5.21 거치파

풀이 부분적분법에 의하면

$$\int_0^p e^{-st}t\,dt=-\frac{t}{s}e^{-st}\bigg|_0^p+\frac{1}{s}\int_0^p e^{-st}dt$$
$$=-\frac{p}{s}e^{-sp}-\frac{1}{s^2}(e^{-sp}-1)$$

이고, 또 (1)로부터

$$\mathcal{L}(f)=\frac{1}{ps^2}-\frac{e^{-ps}}{s(1-e^{-ps})} \quad (s>0)$$

과 같은 결과를 얻는다. ■

예제 5 **계단함수**

계단함수(그림 5.22)

$$g(t)=n \quad (np \le t < (n+1)p, \quad n=0,\ 1,\ 2,\ \cdots)$$

의 Laplace 변환식을 구하여라.

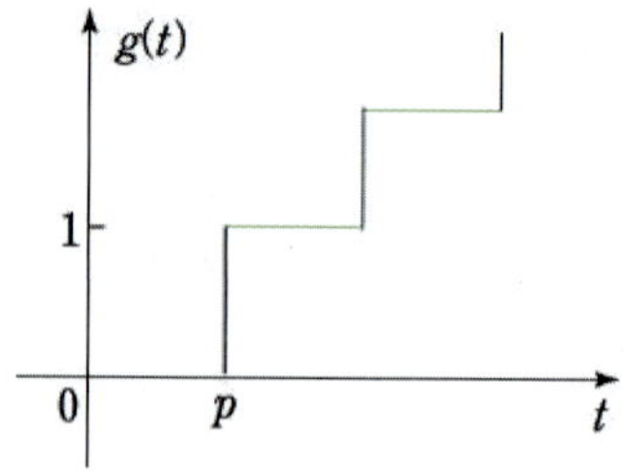

그림 5.22

풀이 주어진 함수 $g(t)$는 함수 $h(t)=t/p$(그 변환식은 $1/ps^2$)와 예제 4의 함수 $f(t)$의 차이이므로

$$\mathcal{L}(g)=\mathcal{L}(h)-\mathcal{L}(f)=\frac{e^{-ps}}{s(1-e^{-ps})} \qquad (s>0)$$

이다. ■

연습문제 5.7

■ **주기함수의 Laplace 변환식.** 주기가 2π라 가정하고 다음 함수의 그래프를 그려라. 또 그들의 Laplace 변환식을 구하여라.

01 $f(t)=\pi-t \quad (0 \le t < 2\pi)$

02 $f(t)=4\pi^2-t^2 \quad (0 \le t < 2\pi)$

03 $f(t)=e^t \quad (0 \le t < 2\pi)$

04 $f(t)=\begin{cases} t & (0 \le t < \pi) \\ 0 & (\pi \le t < 2\pi) \end{cases}$

05 $f(t)=\begin{cases} t & (0 \le t < \pi) \\ \pi-t & (\pi \le t < 2\pi) \end{cases}$

■ **반파 및 전파정류기.** 다음 함수의 Laplace 변환식을 구하여라.

06 $-\sin\ \omega t$의 반파정류(그림 5.23)

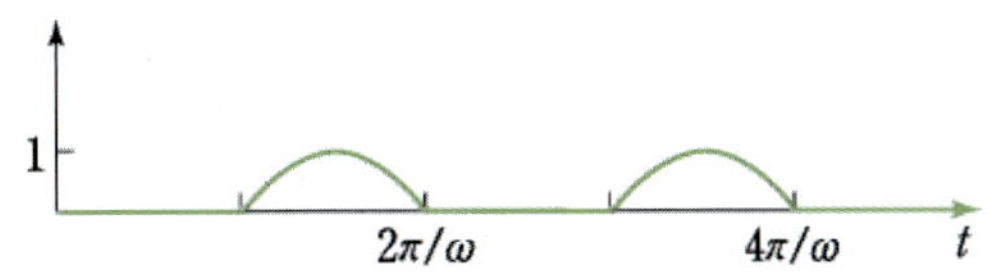

그림 5.23

07 $\cos\omega t$의 전파정류 $|\cos\ \omega t|$의 Laplace 변환식을 구하여라.

08 $i(0)=0$이라 가정하고, 그림 5.24의 회로에서 전류 $i(t)$를 구하여라.

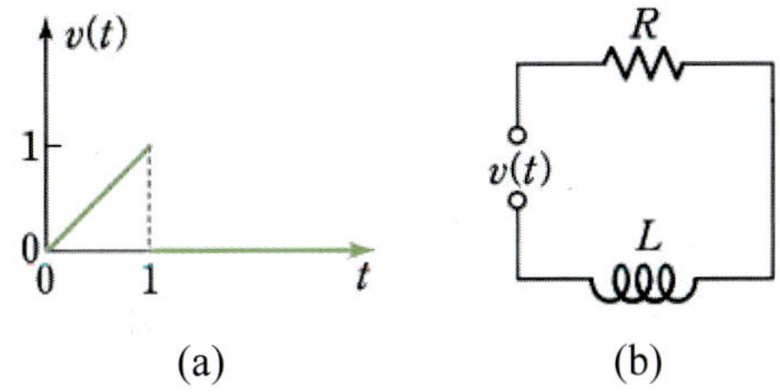

그림 5.24

09 그림 5.25에서 보는 바와 같이, $0 \le t < 1$일 때 $v(t)=t$이고 $v(t+1)$ $=v(t)$라면, 그림 5.24(b)의 회로에서 정상상태전류를 구하여라.

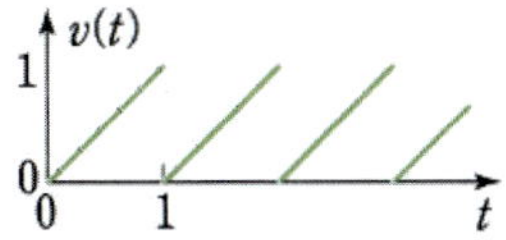

그림 5.25

10 회로가 $t=0$에서 정지 상태에 있다고 가정하고, 그림 5.26의 RC-회로에서 경사파형반응(전류)을 구하여라.

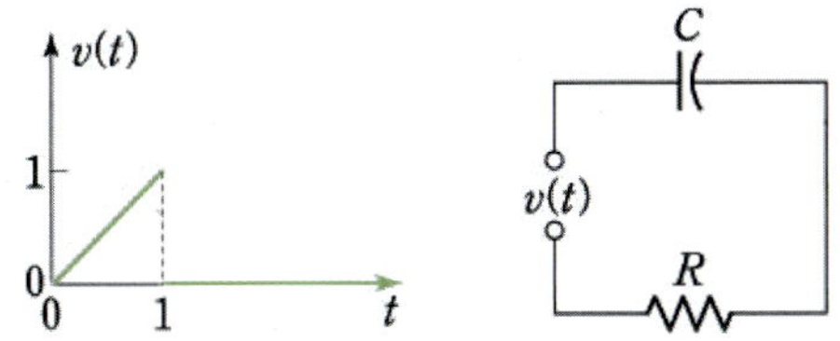

그림 5.26

11 $v(t) = \sin\omega t \ (0 \le t < \pi/\omega)$, $v(t) = 0 \ (\pi/\omega \le t)$, $i(0) = 0$일 때 그림 5.26의 RC-회로에서 전류 $i(t)$를 구하여라.

■ 역학계의 모형

12 (자동압력조절) 그림 5.27은 압력의 자동조절장치를 보여주고 있다. 여기서 $y(t)$는 변위를 나타내는데 $y = 0$은 어떤 일정한 압력에 의한 평형위치에 대응한다. 여기서 다음과 같은 가정을 하자. 즉, 이 장치의 감쇠가 속도 y'에 비례하고 $t < 0$일 때 이 장치는 정지하며, $t = 0$인 순간에는 압력이 단위계단함수의 형태로 갑자기 증가한다. 이때 이에 대응하는 미분방정식은

$$my'' + cy' + ky = Pu_0(t)$$

임을 보여라(m =움직이는 부분의 유효질량, c =감쇠상수, k =용수철의 탄성계수, P =시각 $t = 0$에서의 압력증가로 인한 힘). 또 Laplace 변환을 사용하여, 만일 $c^2 < 4mk$이면

$$y(t) = \frac{P}{k}[1 - e^{-\alpha t}\sqrt{1 + (\alpha/\omega^*)^2}\cos(\omega^* t + \theta)]$$

임을 보여라(그림 5.28). 여기서

$$\alpha = c/2m, \quad \omega^* = \sqrt{(K/m) - \alpha^2}\,(> 0), \quad \tan\theta = -\alpha/\omega^*$$

이다.

13 $c^2 = 4mk$일 때 문제 12를 풀어라.

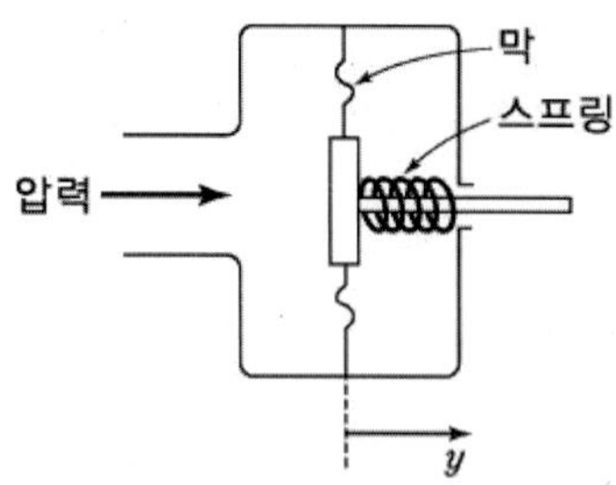

그림 5.27

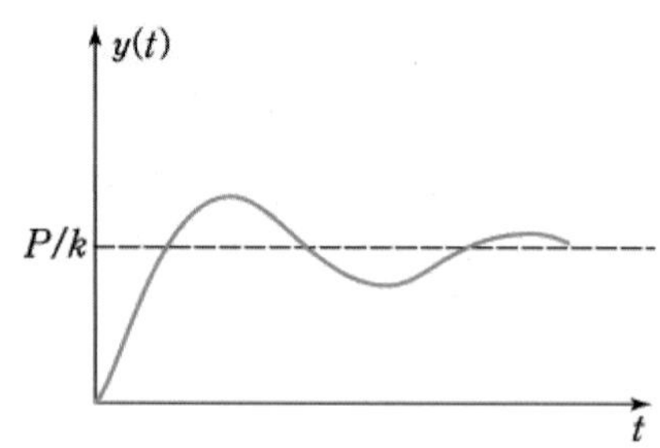

그림 5.28

5.8 Laplace 변환식의 표

주의 다음은 주요한 함수 $f(t)$에 대한 Laplace 변환식을 나열한 것이다. 좀 더 광범위한 Laplace 변환식과 그의 역변환식은 다른 문헌들을 참조하여라.

	$F(s) = \mathcal{L}\{f(t)\}$	$f(t)$
1	$1/s$	1
2	$1/s^2$	t
3	$1/s^n \quad (n=1, 2, \cdots)$	$t^{n-1}/(n-1)!$
4	$1/\sqrt{s}$	$1/\sqrt{\pi t}$
5	$1/s^{3/2}$	$2\sqrt{t/\pi}$
6	$1/s^a \quad (a>0)$	$t^{a-1}/\Gamma(a)$
7	$\dfrac{1}{s-a}$	e^{at}
8	$\dfrac{1}{(s-a)^2}$	te^{at}
9	$\dfrac{1}{(s-a)^n} \quad (n=1, 2, \cdots)$	$\dfrac{1}{(n-1)!} t^{n-1}e^{at}$
10	$\dfrac{1}{(s-a)^k} \quad (k>0)$	$\dfrac{1}{\Gamma(k)} t^{k-1}e^{at}$
11	$\dfrac{1}{(s-a)(s-b)} \quad (a \neq b)$	$\dfrac{1}{(a-b)}(e^{at}-e^{bt})$
12	$\dfrac{s}{(s-a)(s-b)} \quad (a \neq b)$	$\dfrac{1}{(a-b)}(ae^{at}-be^{bt})$
13	$\dfrac{1}{s^2+\omega^2}$	$\dfrac{1}{\omega}\sin \omega t$
14	$\dfrac{s}{s^2+\omega^2}$	$\cos \omega t$
15	$\dfrac{1}{s^2-a^2}$	$\dfrac{1}{a}\sinh at$

	$F(s)=\mathcal{L}\{f(t)\}$	$f(t)$
16	$\frac{s}{s^2-a^2}$	$\cosh at$
17	$\frac{1}{(s-a)^2+\omega^2}$	$\frac{1}{\omega}\ e^{at}\sin\omega t$
18	$\frac{s-a}{(s-a)^2+\omega^2}$	$e^{at}\cos\ \omega t$
19	$\frac{1}{s(s^2+\omega^2)}$	$\frac{1}{\omega^2}(1-\cos\ \omega t)$
20	$\frac{1}{s^2(s^2+\omega^2)}$	$\frac{1}{\omega^3}(\omega t-\sin\ \omega t)$
21	$\frac{1}{(s^2+\omega^2)^2}$	$\frac{1}{2\omega^3}(\sin\ \omega t-\omega t\cos\omega t)$
22	$\frac{s}{(s^2+\omega^2)^2}$	$\frac{t}{2\omega}\sin\ \omega t$
23	$\frac{s^2}{(s^2+\omega^2)^2}$	$\frac{1}{2\omega}(\sin\ \omega t+\omega t\ \cos\ \omega t)$
24	$\frac{s}{(s^2+a^2)(s^2+b^2)}\quad(a^2\neq b^2)$	$\frac{1}{b^2-a^2}(\cos at-\cos\ bt)$
25	$\frac{1}{s^4+4a^4}$	$\frac{1}{4a^3}$ $(\sin at\ \cosh at-\cos at\ \sinh at)$
26	$\frac{s}{s^4+4a^4}$	$\frac{1}{2a^2}\sin\ at\ \sinh\ at$
27	$\frac{1}{s^4-a^4}$	$\frac{1}{2a^3}(\sinh\ at-\sin\ at)$
28	$\frac{s}{s^4-a^4}$	$\frac{1}{2a^2}(\cosh\ at-\cos\ at)$
29	$\sqrt{s-a}-\sqrt{s-b}$	$\frac{1}{2\sqrt{\pi t^3}}(e^{bt}-e^{at})$
30	$\frac{1}{\sqrt{s+a}\sqrt{s+b}}$	$e^{-(a+b)t/2}I_0\left(\frac{a-b}{2}t\right)$
31	$\frac{1}{\sqrt{s^2+a^2}}$	$J_0(at)$ (4.4절 참조)

	$F(s)=\mathcal{L}\{f(t)\}$	$f(t)$
32	$\dfrac{s}{(s-a)^{3/2}}$	$\dfrac{1}{\sqrt{\pi t}}e^{at}(1+2at)$
33	$\dfrac{1}{(s^2-a^2)^k}\quad(k>0)$	$\dfrac{\sqrt{\pi}}{\Gamma(k)}\left(\dfrac{t}{2a}\right)^{k-1/2} I_{k-1/2}(at)$
34	$\dfrac{1}{s}e^{-k/s}$	$J_0(2\sqrt{kt})$ (4.4절 참조)
35	$\dfrac{1}{\sqrt{s}}e^{-k/s}$	$\dfrac{1}{\sqrt{\pi t}}\cos 2\sqrt{kt}$
36	$\dfrac{1}{s^{3/2}}e^{k/s}$	$\dfrac{1}{\sqrt{\pi k}}\sinh 2\sqrt{kt}$
37	$e^{-k\sqrt{s}}\,(k>0)$	$\dfrac{k}{2\sqrt{\pi t^3}}e^{-k^2/4t}$
38	$\dfrac{1}{s}\ln\ s$	$-\ln t-r\ \ (r=0.5772)$
39	$\ln\dfrac{s-a}{s-b}$	$\dfrac{1}{t}\,(e^{bt}-e^{at})$
40	$\ln\dfrac{s^2+\omega^2}{s^2}$	$\dfrac{2}{t}\,(1-\cos\ \omega t)$
41	$\ln\dfrac{s^2-a^2}{s^2}$	$\dfrac{2}{t}\,(1-\cosh\ at)$
42	$\arctan\dfrac{\omega}{s}$	$\dfrac{1}{t}\sin\ \omega t$
43	$\dfrac{1}{s}\,\mathrm{arccot}\ s$	$\mathrm{Si}(t)$

06 Fourier 급수

2계 선형 비동차미분방정식(second order non-homogeneous linear differential equations) 중 용수철(spring-mass system)의 진동을 다루는 다음의 예제에서 $my'' + by' + ky = f(t)$ 외부의 힘(external force, $f(t)$)이 cosine이나 sine으로 주어졌을 때의 해법은 2장에서 자세하게 다루었다. 외부의 힘이 보다 일반적인 경우에 대해 살펴보면, 즉 cosine과 sine의 선형결합(linear combination of cosine and sine)으로 주어진 미분방정식의 해가 어떻게 표현되는지 알아보자. 다음의 미분방정식의 해는

$$my'' + cy' + ky = \sum_{n=1}^{N} A_n \cos\omega_n t$$

각 $n = 1, \cdots, N$일 때의 외부의 힘(external force, $f(t) = A_n \cos\omega_n t$)이 주어졌을 때의 $n = 1, \cdots, N$의 일반해를 구해서 그 일반해들의 N개의 일차결합으로 구할 수 있다. 하지만 외부의 힘(external force, $f(t)$)이 cosine이나 sine과 같은 삼각함수가 아닌 보다 일반적인 주기함수(periodic function)로 주어진 경우가 수학, 물리학, 다양한 공학 분야(mathematical, physical, mechanical, electrical system)에 중요한 예들이 많이 있다. 따라서 6장에서는 보다 일반적인 경우의 주기함수가 외부의 힘으로 주어졌을 때 이 함수를 Fourier 급수(Fourier series)로 표현하는 방법을 배우고 이를 이용하여 미분방정식의 해를 구하는 방법에 대하여 공부하고자 한다.

6.1 주기함수와 삼각급수

함수 $f(x)$가 모든 실수 x에 대하여 정의되고, 또 적당한 양수 T가 존재하여, 모든 x에 대하여

$$f(x+T) = f(x) \tag{1}$$

를 만족할 때 이 함수는 주기적(periodic)이라고 말한다. 이때 T를 함수 $f(x)$의 주기(period)라 부른다. 이와 같은 함수의 그래프는 길이가 T인 임의의 구간

에 있는 그래프를 주기적으로 반복함으로써 얻을 수 있다(그림 6.1). 주기적 현상이나 함수는 많은 응용분야에 나타난다.

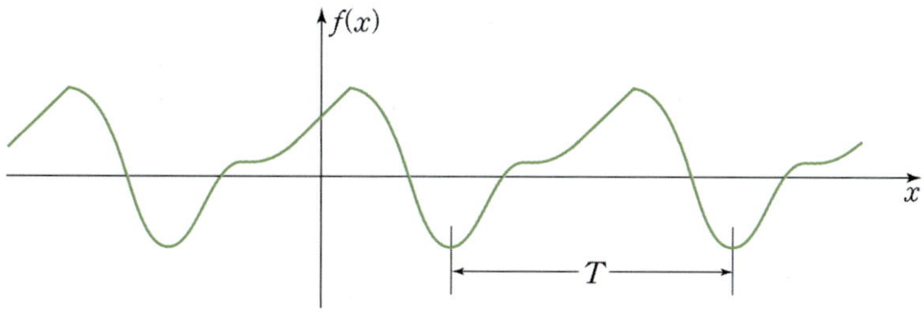

그림 6.1 ▌ 주기함수

잘 알려진 주기함수의 예로는 sine 및 cosine 함수가 있으며, 상수함수 역시 임의의 양수 T에 대하여 (1)을 만족하므로 정의에 의하여 주기함수이다.

(1)로부터, n이 임의의 정수이면 모든 x에 대하여

$$f(x+nT)=f(x)$$

이다. 따라서 $2T,\ 3T,\ 4T,\ \cdots$ 등도 역시 $f(x)$의 주기가 된다. 또한 만일, $f(x),\ g(x)$가 주기 T를 갖는 주기함수라면

$$h(x)=af(x)+bg(x) \quad (a,\ b\text{는 상수})$$

도 주기 T를 갖는다.

주기 2π인 여러 가지 함수 $f(x)$를 역시 주기 2π인 삼각함수들로 표현하는 방법에 대해 공부하고자 한다. 즉, $f(x)$를 다음의 삼각함수들의 급수로 표현한다(그림 6.2).

$$1, \cos x,\ \sin x,\ \cos 2x,\ \sin 2x,\ \cdots,\ \cos nx,\ \sin nx,\ \cdots$$

이와 같이 하여 생긴 급수의 형태는

$$a_0+a_1\cos\ x+b_1\sin\ x+a_2\cos\ 2x+b_2\ \sin\ 2x+\cdots \tag{2}$$

이 될 것이다. 여기서 $a_0,\ a_1,\ a_2,\ \cdots,\ b_1,\ b_2,\ b_3,\ \cdots$은 상수이다. 이와 같은 급수를 삼각급수(trigonometric series)라고 부르고, a_n과 b_n을 이 급수의 계수

(coefficients)라고 한다.

이 급수의 각 항의 주기는 2π임을 알 수 있고, 따라서 이 급수가 수렴한다면 그 합은 주기가 2π인 하나의 함수가 될 것이다. 먼저 주기가 2π일 경우, (2)가 수렴하고 그 수렴 함수가 $f(x)$일 때, (2)에 있는 계수들을 $f(x)$로 표현하는 공식을 유도하고, 후에 이 결과를 임의의 주기 T를 갖는 함수에까지 확장해 보자.

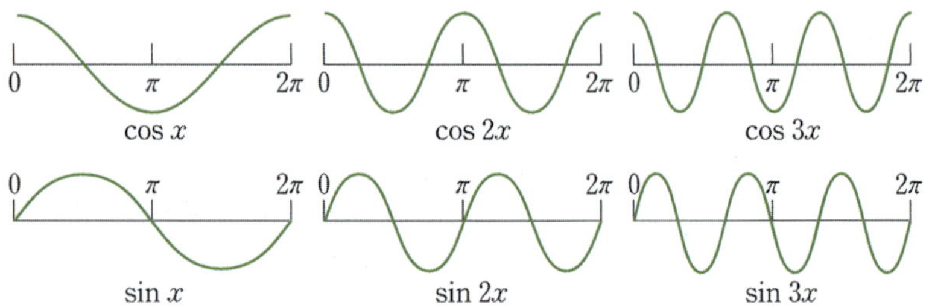

그림 6.2 ▌ 주기 2π인 cosine 및 sine 함수

연습문제 6.1

■ 다음 함수의 최소주기 T를 구하여라.

01 $\cos x$, $\sin x$, $\cos 2x$, $\sin 2x$, $\cos \pi x$, $\sin \pi x$, $\cos 2\pi x$, $\sin 2\pi x$

02 만일, T가 $f(x)$의 주기이면 nT, $n=2, 3, \cdots$ 도 그 함수의 주기임을 보여라.

03 임의의 양수 T에 대하여 함수 $f(x)=$상수는 주기 T인 주기함수임을 보여라.

■ 다음 함수를 그림으로 표시하여라.

04 $\sin x,\ \sin x+\dfrac{1}{3}\sin 3x,\ \sin x+\dfrac{1}{3}\sin 3x+\dfrac{1}{5}\sin 5x,$

$$f(x)=\begin{cases}-\pi/4 & (-\pi<x<0)\\ \pi/4 & (0<x<\pi)\end{cases},\quad f(x+2\pi)=f(x)$$

05 $\sin x, \ \sin x - \frac{1}{2}\sin 2x, \ \sin x - \frac{1}{2}\sin 2x + \frac{1}{3}\sin 3x,$

$f(x) = x/2 \quad (-\pi < x < \pi), \ f(x+2\pi) = f(x)$

06 $f(x) = x^2 \quad (-\pi < x < \pi), \ f(x+2\pi) = f(x)$

■ 주기가 2π이고, $-\pi < x < \pi$에서 다음 식으로 주어진 함수의 그래프를 그려라.

07 $f(x) = \begin{cases} x^2 & (-\pi < x < 0) \\ 0 & (0 < x < \pi) \end{cases}$

08 $f(x) = \begin{cases} \pi + x & (-\pi < x < 0) \\ \pi - x & (0 < x < \pi) \end{cases}$

■ 다음 적분값을 구하여라. 단, $n = 0, 1, 2, \cdots$이다.

09 $\int_0^{\pi} \sin nx \, dx$

10 $\int_{-\pi}^{\pi} x \sin nx \, dx$

11 $\int_{-\pi/2}^{\pi/2} x \cos nx \, dx$

12 $\int_{-\pi}^{0} e^x \sin nx \, dx$

13 $\int_{-\pi}^{\pi} x^2 \cos nx \, dx$

6.2 Fourier 급수

$f(x)$가 다음과 같은 삼각급수

$$f(x) = a_0 + \sum_{n=1}^{\infty} (a_n \cos\ nx + b_n \sin\ nx) \tag{1}$$

로 표시될 수 있는 주기 2π인 주기함수라고 가정한다. 이와 같은 함수 $f(x)$가 주어졌을 때 이에 대응하는 급수 (1)의 계수 a_n와 b_n를 구해보자.

먼저 a_0를 결정하기 위하여 (1)의 양변을 $-\pi$부터 π까지 적분하면

$$\int_{-\pi}^{\pi} f(x)dx = \int_{-\pi}^{\pi} \left[a_0 + \sum_{n=1}^{\infty} (a_n \cos\ nx + b_n \sin\ nx) \right] dx$$

가 되고, 만일 이 급수의 항별 적분이 가능하다면[2)]

$$\int_{-\pi}^{\pi} f(x)dx = a_0 \int_{-\pi}^{\pi} dx + \sum_{n=1}^{\infty} \left(a_n \int_{-\pi}^{\pi} \cos\ nx\ dx + b_n \int_{-\pi}^{\pi} \sin\ nx\ dx \right)$$

를 얻는다. 우변의 첫 항은 $2\pi a_0$이고, $n = 1,\ 2,\ 3,\ \cdots$일 때의, 적분 값은 모두 0이 되므로 결과적으로

$$a_0 = \frac{1}{2\pi} \int_{-\pi}^{\pi} f(x)dx \tag{2}$$

이다.

이와 같은 방법으로 $a_1,\ a_2,\ \cdots$을 구해 보자. 급수 (1)에 $\cos\ mx (m = 1,\ 2,\ 3,\ \cdots)$를 곱하고 $-\pi$부터 π까지 적분하면

$$\int_{-\pi}^{\pi} f(x)\ \cos\ mx\, dx = \int_{-\pi}^{\pi} \left[a_0 + \sum_{n=1}^{\infty} (a_n \cos\ nx + b_n \sin\ nx) \right] \cos\ mx\, dx \tag{3}$$

가 된다. 항별 적분에 의하여 우변은

2) 가령 급수가 수렴할 경우, 항별 적분이 가능하다.

$$a_0\int_{-\pi}^{\pi}\cos\ mx\,dx+\sum_{n=1}^{\infty}\left[a_n\int_{-\pi}^{\pi}\cos\ nx\ \cos\ mx\,dx+b_n\int_{-\pi}^{\pi}\sin\ nx\ \cos\ mx\,dx\right]$$

가 되고, 이 첫 항의 적분은 0이다.

$$\int_{-\pi}^{\pi}\cos\ nx\ \cos\ mx\,dx=\frac{1}{2}\int_{-\pi}^{\pi}\cos(n+m)xdx+\frac{1}{2}\int_{-\pi}^{\pi}\cos(n-m)xdx$$

$$\int_{-\pi}^{\pi}\sin\ nx\ \cos\ mx\,dx=\frac{1}{2}\int_{-\pi}^{\pi}\sin(n+m)xdx+\frac{1}{2}\int_{-\pi}^{\pi}\sin(n-m)xdx$$

를 얻는다. 여기서 $n\neq m$일 때, 우변의 적분은 모두 0이다. 그리고

$$\frac{1}{2}\int_{-\pi}^{\pi}\cos(n-m)xdx$$

의 적분은 $n\neq m$일 때 0이고, $n=m$일 때는 π이다. 즉,

$$\frac{1}{2}\int_{-\pi}^{\pi}\cos(n-m)xdx=\pi,\ (n=m)$$

이므로, 결국 (3)은 $\int_{-\pi}^{\pi}f(x)\ \cos\ mx\,dx=a_m\pi$가 되고

$$a_m=\frac{1}{\pi}\int_{-\pi}^{\pi}f(x)\cos\ mx\,dx\quad m=1,\ 2,\ \cdots \tag{4}$$

를 얻는다.

위와 같이 (1)에 있는 $b_1,\ b_2,\ \cdots$도 구해보자. 급수 (1)의 양변에 $\sin\ mx(m\ =1,\ 2,\ 3,\ \cdots)$를 곱하고 $-\pi$부터 π까지 적분하면

$$\int_{-\pi}^{\pi}f(x)\sin\ mx\,dx=\int_{-\pi}^{\pi}\left[a_0+\sum_{n=1}^{\infty}(a_n\cos\ nx+b_n\sin\ nx)\right]\sin\ mx\,dx \tag{5}$$

가 되고, 항별 적분에 의하여 우변은

$$a_0\int_{-\pi}^{\pi}\sin\ mx\,dx+\sum_{n=1}^{\infty}\left[a_n\int_{-\pi}^{\pi}\cos\ nx\sin\ mx\,dx+b_n\int_{-\pi}^{\pi}\sin\ nx\ \sin\ mx\,dx)\right]$$

가 된다. 첫 항의 적분은 0이고, 둘째 항의 적분은 앞서 관찰한대로 모든

$n=1, 2, \cdots$에 대하여 0이 된다. 세 번째 항의 적분은

$$\int_{-\pi}^{\pi} \sin\ nx\ \sin\ mx\,dx = \frac{1}{2}\int_{-\pi}^{\pi} \cos(n-m)x\,dx - \frac{1}{2}\int_{-\pi}^{\pi} \cos(n+m)x\,dx$$

이고, 여기서 우변의 둘째 항의 적분은 0, 첫 항의 적분은 $n \neq m$일 때 0, $n=m$일 때 π이므로, (5)는

$$\int_{-\pi}^{\pi} f(x)\sin\ mx\,dx = b_m \pi$$

가 되고, 결과적으로

$$b_m = \frac{1}{\pi}\int_{-\pi}^{\pi} f(x)\sin\ mx\,dx \quad m=1, 2, \cdots$$

를 얻는다. 여기서 m을 n으로 바꾸어 쓰면, 다음과 같은 Euler의 공식(Euler formula)을 얻는다.

$$\text{(a)}\ a_0 = \frac{1}{2\pi}\int_{-\pi}^{\pi} f(x)\,dx$$

$$\text{(b)}\ a_n = \frac{1}{\pi}\int_{-\pi}^{\pi} f(x)\cos\ nx\,dx \quad n=1, 2, \cdots \tag{6}$$

$$\text{(c)}\ b_n = \frac{1}{\pi}\int_{-\pi}^{\pi} f(x)\sin\ nx\,dx \quad n=1, 2, \cdots$$

피적분함수 $f(x)$는 주기 2π의 주기함수이므로 (6)의 적분구간은 길이가 2π인 임의의 다른 구간, 예를 들어, 구간 $0 \leqq x \leqq 2\pi$로 대치할 수 있다. 주기 2π를 갖는 주기함수 $f(x)$가 주어지면 (6)에 의하여 a_n과 b_n을 계산할 수 있고, 다음

$$a_0 + a_1\cos\ x + b_1\sin\ x + \cdots + a_n\cos\ nx + b_n\sin\ nx + \cdots \tag{7}$$

과 같은 삼각함수급수로 표현할 수 있다. 이때 이 급수를 $f(x)$의 Fourier 급수(Fourier series)라 하고, (6)에서 얻은 계수를 $f(x)$의 Fourier 계수(Fourier coefficient)라 한다.

정적분의 정의로부터, 만일 $f(x)$가 연속이거나 구분적 연속(piecewise continuous), 즉, 적분구간 내에서 유한개의 유한불연속점을 제외하고는 연속이면,

공식 (6)에 있는 적분이 존재하고 (6)에 의하여 $f(x)$의 Fourier 계수를 계산할 수 있다. 이와 같이 얻은 Fourier 급수가 $f(x)$로 수렴하는지에 대한 정리는 뒷부분에서 다루도록 한다.

예제 1 **직사각파**

그림 6.3(a)에 있는 주기함수 $f(x)$의 Fourier 계수를 구하여라. 주어진 함수는

$$f(x) = \begin{cases} -1 & (-\pi < x < 0) \\ 1 & (0 < x < \pi) \end{cases}, \quad f(x+2\pi) = f(x)$$

와 같이 표시된다. $x=0$, $x=\pm\pi$에서의 함수 값은 나중에 정의하기로 하겠다.

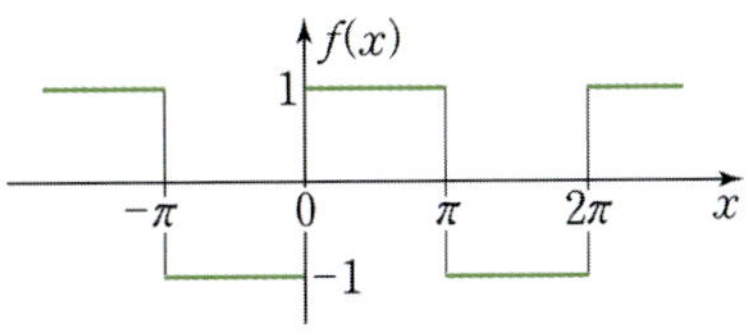

(a) 주어진 함수 $f(x)$(주기적 직사각파)

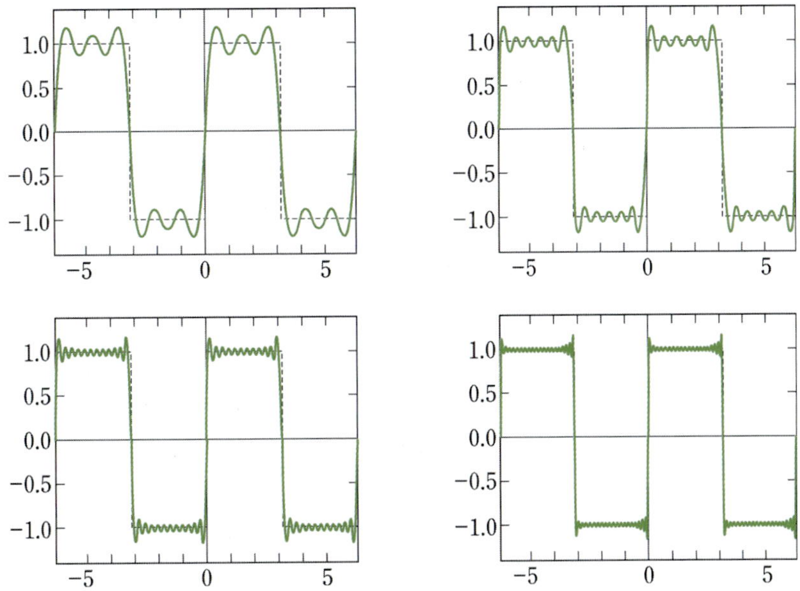

(b) Fourier 급수(Gibb's 현상)[3]

그림 6.3 ▌ 예제 1

3) Gibb's 현상: Fourier 급수의 불연속점 $x=-\pi, 0, \pi$에서의 진동 oscillation 현상.

풀이 공식 (6a)에서 $a_0 = 0$이고, 이것은 $-\pi$와 π 사이에 있는 $f(x)$의 곡선 아래의 면적이 0이므로 적분하지 않고서도 알 수 있다. 공식 (6b)에서

$$a_n = \frac{1}{\pi}\int_{-\pi}^{\pi} f(x)\cos nx\,dx = \frac{1}{\pi}\left[\int_{-\pi}^{0}(-1)\cos nx\,dx + \int_{0}^{\pi}(1)\cos nx\,dx\right]$$

$$= \frac{1}{\pi}\left[-1\frac{\sin nx}{n}\Big|_{-\pi}^{0} + 1\frac{\sin nx}{n}\Big|_{0}^{\pi}\right] = 0$$

을 얻는다. 왜냐하면 $x = -\pi, 0$ 및 π에서 $\sin\ nx = 0(n = 1, 2, \cdots)$이기 때문이다. 같은 방법으로 (6c)로부터

$$b_n = \frac{1}{\pi}\int_{-\pi}^{\pi} f(x)\sin\ nx\,dx = \frac{1}{\pi}\left[\int_{-\pi}^{0}(-1)\sin\ nx\,dx + \int_{0}^{\pi}(1)\sin\ nx\,dx\right]$$

$$= \frac{1}{\pi}\left[1\frac{\cos nx}{n}\Big|_{-\pi}^{0} - \frac{\cos nx}{n}\Big|_{0}^{\pi}\right]$$

를 얻는다. 한편, $\cos(-\alpha) = \cos\ \alpha$, $\cos\ 0 = 1$이므로 이 식은

$$b_n = \frac{1}{n\pi}[\cos 0 - \cos(-n\pi) - \cos\ n\pi + \cos\ 0] = \frac{2}{n\pi}(1 - \cos\ n\pi)$$

가 된다. 또 $\cos\ \pi = -1$, $\cos\ 2\pi = 1$, $\cos\ 3\pi = -1$, $\cdots$이므로 일반적으로

$$\cos n\pi = \begin{cases} -1\ (n\text{이 홀수}) \\ 1\ \ \ (n\text{이 짝수}) \end{cases} \quad \text{또는} \quad 1 - \cos n\pi = \begin{cases} 2\ \ (n\text{이 홀수}) \\ 0\ \ (n\text{이 짝수}) \end{cases}$$

이다. 따라서 주어진 함수의 Fourier 계수 b_n은

$$b_1 = \frac{4}{\pi},\quad b_2 = 0,\quad b_3 = \frac{4}{3\pi},\quad b_4 = 0,\quad b_5 = \frac{4}{5\pi},\ \cdots$$

이고, a_n이 0이므로, 이 함수의 Fourier 급수는

$$\frac{4}{\pi}\left(\sin\ x + \frac{1}{3}\sin\ 3x + \frac{1}{5}\sin\ 5x + \cdots\right) \tag{8}$$

이다. 그 부분합은

$$S_1 = \frac{4}{\pi}\sin\ x,\quad S_2 = \frac{4}{\pi}\left(\sin\ x + \frac{1}{3}\ \sin\ 3x\right),\ \cdots$$

등이고, 그림 6.3을 보면 구하여진 Fourier 급수가 수렴하고, 또 그 합이 주어진 함수 $f(x)$와 같다는 것을 알 수가 있다. 함수 $f(x)$의 불연속점 $x=0$, $x=\pi$에서는 모든 부분합은 0이 됨을 알 수 있는데, 이것은 이 함수값 -1와 1의 산술평균이다.

또한, $f(x)$가 이 급수의 합이라 하고 $x=\pi/2$라 놓으면

$$f\left(\frac{\pi}{2}\right)=1, \quad f\left(\frac{\pi}{2}\right)=\frac{4}{\pi}\left(1-\frac{1}{3}+\frac{1}{5}\mp\cdots\right)$$

이다.

따라서

$$1-\frac{1}{3}+\frac{1}{5}-\frac{1}{7}+-\cdots=\frac{\pi}{4}$$

를 얻는다. 이것은 Leibniz에 의한 유명한 결과이다(이것은 1673년경에 기하학적 고찰로부터 얻은 것이다). 위의 예제에서 보는 바와 같이 상수항으로 된 급수의 합이 특정한 점에서의 Fourier 급수의 값으로 계산될 수도 있다. ■

예제 2 다음 함수 $f(x)$의 Fourier 급수를 구하여라.

$$f(x)=\begin{cases}0 & -\pi<x<0\\ x & 0<x<\pi\end{cases}$$

풀이 $-\pi<x<0$일 때 $f(x)=0$이므로, 모든 적분을 $(-\pi,\pi)\Rightarrow(0,\pi)$로 바꾸어 쓸 수 있다. 따라서 6(a), (b), (c)는 다음과 같다.

$$a_0=\frac{1}{2\pi}\int_0^{\pi}x\ dx=\frac{1}{2\pi}\left[\frac{1}{2}x^2\right]_0^{\pi}=\frac{\pi}{4}$$

$$\begin{aligned}a_n&=\frac{1}{\pi}\int_0^{\pi}x\ \cos nx\,dx\\&=\frac{1}{n^2\pi}\int_0^{n\pi}u\ \cos u\ du \quad \left(u=nx,\ x=\frac{u}{n}\right)\\&=\frac{1}{n^2\pi}\left[\cos u+u\ \sin u\right]_0^{n\pi}\\&=\frac{1}{n^2\pi}\left[(-1)^n-1\right]\end{aligned}$$

$$\text{따라서}\ a_n = \begin{cases} 0 & n : \text{짝수}(n \geq 2) \\ -\dfrac{2}{n^2\pi} & n : \text{홀수} \end{cases}$$

$$\begin{aligned} b_n &= \frac{1}{\pi}\int_0^{\pi} x \sin nx\, dx = \frac{1}{n^2\pi}\int_0^{n\pi} u \sin u\, du \\ &= \frac{1}{n^2\pi}[\sin\ u - u\cos u]_0^{n\pi} \\ &= -\frac{1}{n}\cos\ n\pi \end{aligned}$$

$$\text{따라서}\ b_n = \frac{(-1)^{n+1}}{n} \quad \forall n \geq 1$$

$$f(x) = \frac{\pi}{4} - \frac{2}{\pi}\sum_{n:\text{홀수}}\frac{\cos nx}{n^2} + \sum_{n=1}^{\infty}\frac{(-1)^{n+1}\sin nx}{n}$$ ■

Fourier 급수로 표시할 수 있는 함수는 대단히 넓고 또한 일반적이다. 다음 정리에서 주기함수 $f(x)$가 Fourier 급수로 표현될 조건을 살펴보자.

정리 6.1 주기함수 $f(x)$의 Fourier 급수 표현

주기가 2π인 주기함수 $f(x)$가 구간 $-\pi \leqq x \leqq \pi$에서 구분적 연속(piecewise continuous)이고, 또 이 구간의 각 점에서 좌측 및 우측 도함수(left-and right-hand derivative)를 가지면, 이에 대응하는 Fourier 급수 (7)[계수 (6)을 갖는]은 함수 $f(x)$로 수렴한다. 또 $f(x)$가 불연속인 점 x_0에서는 이 급수의 합은 $f(x)$의 좌측 및 우측 극한값[4)]의 산술평균(arithmetic mean)이고 이 점을 제외하면 그 합은 $f(x)$이다.

4) 점 x_0에서의 $f(x)$의 좌측극한(left-hand limit)은 x가 좌측으로부터 x_0에 수렴할 때의 $f(x)$의 극한으로 정의되며 흔히 $f(x_0-0)$으로 표시한다. 즉,

$$f(x_0-0) = \lim_{h\to 0} f(x_0-h) \quad (h>0)$$

이다. 우측극한은 $f(x_0+0)$으로 표시하며

$$f(x_0+0) = \lim_{h\to 0} f(x_0+h) \quad (h>0)$$

이다. x_0에서의 $f(x)$의 좌측 및 우측 도함수는 $h\to 0(h>0)$일 때의

주의 함수 $f(x)$의 Fourier 급수가 정리 6.1에서와 같이 합 $f(x)$에 수렴하면, 이 급수를 함수 $f(x)$의 Fourier 급수라 부르고

$$f(x) = a_0 + a_1 \cos x + b_1 \sin x + \cdots + a_n \cos nx + b_n \sin nx + \cdots$$

과 같이 쓴다. 그리고 $f(x)$는 Fourier 급수로 표현했다고 말하고 다음과 같이 간단히 쓸 수 있다.

$$f(x) = a_0 + \sum_{n=1}^{\infty} (a_n \cos nx + b_n \sin nx)$$

정리 6.1의 증명 연속인 일계 및 이계도함수를 갖는 연속함수 $f(x)$에 대한 증명을 간략하게 해보고 보다 일반적인 구분적 연속(piecewise continuous)함수 $f(x)$의 경우는 다른 책을 참고하기를 바란다.

증명 $f(x)$가 연속인 일계 및 연속인 이계도함수를 갖는다고 가정했으므로 공식 (6b)를 부분적분하면

$$a_n = \frac{1}{\pi}\int_{-\pi}^{\pi} f(x)\cos\ nx\,dx = \frac{f(x)\sin\ nx}{n\pi}\bigg|_{-\pi}^{\pi} - \frac{1}{n\pi}\int_{-\pi}^{\pi} f'(x)\sin\ nx\,dx$$

이고, 이 우변의 첫 항은 0이다. 또 다시 두 번째 항을 부분적분하면

$$a_n = \frac{f'(x)\cos\ nx}{n^2\pi}\bigg|_{-\pi}^{\pi} - \frac{1}{n^2\pi}\int_{-\pi}^{\pi} f''(x)\cos\ nx\ dx$$

를 얻는다. 도함수 $f'(x)$의 주기성과 연속성 때문에 우변의 첫 항은 0이 되고, f''은 적분구간 내에서 연속이므로, 적당한 상수 M에 대하여

$$|f''(x)| < M$$

이 성립한다. 모든 $-\pi \leqq x \leqq \pi$에 대하여 $|\cos\ nx| \leq 1$이므로

$$\frac{f(x_0 - h) - f(x_0 - 0)}{-h} \text{과} \ \frac{f(x_0 + h) - f(x_0 + 0)}{h}$$

의 극한으로 각각 정의된다. 물론 $f(x)$가 x_0에서 연속이면 두 식의 분자에 있는 두 번째 항은 단순히 $f(x_0)$이다.

$$|a_n| = \frac{1}{n^2\pi}\left|\int_{-\pi}^{\pi} f''(x)\cos nx\, dx\right| < \frac{1}{n^2\pi}\int_{-\pi}^{\pi} M dx = \frac{2M}{n^2}$$

이 된다. 같은 방법으로 모든 n에 대하여 $|b_n| < 2M/n^2$이 만족하고, $f(x)$의 Fourier 급수의 각 항의 절대값은 다음의 급수의 각 항보다 작거나 같다.

$$|a_0| + 2M\left(1 + 1 + \frac{1}{2^2} + \frac{1}{2^2} + \frac{1}{3^2} + \frac{1}{3^2} + \cdots\right)$$ ■

■ 임의의 주기를 갖는 함수

주기 2π를 갖는 함수를 임의의 주기 T를 갖는 함수로 변환해보도록 하자.

실제로 함수 $f(t)$가 주기 T를 갖는다고 가정하고, x의 함수로서의 $f(t)$의 주기가 2π가 되도록 새로운 변수 x를 도입할 수 있다. 즉,

$$\text{(a)}\ t = \frac{T}{2\pi}x \quad \text{따라서} \quad \text{(b)}\ x = \frac{2\pi}{T}t \tag{9}$$

라고 놓으면 $x = \pm\pi$일 때 $t = \pm T/2$가 되고, 이것은 x의 함수로서의 f의 주기가 2π임을 뜻한다. 그러므로 f가 Fourier 급수로 전개된다면 이 급수는

$$f(t) = f\left(\frac{T}{2\pi}x\right) = a_0 + \sum_{n=1}^{\infty}(a_n \cos nx + b_n \sin nx) \tag{10}$$

와 같은 형태이어야 하고, 각 계수는 앞 Euler의 공식 (6), 즉

$$a_0 = \frac{1}{2\pi}\int_{-\pi}^{\pi} f\left(\frac{T}{2\pi}x\right)dx, \quad a_n = \frac{1}{\pi}\int_{-\pi}^{\pi} f\left(\frac{T}{2\pi}x\right)\cos nx\ dx,$$
$$b_n = \frac{1}{\pi}\int_{-\pi}^{\pi} f\left(\frac{T}{2\pi}x\right)\sin nx\ dx$$

로부터 얻을 수 있다. 이 공식을 직접 사용할 수도 있으나, t로 변환하면 계산은 더욱 간단하게 된다. 즉,

$$x = \frac{2\pi}{T}t$$

이므로

$$dx = \frac{2\pi}{T}dt$$

이고, x의 적분구간은

$$-\frac{T}{2} \leqq t \leqq \frac{T}{2}$$

에 대응한다. 결과적으로 주기 T인 주기함수 $f(t)$의 Fourier 계수는 다음과 같은 Euler의 공식에 의하여 얻을 수 있다. 즉,

$$\text{(a)}\ a_0 = \frac{1}{T}\int_{-T/2}^{T/2} f(t)dt$$

$$\text{(b)}\ a_n = \frac{2}{T}\int_{-T/2}^{T/2} f(t)\cos\frac{2n\pi t}{T}dt \quad (n = 1,\ 2,\ \cdots) \tag{11}$$

$$\text{(c)}\ b_n = \frac{2}{T}\int_{-T/2}^{T/2} f(t)\sin\frac{2n\pi t}{T}dt$$

이다. 더욱이 변수 x가 t로 표시된 Fourier 급수 (10)는

$$f(t) = a_0 + \sum_{n=1}^{\infty}\left(a_n\cos\frac{2n\pi}{T}t + b_n\sin\frac{2n\pi}{T}t\right) \tag{12}$$

가 된다. 공식 (11)의 적분구간은 길이가 T인 임의의 구간, 가령 구간 $0 \leqq t \leqq T$로 바꾸어 쓸 수 있다.

예제 3 다음 함수의 Fourier 급수를 구하여라.

$$f(t) = \begin{cases} -1 & -2 < t < 0 \\ 1 & 0 < t < 2 \end{cases}$$

풀이 식 (11) (a), (b), (c)를 사용하면 다음과 같이 Fourier 계수를 구할 수 있다.

$$a_0 = \frac{1}{4}\int_{-2}^{2} f(t)dt = \frac{1}{4}\int_{-2}^{0}(-1)dt + \frac{1}{4}\int_{0}^{2}(+1)dt = 0$$

$$\begin{aligned} a_n &= \frac{1}{2}\int_{-2}^{0}(-1)\cos\frac{n\pi t}{2}dt + \frac{1}{2}\int_{0}^{2}(+1)\cos\frac{n\pi t}{2}dt \\ &= \frac{1}{2}\left[-\frac{2}{n\pi}\sin\frac{n\pi t}{2}\right]_{-2}^{0} + \frac{1}{2}\left[\frac{2}{n\pi}\sin\frac{n\pi t}{2}\right]_{0}^{2} = 0 \end{aligned}$$

$$\begin{aligned} b_n &= \frac{1}{2}\int_{-2}^{0}(-1)\sin\frac{n\pi t}{2}dt + \frac{1}{2}\int_{0}^{2}(+1)\sin\frac{n\pi t}{2}dt \\ &= \frac{1}{2}\left[\frac{2}{n\pi}\cos\frac{n\pi t}{2}\right]_{-2}^{0} + \frac{1}{2}\left[-\frac{2}{n\pi}\cos\frac{n\pi t}{2}\right]_{0}^{2} \\ &= \frac{2}{n\pi}[1-(-1)^n] = \begin{cases} \dfrac{4}{n\pi} & n: 홀수 \\ 0 & n: 짝수 \end{cases} \end{aligned}$$

따라서

$$\begin{aligned} f(t) &= \frac{4}{\pi}\sum_{n:홀수}\frac{1}{n}\sin\frac{n\pi t}{2} \\ &= \frac{4}{\pi}\left(\sin\frac{\pi t}{2} + \frac{1}{3}\sin\frac{3\pi t}{2} + \frac{1}{5}\sin\frac{5\pi t}{2} + \cdots\right) \end{aligned}$$ ■

연습문제 6.2

■ 함수 $f(x)$가 다음과 같이 주어질 때, 주기가 2π라 가정하고 함수 $f(x)$의 Fourier 급수를 구하여라.

01

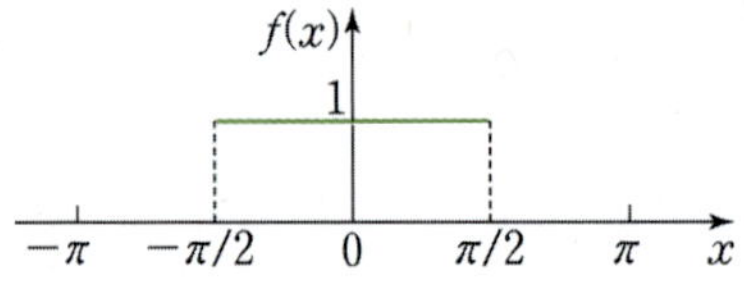

02

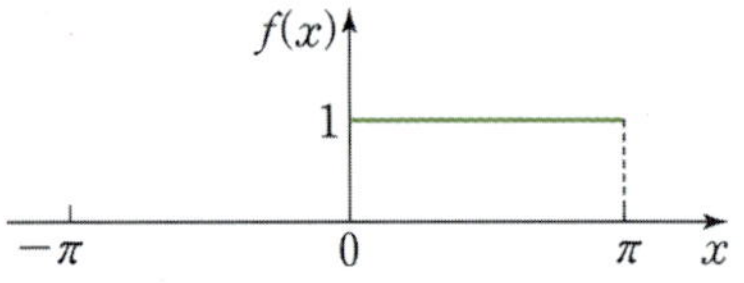

03 $f(x) = x\,(-\pi < x < \pi)$

04 $f(x) = x^2\,(-\pi < x < \pi)$

05 $f(x) = \begin{cases} \pi + x & (-\pi < x < 0) \\ \pi - x & (0 < x < \pi) \end{cases}$

06 $f(x) = \begin{cases} x & (-\pi/2 < x < \pi/2) \\ \pi - x & (\pi/2 < x < 3\pi/2) \end{cases}$

07 문제 **01**의 함수에 대하여, 불연속점에 관한 정리 6.1의 마지막 명제를 검증하여라.

08 식 (12)의 각 항은 주기 T를 가짐을 보여라.

09 문제 **02**의 Fourier 급수로부터 예제 1의 Fourier 급수를 유도하라.

■ 다음 각 경우에서, 주기 T인 주기함수 $f(t)$의 Fourier 급수를 구하고, $f(t)$ 및 처음 세 개의 부분합을 그림으로 표시하여라.

10 $f(t) = -1 \ (-1 < t < 0), \ \ f(t) = 1 \ (0 < t < 1), \ \ T = 2$

11 $f(\tau) = 0 \ (-2 < \tau < 0), \ \ f(\tau) = 1 \ (0 < \tau < 2), \ \ T = 4$

12 $f(t) = 0 \ (-1 < t < 0), \ \ f(t) = t \ (0 < t < 1), \ \ T = 2$

13 $f(t) = 1 - t^2 \ (-1 < t < 1), \ \ T = 2$

14 $f(t) = -1 \ (-1 < t < 0), \ \ f(t) = 2t \ (0 < t < 1), \ \ T = 2$

15 6.2절 예제 1의 Fourier 급수로부터 문제 **10**의 Fourier 급수를 직접 구하여라.

6.3 Fourier cosine과 sine 급수

주어진 주기 함수가 기함수(odd function) 또는 우함수(even function)이면 그 함수의 Fourier 계수를 보다 쉽게 구할 수 있다. 모든 x에 대하여 $g(-x) = g(x)$가 만족될 때, $y = g(x)$를 우함수라 하며 이와 같은 함수의 그림은 y축에 관하여 대칭이 된다(그림 6.4(a)). 또 모든 x에 대하여 $h(-x) = -h(x)$이면 $y = h(x)$를 기함수라 한다(그림 6.4(b)).

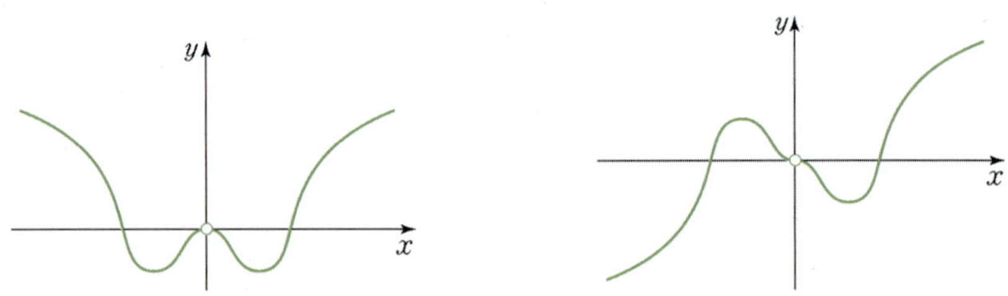

(a) 우함수　　(b) 기함수

그림 6.4

예를 들어 $\cos nx$는 우함수이고, $\sin nx$는 기함수이다. 다음으로 우함수나 기함수들의 적분값을 살펴보자. $g(x)$가 우함수이면

$$\int_{-T/2}^{T/2} g(x)dx = 2\int_{0}^{T/2} g(x)dx \tag{1}$$

이고, $h(x)$가 기함수이면

$$\int_{-T/2}^{T/2} h(x)dx = 0 \tag{2}$$

이다. 적분값 (1)과 (2)는 g와 h의 그림으로부터 분명하며, 이의 수학적인 증명은 독자에게 맡긴다. 또한 우함수 g와 기함수 h의 곱 $q = gh$는 기함수이다. 왜냐하면

$$q(-x) = g(-x)\ h(-x) = g(x)[-h(x)] = -q(x)$$

이기 때문이다. 6.2절의 식 (11)에서 $f(t)$가 우함수이고 $\sin(2n\pi t/T)$는 기함

수면 위처럼 두함수의 곱 $f(t)\sin(2n\pi t/T)$는 기함수이므로 식 (2)와 6.2의 (11c)에 의해서 $f(t)\sin(2n\pi t/T)$의 Fourier 계수(coefficient) $b_n = 0$이다. 마찬가지로 $f(t)$가 기함수이면, 6.2절의 식 (11b)의 $f(t)\cos(2n\pi t/T)$는 기함수이고 그의 Fourier 계수(coefficient)는 식 (2)에 의해서 $a_n = 0$이다. 이 사실과 식 (1)과 (2)로부터 다음 정리를 얻는다.

정리 6.2 우함수와 기함수의 Fourier 급수

주기 T인 우함수 $f(t)$의 Fourier 급수는 "Fourier cosine 급수"

$$f(t) = a_0 + \sum_{n=1}^{\infty} a_n \cos\frac{2n\pi}{T}t \quad (f\text{는 우함수}) \tag{3}$$

이고, 계수는

$$a_0 = \frac{2}{T}\int_0^{T/2} f(t)dt,\ a_n = \frac{4}{T}\int_0^{T/2} f(t)\cos\frac{2n\pi}{T}t\,dt, \quad n = 1, 2, \cdots \tag{4}$$

으로 주어진다. 주기 T인 기함수 $f(t)$의 Fourier 급수는 "Fourier sine 급수"

$$f(t) = \sum_{n=1}^{\infty} b_n \sin\frac{2n\pi}{T}t \quad (f\text{는 기함수}) \tag{5}$$

이고, 계수는

$$b_n = \frac{4}{T}\int_0^{T/2} f(t)\sin\frac{2n\pi}{T}t\,dt \tag{6}$$

로 주어진다.

특히, 주기 2π인 우함수의 Fourier 급수는 Fourier cosine 급수

$$f(x) = a_0 + a_1\cos\ x + a_2\cos\ 2x + a_3\cos\ 3x + \cdots \tag{3*}$$

이고, 여기서

$$a_0 = \frac{1}{\pi}\int_0^{\pi} f(x)dx, \quad a_n = \frac{2}{\pi}\int_0^{\pi} f(x)\cos\ nx\,dx \quad n = 1, 2, \cdots \tag{4*}$$

이다. 마찬가지로 주기 2π인 기함수 $f(x)$의 Fourier 급수는 Fourier sine 급수

$$f(x) = b_1 \sin\ x + b_2 \sin\ 2x + b_3 \sin\ 3x + \cdots \qquad (5^*)$$

이고, 여기서

$$b_n = \frac{2}{\pi}\int_0^{\pi} f(x)\sin\ nx\,dx \quad n = 1,\ 2,\ \cdots \qquad (6^*)$$

이다.

이를테면 6.2절의 예제 1의 $f(x)$는 기함수이고 따라서 Fourier sine 급수로 표시된다.

다음 정리로부터 더욱 간단한 결과를 얻는다.

정리 6.3　함수의 합

함수의 합 $f_1 + f_2$의 Fourier 계수는 f_1 및 f_2의 각각의 Fourier 계수의 합과 같다.

■ 반구간전개(Half range expansion)

여러 가지 물리학적, 공학적인 문제에서 보면, 단순히 어떤 유한구간에서만 정의된 함수 $f(t)$에 Fourier 급수를 적용시킬 필요가 있을 때가 있다. 전형적인 예는 편미분방정식과 관련된 것으로서 다음 장에서 보게 될 것이다. 이때 $f(t)$는 구간 $0 \leqq t \leqq l$에서 정의되는데, 바로 이 구간에서 $f(t)$를 Fourier 급수로 표시하고자 하는 것이다.

정리 6.2를 사용하면, 구간 $0 \leqq t \leqq l$이 적분구간 $0 \leqq t \leqq T/2$에 대응되도록 $T/2 = l$ 또는 $T = 2l$로 놓자. 그러면 식 (4)를 사용하여 주기 $T = 2l$인 짝수주기함수 $f_1(t)$를 표시하는 Fourier cosine 급수를 얻을 수가 있다. 또 이와 같이 하면 $0 \leqq t \leqq l$에서는 $f_1(t) = f(t)$이다. 따라서 $f_1(t)$를 주기 $T = 2l$인 $f(t)$의 짝수주기확장(even periodic extension)이라고 한다. 또 $T = 2l$이라 놓으면 정리 6.2의 (3)과 (4)로부터

$$f(t) = a_0 + \sum_{n=1}^{\infty} a_n \cos\frac{n\pi}{l}t \quad (0 \leqq t \leqq l) \qquad (3^{**})$$

임을 알 수 있고, 그 계수는

$$a_0 = \frac{1}{l}\int_0^l f(t)dt, \quad a_n = \frac{2}{l}\int_0^l f(t)\cos\frac{n\pi}{l}t\,dt \quad n = 1, 2, \cdots \tag{4**}$$

이다.

정리 6.2에서 식 (4) 대신에 식 (6)(앞서와 같이 $T = 2l$이라 놓아서)을 사용하면 주기 $T = 2l$인 홀수주기함수 $f_2(t)$를 표시하는 Fourier sine 급수를 얻는다. 이렇게 하면 $0 \leq t \leq l$에서는 $f_2(t) = f(t)$이다. 이때 $f_2(t)$를 주기 $T = 2l$인 $f(t)$의 홀수주기확장(odd periodic extension)이라 한다.

정리 6.2의 (5)와 (6)으로부터

$$f(t) = \sum_{n=1}^{\infty} b_n \sin\frac{n\pi}{l}t \qquad (0 \leq t \leq l) \tag{5**}$$

임을 알 수 있고, 그 계수는

$$b_n = \frac{2}{l}\int_0^l f(t)\sin\frac{n\pi}{l}t\,dt \quad n = 1, 2, \cdots \tag{6**}$$

이다. 계수 (4**)와 (6**)를 갖는 급수 (3**)와 (5**)를 주어진 함수 $f(t)$의 반구간전개(half-range expansion)라 한다.

예제 1 $0 < t < T$일 때, 함수 $f(t) = t$의 Fourier cosine과 sine 급수를 구하여라.

풀이 정리 6.2의 식 (4)와 (6)을 이용하여 각각의 Fourier 계수를 구한다.

$$a_0 = \frac{1}{T}\int_0^T t\,dt = \frac{1}{T}\left[\frac{1}{2}t^2\right]_0^T = \frac{T}{2}$$

$$a_n = \frac{2}{T}\int_0^T t\ \cos\frac{n\pi t}{T}dt = \frac{2T}{n^2\pi^2}\int_0^{n\pi} u\cos\ u\,du$$

$$= \frac{2T}{n^2\pi^2}[u\sin u + \cos\ u]_0^{n\pi} = \begin{cases} -\dfrac{4T}{n^2\pi^2} & n: \text{홀수} \\ 0 & n: \text{짝수} \end{cases}$$

따라서 $f(t)$의 Fourier cosine 급수는 ($0 < t < T$에 대해서)

$$t = \frac{T}{2} - \frac{4T}{\pi^2}\left(\cos\frac{\pi t}{T} + \frac{1}{3^2}\cos\frac{3\pi t}{T} + \frac{1}{5^2}\cos\frac{5\pi t}{T} + \cdots\right) \tag{7}$$

다음으로

$$b_n = \frac{2}{T}\int_0^T t\ \sin\frac{n\pi t}{T}dt = \frac{2T}{n^2\pi^2}\int_0^{n\pi} u\ \sin\ u\ du$$
$$= \frac{2T}{n^2\pi^2}[-u\ \cos u + \sin u]_0^{n\pi} = \frac{2T}{n\pi}(-1)^{n+1}$$

따라서 $f(t)$의 Fourier sine 급수는 ($0 < t < T$에 대해서)

$$t = \frac{2T}{\pi}\left(\sin\frac{\pi t}{T} - \frac{1}{2}\sin\frac{2\pi t}{T} + \frac{1}{3}\sin\frac{3\pi t}{T} - \cdots\right) \tag{8}$$

이다.

(7)은 그림 6.5(b)의 함수(even extension)로 수렴하고 (8)은 그림 6.5(c)의 함수(odd extension)로 수렴함을 알 수 있다.

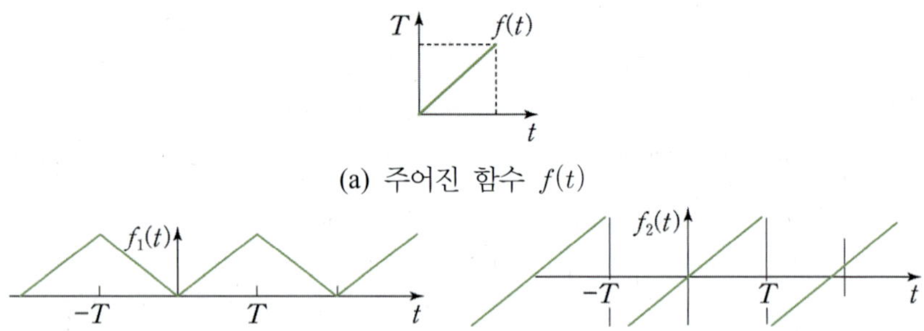

(a) 주어진 함수 $f(t)$

(b) 우함수 확장(even periodic extension) (c) 기함수 확장(odd periodic extension)

그림 6.5 ■

예제 2 다음 주어진 경계조건 미분방정식의 해를 Fourier 급수로 나타내어라.

$$y'' + 4y = 4t \tag{9}$$
$$y(0) = y(1) = 0 \tag{10}$$

풀이 $f(t) = 4t,\quad 0 < t < 1$라고 하자.

y의 값이 $t = 0, 1$에서 0이므로 $f(t)$의 odd periodic extension을 찾으면 (예제 1에서와 같이 (8)식 이용)

$$4t = \frac{8}{\pi}\sum_{n=1}^{\infty}\frac{(-1)^{n+1}}{n}\sin n\pi t,\quad 0 < t < 1$$

따라서 $y(t)=\sum_{n=1}^{\infty} b_n \sin\ n\pi t$라고 가정하고 위의 미분방정식 (9)에 대입해서 b_n을 구한다.

$$\sum_{n=1}^{\infty}(-n^2\pi^2+4)b_n \sin\ n\pi t=\frac{8}{\pi}\sum_{n=1}^{\infty}\frac{(-1)^{n+1}}{n}\sin\ n\pi t$$

양변의 계수 비교를 하면

$$b_n=\frac{8\cdot(-1)^{n+1}}{n\pi(4-n^2\pi^2)}$$

이 됨을 알 수 있다.

따라서 $y(t)=\frac{8}{\pi}\sum_{n=1}^{\infty}\frac{(-1)^{n+1}\sin\ n\pi t}{n(4-n^2\pi^2)}$이다. ■

연습문제 6.3

■ 다음 함수가 우함수인지, 기함수인지 또는 어느 쪽도 아닌지를 말하여라.

01 e^x, e^{x^2}, $\sin nx$, $x\sin x$, $(\cos x)/x$, $\ln x$, $\sin x^2$, $\sin^2 x$

■ 다음 각 함수 $f(x)$가 주기 2π인 주기함수라 가정하고, 그것이 우함수인지, 기함수인지 또는 그 어느 쪽도 아닌지를 판정하여라.

02 $f(x)=x \quad (-\pi<x<\pi)$

03 $f(x)=x|x| \quad (-\pi<x<\pi)$

04 $f(x)=\begin{cases} x & (0<x<\pi) \\ 0 & (\pi<x<2\pi) \end{cases}$

05 $f(x)=\begin{cases} x & (-\pi/2<x<\pi/2) \\ 0 & (\pi/2<x<3\pi/2) \end{cases}$

06 (1)을 증명하여라.

07 정리 6.3을 증명하여라.

■ 다음 함수를 우함수와 기함수의 합으로 표시하여라.

08 $1/(1-x)^2$ **09** $x/(x+1)$

■ 다음을 증명하여라.

10 기함수의 합은 기함수이다. 두 기함수의 곱은 우함수이다.

11 만일, $f(x)$가 우함수이면 $|f(x)|$, $f^2(x)$, $f^3(x)$도 우함수이다.

■ 다음 함수의 주기가 2π라 가정하고, 그들의 Fourier 급수를 구하여라.

12 $f(x)=\begin{cases} 1 & (-\pi/2<x<\pi/2) \\ 0 & (\pi/2<x<3\pi/2) \end{cases}$

13 $f(x)=\begin{cases} x & (-\pi/2<x<\pi/2) \\ \pi-x & (\pi/2<x<3\pi/2) \end{cases}$

14 $\begin{cases} -x & (-\pi<x<0) \\ x & (0<x<\pi) \end{cases}$

15 $f(x)=x^2/4 \quad (-\pi<x<\pi)$

■ 다음을 밝혀라.

16 $1-\dfrac{1}{3}+\dfrac{1}{5}-\dfrac{1}{7}+\cdots=\dfrac{\pi}{4}$ (문제 12를 이용하여라.)

17 $1-\dfrac{1}{4}+\dfrac{1}{9}-\dfrac{1}{16}+\cdots=\dfrac{\pi^2}{12}$ (문제 15를 이용하여라.)

18 이미 알고 있는 항등식 $\sin^3 x=\dfrac{3}{4}\sin x-\dfrac{1}{4}\sin 3x$가 Fourier 급수 전개로서 해석될 수 있음을 보여라. 또한 $\cos^2 x=\dfrac{3}{4}\cos x+\dfrac{1}{4}\cos 3x$에 대해서도 같은 해석이 가능함을 보여라.

6.4 Fourier 급수의 응용

■ 강제진동

Fourier 급수는 미분방정식의 해를 구하는데 사용하는 중요한 방법 중 하나이다. 이제 미분방정식을 포함하는 중요한 실제적인 문제에 관하여 생각해 보기로 하자 (편미분방정식에 대해서는 다음 장에서 다룬다). 앞의 2.13절에서 용수철에 매달린 질량 m인 물체의 강제진동은 미분방정식

$$my'' + cy' + ky = F(t) \tag{1}$$

로 표시된다는 것을 알아보았다 (그림 6.6). 단 k는 탄성계수, c는 감쇠상수이다. $c = 0$일 때 (1)의 일반해는 $y(t) = c_1\cos\ \omega_0 t + c_2\sin\ \omega_0 t + y_p(t)$이다.

$\omega_0 = \sqrt{k/m}$ 이며 $y_p(t)$는 (1)의 특수해(particular solution or steady periodic solution)이다. 만일, 외력 $F(t)$가 sine 또는 cosine 함수이고 감쇠상수 c가 0이 아니면, 정상상태해(steady periodic solution)는 외력의 진동수를 갖는 진동을 나타낸다.

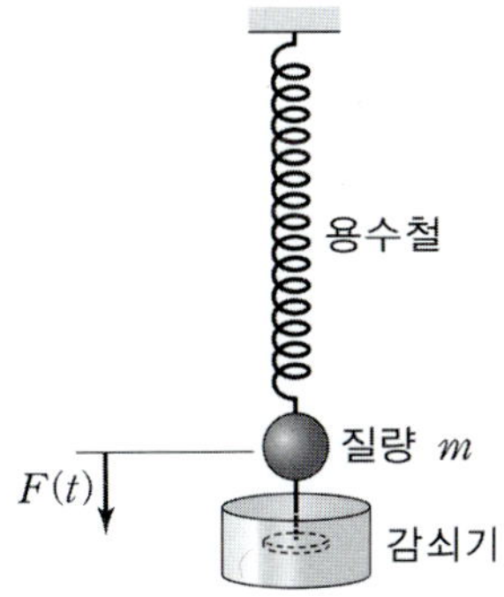

그림 6.6 ▌진동계

만일, $F(t)$가 순수한 sine이나 cosine 함수가 아닌 다른 주기함수라 하면, 이때의 정상상태해는 $F(t)$의 진동수와 그 배수의 진동수를 갖는 진동의 중첩으로 표현할 수 있다는 것을 다음 예제들로 알아보기로 한다.

예제 1 식 (1)에서 $m=2\text{kg}$, $k=32N/\text{m}$ $(c=0)$이고 다음의 주기적인 외부의 힘이 주어졌을 때 (그림 6.7)

$$F(t)=\begin{cases}10N & 0<t<1\\ -10N & 1<t<2\end{cases}$$

(1)의 특수해를 구하여라.

풀이 먼저 $F(t)$의 Fourier 급수를 구하면 다음과 같다(6.2절에서 예제 1 참조).

$$F(t)=\frac{40}{\pi}\sum_{n\text{홀수}}\frac{\sin\ n\pi t}{n}$$

따라서 $y_p(t)=\sum_{n:\text{홀수}}b_n\ \sin\ n\pi t$라고 가정하고 (1)에 대입하여 계수비교를 통하여 b_n을 구하면

$$\sum_{n:\text{홀수}}b_n(-2n^2\pi^2+32)\sin\ n\pi t=\frac{40}{\pi}\sum_{n:\text{홀수}}\frac{\sin\ n\pi t}{n}$$

$$b_n=\frac{20}{n\pi(16-n^2\pi^2)}\quad n:\ \text{홀수}$$

따라서 $y_p(t)=\dfrac{20}{\pi}\sum_{n:\text{홀수}}\dfrac{\sin\ n\pi t}{n(16-n^2\pi^2)}$이다(그림 6.8의 해).

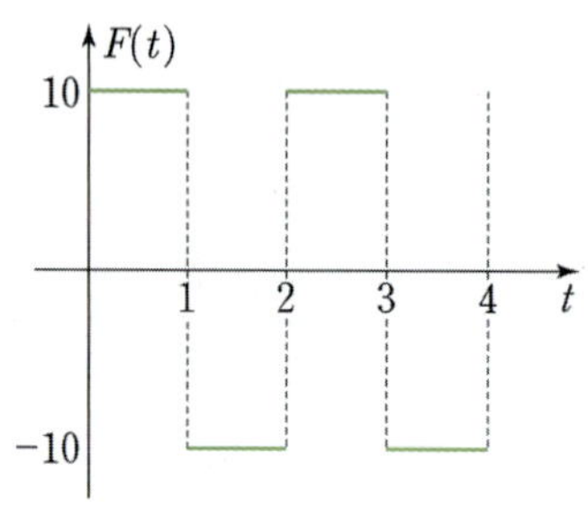

그림 6.7

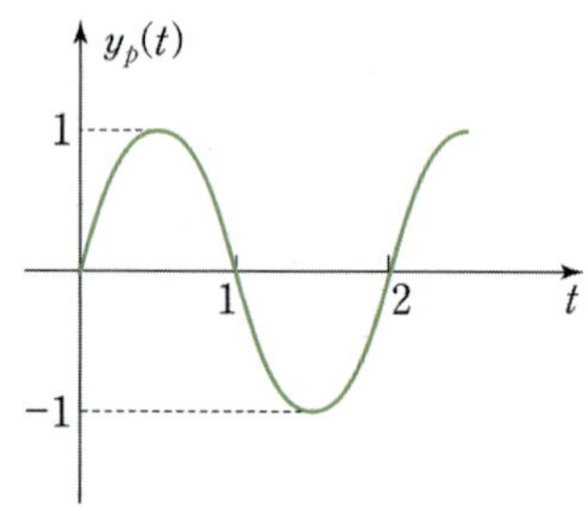

그림 6.8

예제 2 식 (1)에서 $m=2\text{kg}$, $k=32N/\text{m}$이고, $c=0$이라 하자.

다음 두 가지 주기적인 외부의 힘이 주어졌을 때 어떤 경우에 공진이 일어나는지 판단하여라.

(a) $F(t)=\begin{cases}10 & 0<t<\pi \\ -10 & \pi<t<2\pi\end{cases}$ (b) $F(t)=10t,\ -\pi<t<\pi$

풀이 (a) natural frequency $\omega_0=\sqrt{k/m}=\sqrt{32/2}=\sqrt{16}=4$이므로 $F(t)$의 Fourier 급수가 $\sin 4t$를 갖는지 판단하면 된다.

$$F(t)=\frac{40}{\pi}\left(\sin t+\frac{1}{3}\ \sin 3t+\frac{1}{5}\ \sin 5t+\cdots\right)$$

이므로 공진(resonance)은 일어나지 않는다.

(b) $F(t)=20\sum_{n=1}^{\infty}\frac{(-1)^{n+1}}{n}\ \sin\ nt$이므로 $n=4$일 때 $\sin\ 4t$를 가지므로 공진현상이 일어난다. ■

예제 3 식 (1)에서 $F(t)=F_o\ \sin\ \omega t$ 로 주어졌을 때 정상해(steady periodic solution)는 다음과 같다.

$$y_p(t)=\frac{F_o}{\sqrt{(k-m\omega^2)^2+(c\omega)^2}}\ \sin\ (\omega t-\alpha) \tag{2}$$

$$\alpha=\tan^{-1}\frac{c\omega}{k-m\omega^2},\quad 0\le\alpha\le\pi$$

식 (1)에서 $m=3\text{kg},\ c=0.02N/\text{m/s},\ k=27N/\text{m}$

$F(t)=\pi t-t^2,\ 0<t<\pi$일 때 (1)의 정상해를 구하여라.

풀이 $F(t)$의 Fourier 급수를 구하면 다음과 같다.

$$F(t)=\frac{8}{\pi}\left(\sin\ t+\frac{1}{3^3}\ \sin\ 3t+\frac{1}{5^3}\ \sin\ 5t+\cdots\right)$$

따라서 $y_p(t)=\sum_{n=1}^{\infty}\frac{b_n\sin\ (\omega_{nt}-\alpha)}{\sqrt{(k-m\omega_n^2)^2+(c\omega)^2}}$로 가정하고 (2)를 이용하여 계수비교를 하면 다음과 같다.

$$b_n=0\quad n:\ \text{짝수},\ b_n=\frac{8}{(\pi n^3)}\quad n:\ \text{홀수},\ \omega_n=n$$

따라서 $y_p(t) = \dfrac{8}{\pi}\displaystyle\sum_{n;\text{홀수}} \dfrac{\sin\ (nt-\alpha_n)}{n^3\sqrt{(27-3n^2)^2+(0.02n)^2}}$

$$\alpha_n = \tan^{-1}\frac{(0.02)n}{27-3n^2},\quad 0 \le \alpha_n \le \pi$$

연습문제 6.4

■ 다음 각 경우에서, 미분방정식 $y'' + \omega^2 y = F(t)$의 일반해를 구하여라.

01 $F(t) = \sin\ t,\quad \omega = 0.5,\ 0.7,\ 0.9,\ 1.1,\ 1.5,\ 2.0,\ 10.0$

02 $F(t) = \sin t + \dfrac{1}{9}\sin 3t + \dfrac{1}{25}\sin 5t,$

$\omega = 0.5,\ 0.9,\ 1.1,\ 2,\ 2.9,\ 3.1,\ 4,\ 4.9,\ 5.1,\ 6,\ 8$

03 $F(t) = \displaystyle\sum_{n=1}^{N} B_n \sin\ nt,\ |\omega| \ne 1,\ 2,\ \cdots,\ N$

04 $F(t) = \dfrac{t^2}{4}\quad (-\pi < t < \pi),\ F(t+2\pi) = F(t),\ |\omega| \ne 0,\ 1,\ 2,\ \cdots$

■ 다음 각 경우에서 $y'' + cy' + y = F(t)$에 대응하는 정상상태의 진동방정식을 구하여라. 여기서 $c > 0$이다.

05 $F(t) = K\ \sin\ t$

06 $F(t) = a_n \cos\ nt$

07 $F(t) = \begin{cases} \pi t/4 & (-\pi/2 < t < \pi/2) \\ \pi(\pi - t)/4 & (\pi/2 < t < 3\pi/2), \end{cases}\qquad F(t+2\pi) = F(t)$

07 편미분방정식

7.1 편미분방정식 소개

편미분방정식은 두 개 이상의 독립변수 x, y, $\cdots$ 를 갖는 미지의 함수 $u(x,\ y,\ \cdots)$와 이 함수의 편도 함수들로 구성된 방정식이다. 최고차 도함수의 차수가 그 편미분방정식의 차수가 된다. 예를 들어, 독립변수가 두 개이고 일차인 편미분방정식은 다음과 같다.

$$F(x,\ y,\ u(x,\ y),\ u_x(x,\ y),\ u_y(x,\ y)) = 0.$$

여기서 $u_x = \partial u / \partial x$, $u_y = \partial u / \partial y$이다.

물리 이론 등에서 나오는 편미분방정식은 다음과 같다(c는 양의 상수).

1. $u_t - cu_{xx} = 0$ (열 방정식)
2. $u_{xx} + u_{yy} = 0$ (Laplace 방정식)
3. $u_{xx} + u_{yy} = f(x,\ y)$ (Poisson 방정식)
4. $u_{tt} - cu_{xx} = 0$ (파동 방정식)
5. $u_x + u_y = 0$ (수송 방정식)
6. $u_t + uu_x = 0$ (충격파)
7. $u_t + uu_x + u_{xxx} = 0$ (분산파)

예를 들어, 일곱 번째 방정식의 차수는 3이고 t와 x 두 개의 독립 변수를 가진다.

편미분방정식을 선형 혹은 비선형으로 나눌 수 있는데, 선형 편미분방정식을 편미분작용소 $\mathcal{L}$를 이용해 정의해 보자. 예를 들어, $\mathcal{L} = \partial / \partial x$이면 $\mathcal{L}v = v_x$이다. 편미분작용소가 $\mathcal{L} = \partial / \partial x + \partial / \partial y$일 때 위의 수송방정식 $u_x + u_y = 0$은 $\mathcal{L}v = 0$로 표현할 수 있다. 선형 편미분작용소는

$$\mathcal{L}(u+v) = \mathcal{L}u + \mathcal{L}v, \quad \mathcal{L}(cu) = c\mathcal{L}u$$

를 만족한다. 여기서 c는 상수이다. 선형 편미분방정식은 선형 편미분작용소 $\mathcal{L}$를 이용해 $\mathcal{L}u = f$로 표현할 수 있는 편미분방정식을 가리킨다. 따라서 위에서 처음 다섯 개의 방정식은 선형이고 마지막 두 개의 방정식은 비선형이다.

편미분방정식의 각 항이 미지 함수 u 또는 그 편도함수를 포함하고 있을 때, 그 방정식을 동차라 한다. 위 예에서 비동차 방정식인 세 번째 방정식 이외에는 모두 동차 방정식이다. 선형 편미분작용소를 이용하면 선형 동차 편미분방정식은 $\mathcal{L}u=0$로 표현할 수 있다. 선형 동차 편미분방정식의 경우, 만약 함수 u_1와 u_2가 선형 동차 방정식 $\mathcal{L}u=0$을 만족하면, 임의의 상수 c_1, c_2에 대해 $c_1u_1+c_2u_2$ 역시 $\mathcal{L}u=0$를 만족한다.

편미분방정식의 해는 주어진 방정식을 만족하는 어떤 정의역에 정의된 함수이다. 편미분방정식을 만족하는 물리적으로 의미가 있는 유일한 해를 찾기 위해서는 보통 물리적 조건에서 추가되는 정보를 이용해야 한다. 가령 편미분방정식이 주어진 정의역의 경계에서 방정식의 해가 만족해야 할 경곗값이 주어지기도 하고(경계조건), 시간 변수가 포함된 편미분방정식에서는 해의 특정한 시간에서의 값이 주어지기도 한다(초기조건).

연습문제 7.1

01 다음의 편미분작용소 중 선형인 것은?

(1) $\mathcal{L}u=u_{xx}+u_y+u_{yy}$

(2) $\mathcal{L}u=u_x+uu_y$

(3) $\mathcal{L}u=u_{xx}^2+u_{yy}$

(4) $\mathcal{L}u=a(x, y)u_{xx}+b(x, y)u_{xy}+c(x, y)u_{yy}$

(5) $\mathcal{L}u=a(x, y, u)u_{xx}+c(x, y)u_{yy}$

02 다음의 편미분방정식이 비선형, 선형 동차, 혹은 선형 비동차인지 판별하여라.

(1) $u_t-u_{xx}=\cos x$ (2) $u_{tt}-u_{xx}=u$

(3) $iu_t-u_{xx}-u_{yy}+u/x=0$ (4) $\dfrac{u_x+u_y}{1+|u|}=0$

(5) $u_t-a(t, x, y)u_{xx}-b(t, x, y)u_{yy}=f(t, x, y)$

03 다음 함수가 Laplace 방정식의 해임을 보여라.

(1) $u=4xy+1$ (2) $u=\arctan(y/x)$

(3) $u=\cos\ x\ \sinh\ y$

04 다음 함수가 열 방정식의 해임을 보여라. $(c=1)$

(1) $u=e^{-t}\cos\ x$ (2) $u=t+\dfrac{x^2}{2}$

(3) $u=e^{-2t}\sin(\sqrt{2}x)$

05 다음 함수가 파동 방정식의 해임을 보여라. $(c=1)$

(1) $u=2(x^2+t^2)$ (2) $u=\cos\ t\ \sin\ x$

(3) $u=\cos\ t\ \cos\ x$

06 함수 $u=1/\sqrt{x^2+y^2+x^2}$ 이 3차원 Laplace 방정식 $u_{xx}+u_{yy}+u_{zz}=0$ 의 해임을 보여라.

07 함수 u가 x와 y의 함수일 때 다음의 편미분방정식을 만족하는 u를 구하여라.

(1) $u_{xy}=1$ (2) $u_{xx}-u=0$

7.2 열 방정식

3차원에서 열 방정식은

$$u_t - c\Delta u = 0$$

이다. 여기서 u는 온도를 나타내는 미지의 함수로서 $u = u(t, x, y, z)$이고 c는 열을 전달하는 물체의 성질에 의해 결정된다. Laplace 작용소 Δ는

$$\Delta u = \nabla(\nabla u) = u_{xx} + u_{yy} + u_{zz}.$$

열 방정식은 열의 전도뿐만 아니라 화학 물질의 농도 등 시간이 지남에 따라 확산하는 물질의 수학적 모델링에 쓰인다.

어떤 물질의 성질이 균일하고 그 물질 내의 열은 시간이 지남에 따라 사라지거나 더해지지 않는다고 하자. 이 물질의 어떤 영역 V 내에서의 열의 총량 $Q(t)$는 다음의 적분값으로 계산된다.

$$Q(t) = \int\int\int_V \kappa u \, dx \, dy \, dz.$$

여기서 u는 온도이고 κ는 물질의 열용량 및 밀도와 관련된 상수이다. V에서의 열의 시간에 따른 변화를 알기 위해서는 열이 V의 경계 ∂V에서 얼마나 나가고 들어갔는지를 알면 된다. 즉,

$$Q'(t) = \frac{d}{dt}\int\int\int_V \kappa u \, dx \, dy \, dz = -\int\int_{\partial V} \mathrm{F} \cdot v \, dS. \qquad (1)$$

여기서 F는 열의 흐름을 나타내는 벡터장이고 v는 경계 ∂V에서의 바깥 방향으로의 법선벡터이다. 따라서 위의 오른쪽 적분값은 단위 시간 당 영역 V를 빠져나가는 열의 총량이 되어 마이너스 부호가 필요하다. F는 Fourier 법칙에 의해

$$\mathrm{F} = -k\nabla u.$$

여기서 k는 물질의 열 전도율을 나타내는 상수이다. Fourier 법칙과 (1)에 의해

$$\int\int\int_V \kappa u_t \, dx\, dy\, dz = \int\int_{\partial V} k \nabla u \cdot v \, dS$$

이고 발산정리(Divergence theorem)를 이용하면

$$\int\int\int_V \kappa u_t \, dx\, dy\, dz = \int\int\int_V \nabla(k \nabla u) dx\, dy\, dz$$

를 얻을 수 있다. V는 물질 내의 임의의 영역이므로 위의 등식으로부터 다음의 열 방정식을 얻는다.

$$u_t = c\nabla(\nabla u) \text{ 혹은 } u_t = c\nabla u.$$

여기서 $c = \dfrac{k}{\kappa} > 0.$

7.3 열 방정식의 최대원리

열 방정식

$$u_t = cu_{xx} \tag{1}$$

이 주어졌을 때(c는 양의 상수), 이 방정식의 해 u는 최대원리(Maximum principle)라는 중요한 성질을 만족한다. 열 방정식의 일반화인 포물선형 방정식(parabolic partial differential equations)을 다룰 때 유용한 성질로서, 예를 들어, 이 성질로부터 해의 유일성을 증명할 수 있다.

Maximum principle. $u(t, x)$가 영역 $R = \{(t, x) : 0 \le t \le T, 0 \le x \le l\}$에서 열 방정식 (1)을 만족하면 $u(t, x)$의 R에서의 최댓값은 u의 $t=0$에서의 최댓값 혹은 u의 경계($x=0$, $x=l$)에서의 최댓값과 같다.

열 방정식의 해가 최대원리를 만족하는 이유는 다음과 같다. 만약 u가 R의 내부에서 최댓값을 가진다면 그 점에서 $u_t = u_x = 0$이고, $u_{xx} \le 0$이다. 만약 우리가 $u_{xx} \ne 0$임을 안다면 (물론 알 수 없다), $u_{xx} < 0$이어야 하므로, 이 점에서 $u_t = u_{xx}$이고 $u_t = 0$라는 사실에 모순된다. 따라서 u는 R의 경계에서 최댓값을 가질 수밖에 없다. 만약 $t = T$에서 u가 최댓값을 가진다고 하자. 이 경우 최댓값을 가지는 점에서 $u_t \ge 0$이고 $u_x = 0$이다. 역시 $u_{xx} \ne 0$임을 알 수 있다면, 위에서처럼 모순을 끌어낼 수 있다. 따라서 u의 R에서의 최댓값은 parabolic 경계, 즉

$$\{(t, x) : t = 0,\ 0 \le x \le l\} \cup \{(t, x) : 0 \le t \le T,\ x = 0 \text{ 혹은 } x = l\}$$

에서 얻어진다.

위 설명은 u의 R에서의 최댓값을 R의 내부에서 가질 수 없다고 이야기하고 있다. 이 역시 열 방정식 해의 성질로 strong maximum principle이라고 불린다. 하지만 위 설명을 엄밀한 수학적 증명으로 바꾸기 위해서는 보다 높은 수준의 수학적 이론이 필요하다. 그래서 이 책에서는 u의 R에서의 최댓값이 parabolic 경계, 즉 $\{(t, x) : t = 0, 0 \le x \le l\} \cup \{(t, x) : 0 \le t \le T, x = 0$ 혹은 $x = l\}$에서의 u의 최댓값과 같다는 사실만 증명한다. 엄밀한 증명은 다음

과 같다.

증명 M을 $u(t, x)$의 parabolic 경계

$$\{(t, x) : t = 0,\ 0 \le x \le l\} \cup \{(t, x) : 0 \le t \le T,\ x = 0 \text{ 혹은 } x = l\}$$

에서의 최댓값이라고 하자. 증명은 R 전체에서 $u(t, x) \le M$임을 보이면 끝난다. 임의의 양의 실수 ε에 대해 $w(t, x) = u(t, x) + \varepsilon x^2$라 하자. w의 정의에 의해 parabolic 경계 $\{(t, x) : t = 0,\ 0 \le x \le l\} \cup \{(t, x) : 0 \le t \le T,\ x = 0$ 혹은 $x = l\}$에서는 $w(t, x) \le M + \varepsilon l^2$.

그리고 w는 다음을 만족한다.

$$w_t - cw_{xx} = u_t - cu_{xx} - 2\varepsilon c = -2\varepsilon c < 0. \tag{2}$$

이제 w가 R의 내부의 점 (t_0, x_0)에서 최댓값을 갖는다고 하자. 미적분학에서 배운 데로 이 점에서 $w_t = 0$이고 $w_{xx} \le 0$이다. 즉, $w_t - cwa_{xx} \ge 0$이고 이는 (2)에 모순된다. 따라서 w는 R의 내부에서 최댓값을 가질 수 없다. 이제 w의 R에서의 최댓값을 R의 윗변 $\{t = T,\ 0 < x < l\}$에서의 점 (t_0, x_0)에서 가진다고 하자. 그러면, 위에서처럼 $w_{xx}(t_0, x_0) \le 0$이고, $w(t_0, x_0)$가 충분히 작은 모든 $\delta > 0$에 대해 $w(t_0 - \delta, x_0)$보다 크기 때문에

$$w_t(t_0, x_0) = \lim_{\delta \to 0} \frac{w(t_0, x_0) - w(t_0 - \delta, x_0)}{\delta} \ge 0.$$

즉, $w_t - cw_{xx} \ge 0$이고 (2)에 또다시 모순된다. 따라서 w은 parabolic 경계 $\{(t, x) : t = 0,\ 0 \le x \le l\} \cup \{(t, x) : 0 \le t \le T,\ x = 0$ 혹은 $x = l\}$에서 R의 최댓값을 가진다. 그런데 w는 이 parabolic 경계에서 $w(t, x) \le M + \varepsilon l^2$을 만족하므로 R의 모든 점 (t, x)에서

$$w(t, x) \le M + \varepsilon l^2.$$

이 사실과 w의 정의에 의해, R의 모든 점 (t, x)에서

$$u(t, x) \le M + \varepsilon(l^2 - x^2)$$

을 얻는다. 여기서 ε은 임의의 양의 실수이므로, R의 모든 점에서 $u(t, x) \le M$

를 얻는다. ■

예제 1 위의 최대원리를 이용해 다음 비동차 선형 열 방정식

$$\begin{cases} u_t - cu_{xx} = f(t, x), \quad 0 < x < l, \quad t > 0, \\ u(0, x) = u_0(x), \\ u(t, 0) = g(t), \ u(t, l) = h(t) \end{cases}$$

의 해가 최대 하나임을 보일 수 있다. 즉 해가 있다면 유일하다. 만약 위 방정식의 해가 u_1과 u_2 두 개라면 함수 $w = u_1 - u_2$는 다음을 만족한다.

$$\begin{cases} w_t - cw_{xx} = 0, \quad 0 < x < l, \quad t > 0, \\ w(0, x) = 0, \\ w(t, 0) = w(t, l) = 0. \end{cases}$$

임의의 $T > 0$에 대해 최대원리에 의해 w의 최댓값은

$$\{(t, x) : t = 0, 0 \le x \le l\} \cup \ \{(t, x) : 0 \le t \le T, x = 0 \text{ 혹은 } x = l\}$$

에서 얻어지는데 w는 이 경계에서 그 최댓값이 0이다. 따라서

$$R = \{(t, x) : 0 \le t \le T, 0 \le x \le l\}$$

의 모든 점에서 $w(t, x) \le 0$이다. 이제 $-w$를 가지고 위와 똑같은 방식으로 R의 모든 점에서 $-w(t, x) \le 0$를 얻을 수 있다. 따라서 R에서 $w(t, x) = 0$이고 T은 임의의 양수이므로, 모든 $t \ge 0$ 그리고 모든 $0 \le x \le l$에 대해 $u_1(t, x) = u_2(t, x)$이다. 즉, 해는 유일하다.

연습문제 7.3

01 열 방정식 $u_t - u_{xx} = 0$의 해 $1 - x^2 - 2t$는

$$R = \{(t, x) : 0 \le t \le T, 0 \le x \le 1\}$$

의 어떤 점에서 최댓값 그리고 최솟값을 가지는가?

02 만약 u_1과 u_2가 열 방정식 $u_t - u_{xx} = 0$의

$$R = \{(t,\, x) : 0 \le t \le T,\, 0 \le x \le 1\}$$

에서의 해라고 하자. 만약 R의 parabolic 경계에서 $u_1 \le u_2$이면 R 전체에서도 $u_1 \le u_2$임을 증명하여라.

7.4 1차원 열 방정식: 변수분리법

일정한 단면을 갖는 균질의 아주 얇은 막대 혹은 철사의 열의 전도 혹은 온도 분포에 대해 생각해 보자.

열이 막대 외부로 빠져나갈 수 없고 내부에서만 전도된다고 하자. 그러면 온도 u는 $u = u(t, x)$이고 다음의 1차 열 방정식을 만족한다. 상수는 $c = 1$로 두자.

$$u_t = u_{xx} \tag{1}$$

물리적으로 의미있는 유일한 해를 구하기 위해 경계조건과 초기조건이 필요하다. 우선 경계조건으로 막대의 양 끝 $x = 0$과 $x = l$의 온도가 0으로 고정된 경우를 살펴보자. 즉,

$$u(t, 0) = 0, \quad u(t, l) = 0 \tag{2}$$

이다. 초기조건으로, 함수 $f(x)$를 막대의 초기온도라고 하면

$$u(0, x) = f(x) \tag{3}$$

이다.

열 방정식의 해를 구하기 위해, t에만 의존하는 함수 $T(t)$와 x에만 의존하는 함수 $X(x)$의 곱으로 표현되는 해를 찾는다. 즉,

$$u(t, x) = T(t)X(x)$$

이라 놓고, 이 식을 (1)에 대입해

$$T'(t)X(x) = T(t)X''(x)$$

를 얻는다. 양변을 $X(x)T(t)$로 나누면

$$\frac{T'(t)}{T(t)} = \frac{X''(x)}{X(x)} \tag{4}$$

가 되는데, 이 식의 좌변은 t에만 의존하는 함수이고 우변은 x에만 의존한다. 따라서 위의 등식이 성립하기 위해서는 양변 모두 상수 k이어야 한다.

우선 $k \geq 0$이라 가정하자. 이 경우

$$X(x) = c_1 e^{\sqrt{k}x} + c_2 e^{-\sqrt{k}x}$$

이고 $X(x)$가 경계조건을 만족하기 위해서는 $X(x) \equiv 0$이다. 따라서 이 경우 구할 수 있는 해는 $u \equiv 0$뿐이다. 다음으로 $k < 0$이라 가정하자. 즉 $k = -\beta^2$으로 두자. 식 (4)로부터

$$\frac{T'(t)}{T(t)} = \frac{X''(x)}{X(x)} = -\beta^2$$

이고, 이것으로부터 두 개의 선형미분방정식

$$T'(t) + \beta^2 T(t) = 0, \tag{5}$$

$$X''(x) + \beta^2 X(x) = 0 \tag{6}$$

을 얻는다.

방정식 (6)로부터 일반해

$$X(x) = A \cos \beta x + B \sin \beta x \tag{7}$$

를 얻고 경계조건 (2)에 의해

$$u(t, 0) = T(t)X(0) = 0, \quad u(t, l) = T(t)X(l) = 0$$

을 얻는다. 만약 $T(t) \equiv 0$이면 $u \equiv 0$이므로, $X(0) = X(l) = 0$이어야 한다. 이 조건을 일반해 (7)에 대입하면 $A = 0$이고

$$X(x) = B \sin \beta x$$

가 된다. 여기서 $B \neq 0$이어야 한다. 만약 $B = 0$이면 또다시 $u = 0$을 얻기 때문이다. 조건 $X(l) = 0$으로부터

$$\sin \beta l = 0 \text{ 또는 } \beta = \frac{n\pi}{l}, \quad n = 1, 2, \cdots$$

를 얻는다. 즉, 모든 $n = 1, 2, \cdots$에 대해

$$X_n(x) = \sin \frac{n\pi x}{l}$$

는 미분방정식 (6)과 경계조건 (2)를 만족한다.

이제 미분방정식 (5)를 이용해 $T(t)$를 구하자. 위의 논의에 의해 가능한 β의 값은 $\beta_n = n\pi/l,\ n=1,\ 2,\ \cdots$뿐이다. 이 경우

$$T_n(t) = e^{-\beta_n^2 t},\ \beta_n = \frac{n\pi}{l},\quad n=1,\ 2,\ \cdots$$

은 미분방정식 (5)를 만족한다. 따라서 모든 $n=1,\ 2,\ \cdots$에 대하여 함수

$$u_n(t,\ x) = T_n(t)X_n(x) = B_n e^{-\beta_n^2 t}\sin\frac{n\pi x}{l}$$

는 열 방정식 (1)와 경계조건 (2)를 만족한다. 여기서 B_n은 상수이다.

이제 주어진 조건 모두를 만족하는 열 방정식의 해를 찾기 위해서, 즉 초기조건 (3)까지 만족하는 해를 찾기 위해 급수

$$u(t,\ x) = \sum_{n=1}^{\infty} u_n(t,\ x) = \sum_{n=1}^{\infty} B_n e^{-\beta_n^2 t}\sin\frac{n\pi x}{l},\quad \beta_n = \frac{n\pi}{l} \tag{8}$$

을 생각하자. 이 식과 초기조건으로부터

$$u(0,\ x) = \sum_{n=1}^{\infty} B_n \sin\frac{n\pi x}{l} = f(x)$$

를 얻는다. 따라서 (8)이 초기조건 (3)을 만족하기 위해서는 계수 B_n을 $f(x)$의 Fourier sine 급수의 계수가 되도록 잡아야 한다. 즉,

$$B_n = \frac{2}{l}\int_0^l f(x)\sin\frac{n\pi x}{l}dx,\quad n=1,\ 2,\ \cdots$$

가 되어야 한다. 이렇게 찾은 해 $u(t,\ x)$는 최대원리(maximum principle)에 의해 유일한 해가 된다.

예제 1 초기 조건(초기 온도)가

$$f(x) = \begin{cases} x & 0 < x \le l/2, \\ l-x & l/2 < x < l \end{cases}$$

일 때, 열 방정식

$$\begin{cases} u_t - u_{xx} = 0, \quad 0 < x < l, \quad t > 0, \\ u(0,\ x) = f(x), \\ u(t,\ 0) = u(t,\ l) = 0 \end{cases}$$

은 다음과 같이 구한다. 우선 B_n은

$$B_n = \frac{2}{l}\left(\int_0^{l/2} x \ \sin\frac{n\pi x}{l} dx + \int_{l/2}^{l} (l-x) \ \sin\frac{n\pi x}{l} dx\right).$$

n이 짝수이면 $B_n = 0$이고

$$B_n = \frac{4l}{n^2\pi^2}, \quad n = 1,\ 5,\ 9,\ \cdots$$
$$B_n = -\frac{4l}{n^2\pi^2}, \quad n = 3,\ 7,\ 11,\ \cdots$$

이 B_n을 식 (8)에 대입하면 위 열 방정식의 해를 얻는다.

연습문제 7.4

01 위 예제에서의 해의 그래프를 $t = 0,\ 0.1,\ 0.5,\ 1,\ 2$일 때 그려보아라. 어떤 현상을 볼 수 있는가?

02 $l = 1$이고 초기 온도가 다음과 같을 때 위 예제에 주어진 열 방정식의 해를 구하여라.

(1) $f(x) = \sin\ \pi x.$

(2) $f(x) = x(1-x).$

(3) $f(x) = 1/2 - |x - 1/2|.$

03 위 예제에서 경계 조건을 $u(t,\ 0) = k_1 \quad u(t,\ l) = k_2$로 바꾸면, 즉 양 끝의 온도가 상수 k_1과 k_2로 고정되어 있을 때, 오랜 시간이 흐른 후 온도의 분포를 구하여라.

04 경계 조건이 단열 조건일 때의 열 방정식의 해를, 즉, 다음의 열 방정식을 변수분리법으로 풀어보아라.

$$\begin{cases} u_t - u_{xx} = 0, \quad 0 < x < l, \quad t > 0, \\ u(0,\, x) = f(x) \\ u_x(t,\, 0) = u_x(t,\, l) = 0. \end{cases}$$

05 위 문제에서 오랜 시간이 흐른 후 온도의 분포를 구하여라.

06 다음 열 방정식의 해를 변수 분리법으로 구하여라. 막대의 한 쪽은 단열조건이 주어져 있고 다른 쪽은 온도가 0으로 고정되어 있다.

$$\begin{cases} u_t - u_{xx} = 0, \quad 0 < x < l, \quad t > 0, \\ u(0,\, x) = f(x), \\ u_x(t,\, 0) = u(t,\, l) = 0. \end{cases}$$

7.5 무한히 긴 막대에서의 열전도

앞 절에서는 막대의 길이가 유한이었지만 이 절에서는 막대의 길이가 무한이라고 가정하자. 이 경우 초기 조건만 필요하게 된다. 즉 다음의 열 방정식을 다룬다.

$$\begin{cases} u_t - cu_{xx} = 0, \quad -\infty < x < \infty, \ t > 0, \\ u(0, x) = f(x). \end{cases} \tag{1}$$

이 절에서는 $c = 1$인 경우만 다룬다. 일반적인 경우도 이 경우에서 쉽게 해를 유도할 수 있다. 열 방정식 (1)의 해를 찾기 위해 앞 절과 다르게 어떤 적당한 함수 $\Phi(t, x)$를 이용해 다음과 같은 모양의 해를 찾는다.

$$u(t, x) = \int_{-\infty}^{\infty} \Phi(t, x-y) f(y) dy. \tag{2}$$

함수 $\Phi(t, x)$는 다음과 같은 성질을 만족한다고 하자. 우선, 모든 $(t, x) \in \{(t, x) : t > 0, \ -\infty < x < \infty\}$에 대해

$$\Phi_t(t, x) - \Phi_{xx}(t, x) = 0. \tag{3}$$

이 성질을 만족하고, 만약 적분과 미분의 순서를 자유로이 바꿀 수 있다면

$$u_t - u_{xx} = \int_{-\infty}^{\infty} [\Phi_t(t, x) - \Phi_{xx}(t, x)] f(y) dy = 0$$

를 얻는다. 즉, (2)에서 정의된 u는 $u_t - u_{xx} = 0$을 만족한다. 다음으로,

$$\lim_{t \searrow 0} u(t, x) = \lim_{t \searrow 0} \int_{-\infty}^{\infty} \Phi(t, x-y) f(y) dy = f(x) \tag{4}$$

를 만족한다면 (2)에서 정의된 u는 주어진 초기조건 역시 만족하게 된다.

위의 두 조건을 만족하는 $\Phi(t, x)$는 다음과 같다.

$$\Phi(t, x) = \begin{cases} \dfrac{1}{\sqrt{4\pi t}} e^{-\frac{x^2}{4t}}, & -\infty < x < \infty, \quad t > 0, \\ 0, & -\infty < x < \infty, \quad t \le 0. \end{cases}$$

직접 계산에 의해 $\Phi(t, x)$가 (3)을 만족함을 알 수 있다. (4) 역시 만족함을 보이기 위해 다음과 같은 계산을 해보자. 이 부분은 "Partial Differential Equations" Walter Strauss, 2nd edition의 설명을 따른다. 물론 수학적으로 보다 엄밀한 증명은 좀 더 높은 수준의 편미분방정식 과목에서 다룬다.

$t > 0$에서 함수 $K(t, x)$를 다음과 같이 정의하자.

$$K(t, x) = \frac{1}{2} + \frac{1}{\sqrt{\pi}} \int_0^{x/\sqrt{4t}} e^{-r^2}\, dr.$$

계산을 통해, $t > 0$일 때

$$\frac{\partial}{\partial x} K(t, x) = \Phi(t, x)$$

이고, $\int_0^{\infty} e^{-r^2}\, dr = \sqrt{\pi}/2$를 이용하면

$$K(0, x) = \lim_{t \searrow 0} K(t, x) = \begin{cases} 1, & x > 0, \\ 0, & x < 0. \end{cases} \tag{5}$$

$f(x)$가 미분가능하고, 충분히 큰 R에 대해 $|x| \geq R$이면 $f(x) = 0$이라고 하자. 이 경우

$$\begin{aligned} u(t, x) &= \int_{-\infty}^{\infty} \frac{\partial K}{\partial x}(t, x-y) f(y) dy = -\int_{-\infty}^{\infty} \frac{\partial}{\partial y} K(t, x-y) f(y) dy \\ &= \int_{-\infty}^{\infty} K(t, x-y) f'(y) dy. \end{aligned}$$

여기서 마지막 등식은 부분 적분과 충분히 큰 x에 대해 $f(x) = 0$이라는 가정을 사용했다. 따라서 (5)에 의해

$$\lim_{t \searrow 0} u(t, x) = \int_{-\infty}^{x} f'(y) dy = f(x).$$

결론적으로 (2)에서 정의된 u는 열 방정식 (1)의 해가 된다.

예제 1 양수인 l에 대해 초기 조건이

$$f(x)=\begin{cases}1, & |x|\le l,\\ 0, & |x|>l\end{cases}$$

으로 주어졌을 때 열 방정식 (1)의 해를 구하면

$$u(t,x)=\frac{1}{\sqrt{4\pi t}}\int_{-l}^{l}e^{-\frac{(x-y)^2}{4t}}dy.$$

이 적분은 직접 계산에 의해 구할 수 없지만, 변수변환과 오차함수

$$\mathrm{Erf}(x)=\frac{2}{\sqrt{\pi}}\int_0^x e^{-r^2}\,dr$$

에 대한 표를 이용하면 근삿값을 구할 수 있다. ■

함수 $\Phi(t,x)$를 열 방정식의 근본해(fundamental solution)라고 부른다. 함수 $\Phi(t,x)$를 이용해 초기 조건이 0인 다음의 비동차 선형 열 방정식도 풀 수 있다.

$$\begin{cases}u_t-cu_{xx}=g(t,x), & -\infty<x<\infty,\ t>0,\\ u(0,x)=0.\end{cases}$$

이 경우 해는

$$u(t,x)=\int_0^t\int_{-\infty}^{\infty}\Phi(t-s,x-y)g(s,y)dyds.$$

연습문제 7.5

01 초기 조건이

$$f(x)=\begin{cases}1, & x\ge 0,\\ 2, & x<0\end{cases}$$

일 때 열 방정식 (1)의 해를 구하여라.

02 초기 조건이 $f(x)=e^{-x}$일 때 열 방정식 (1)의 해를 구하여라. 이 경우 (2)에 나오는 적분을 정확히 계산할 수 있다.

03 초기 조건이 0이 아닌 다음의 비동차 선형 열 방정식이 주어졌을 때

$$\begin{cases} u_t - u_{xx} = g(t, x), & -\infty < x < \infty,\ t > 0, \\ u(0, x) = f(x), \end{cases}$$

이 방정식의 해가

$$u(t, x) = \int_{-\infty}^{\infty} \Phi(t, x-y) f(y) dy + \int_0^t \int_{-\infty}^{\infty} \Phi(t-s, x-y) g(s, y) dyds$$

임을 확인하여라.

04 다음의 열 방정식의 해를 구하여라.

$$\begin{cases} u_t - u_{xx} + \lambda u = 0, & -\infty < x < \infty,\ t > 0, \\ \qquad u(0, x) = f(x). \end{cases}$$

여기서 λ는 양의 실수이다. 해를 구하기 위해 $u(t, x) = e^{-\lambda t} v(t, x)$를 이용하여라.

7.6 Laplace 방정식

열 방정식 $u_t - \Delta u = 0$에서 해 u가 더 이상 시간에 따른 변화가 없을 때(시불변, stationary), 즉 $u_t = 0$일 때, 함수 u는 Laplace 방정식 $\Delta u = 0$을 만족한다. 즉, Laplace 방정식은 열 방정식의 해가 충분한 시간이 흘러, 온도의 분포가 더 이상 시간에 따른 변화가 없는 상황을 기술한다고 할 수 있다. 1차원 Laplace 방정식은 $u_{xx} = 0$, 2차원에서는 $\Delta u = \nabla \cdot \nabla u = u_{xx} + u_{yy} = 0$, 그리고 3차원에서는

$$\Delta u = \nabla \cdot \nabla u = u_{xx} + u_{yy} + u_{zz} = 0.$$

1차원에서는 직선의 방정식 $u(x) = ax + b$가 Laplace 방정식의 해가 된다. 2차 Laplace 방정식은 복소함수 이론으로 다룰 수 있다. Laplace 방정식의 해는 조화함수(harmonic function)로도 불린다.

Laplace 방정식은 시불변 열 방정식뿐만 아니라 중력장, 정전기학, 혹은 유체역학에서도 나온다. 예를 들어, 적당한 상수 c에 대해

$$u(x, y, z) = \frac{c}{\sqrt{x^2 + y^2 + z^2}}$$

는 중력장의 포텐셜(potential)이라 불리는데 Laplace 방정식을 만족한다.

정전기학에서, 두 대전입자 간의 전기적인 인력 또는 척력은 Coulomb의 법칙으로 표시되는데, 수식적으로는 Newton의 중력법칙과 형태가 같다. 즉, 전압의 분포에 의해 생기는 전기장은 Laplace 방정식을 만족하는 포텐셜 함수에 의해 표시된다.

비동차 Laplace 방정식은 $\Delta u = f$이고, 특별히 이 방정식을 Poisson's equation이라 부른다. 동차 혹은 비동차 Laplace 방정식을 풀기 위해서는 방정식의 정의역 Ω와 경곗값이 주어져야 한다. 경곗값이 주어지는 방식에 따라, Dirichlet 경계 문제, Neumann 경계 문제 등으로 나뉘는데, 예를 들어, 정의역 Ω에서 $\Delta u = f$를 만족하고 Ω의 경계 $\partial\Omega$에서 $u = 0$을 만족하는 해 u를 찾는 것은 Dirichlet 경계 문제이다.

Laplace 방정식 또한 열 방정식처럼 최대원리라는 중요한 성질을 만족한다.

2차원일 때를 기술해 보면

Maximum principle. Ω가 R^2의 연결된 열린 부분집합이고, $u(x, y)$가 Ω에서 $\Delta u = 0$을 만족하고 $\overline{\Omega} = \Omega \cup \partial\Omega$에서 연속이면, u의 $\overline{\Omega}$에서의 최댓값과 최솟값은 $\partial\Omega$에서 얻어진다.

최대원리 증명의 개략적인 방법은 열 방정식의 경우와 마찬가지로 다음과 같다. u가 $\overline{\Omega}$에서 연속이므로 $\overline{\Omega}$에서 최댓값과 최솟값을 가진다. Ω에서 u가 최댓값을 가진다고 하면, 그 점에서 $u_{xx} \le 0$그리고 $u_{yy} \le 0$이어야 한다. 만약 그 점에서 $u_{xx} < 0$ 혹은 $u_{yy} < 0$이면 $\Delta u = 0$에 모순됨으로 u의 $\overline{\Omega}$에서의 최댓값은 $\partial\Omega$에서 얻어진다. 마찬가지로 u의 $\overline{\Omega}$에서의 최솟값도 $\partial\Omega$에서 얻어진다.

엄밀한 증명을 위해서는 $v(x, y) = u(x, y) + \varepsilon(x^2 + y^2)$을 이용해 열 방정식의 경우처럼 증명한다. 여기서 ε은 임의의 양수이다.

열 방정식에서처럼 최대원리를 이용해 다음의 예제에서처럼 Laplace 방정식의 유일성을 보일 수 있다.

예제 1 만약 u가 $\overline{\Omega}$에서 연속이고 Ω에서 $\Delta u = f$를 만족하고 $\partial\Omega$에서 $u = g$라고 하자. 만약 또 다른 해 v가 존재한다면 $w = u - v$는 Ω에서 $\Delta w = 0$를 만족하고 $\partial\Omega$에서 $w = 0$을 만족한다. 최대원리에 의해 w의 최대, 최솟값은 $\partial\Omega$에서 얻어지는데 그 값은 둘 다 0이다. 즉, Ω의 모든 점에서 $0 \le w(x, y) \le 0$이다. 따라서 Ω의 모든 점에서 $u(x, y) = v(x, y)$이므로 해는 유일하다.

2차원에서 Laplace 방정식의 정의역이 원일 때는 극좌표를 도입하면 편리하다.

$$r = \sqrt{x^2 + y^2}, \quad \theta = \arctan\frac{y}{x}$$

일 때, Laplace 작용소는

$$\Delta u = \frac{\partial^2 u}{\partial r^2} + \frac{1\partial u}{r\partial r} + \frac{1}{r^2}\frac{\partial^2 u}{\partial\theta^2}.$$

만약 어떤 이유에서 Laplace 방정식의 해 $u(r, \theta)$가 θ에 의존하지 않는다는 사실을 알 때, 즉, 해가 회전변환에도 변하지 않을 때, 위 등식으로부터 Laplace 방정식을 풀기 위해서는 다음의 상미분방정식을 다루면 된다.

$$\frac{\partial^2 u}{\partial r^2} + \frac{1}{r}\frac{\partial u}{\partial r} = 0. \tag{1}$$

3차원에서는 정의역의 모양에 따라 원기둥좌표(cylindrical coordinates) 혹은 구면좌표(spherical coordinates)를 사용할 수 있다.

연습문제 7.6

01 Laplace 방정식에 대한 최대원리(maximum principle)를

$$v(x, y) = u(x, y) + \varepsilon(x^2 + y^2)$$

을 이용해 증명하여라.

02 위 상미분방정식 (1)의 일반해를 구하여라.

03 3차원에서 원기둥좌표를 사용할 때, 즉

$$r = \sqrt{x^2 + y^2}, \quad \theta = \arctan\frac{y}{x}, \quad z = z$$

로 두면,

$$\Delta u = \frac{\partial^2 u}{\partial r^2} + \frac{1}{r}\frac{\partial u}{\partial r} + \frac{1}{r^2}\frac{\partial^2 u}{\partial \theta^2} + \frac{\partial^2 u}{\partial z^2}$$

임을 확인하여라.

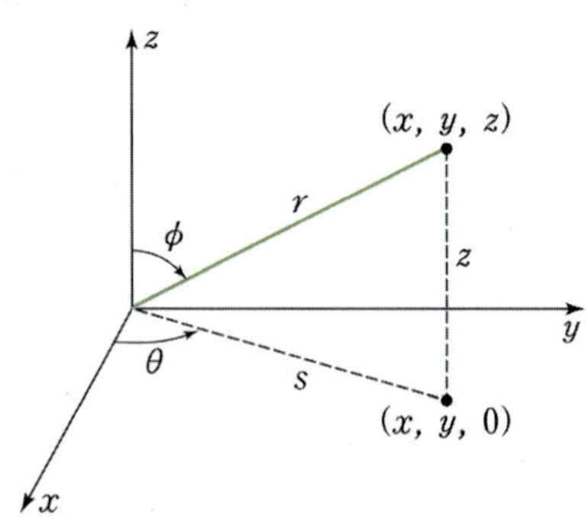

그림 7.1 ▌ 구면좌표

04 3차원에서 구면좌표를 사용할 때, 즉

$$r = \sqrt{x^2+y^2+z^2},\ x = r\ \cos\ \theta\ \sin\phi,\ y = r\ \sin\ \theta\ \sin\phi,\ z = r\cos\phi$$

로 두면,

$$\Delta u = \frac{\partial^2 u}{\partial r^2} + \frac{2}{r}\frac{\partial u}{\partial r} + \frac{1}{r^2}\frac{\partial^2 u}{\partial \phi^2} + \frac{\cot\phi}{r^2}\frac{\partial u}{\partial \phi} + \frac{1}{r^2 \sin^2\ \phi}\frac{\partial^2 u}{\partial \theta^2}$$

임을 확인하여라.

05 위 문제에 해 u가 r에만 의존하는 함수일 때, 즉 회전변환에 의해서 변하지 않을 때, Δu를 구하고, $\Delta u = 0$를 만족하는 일반해를 구하여라.

7.7 파동 방정식

파동 방정식은 음파, 수면파, 전자기파 등을 수학적으로 모델링할 때 쓰인다. 3차원에서 파동 방정식은

$$u_{tt} = c^2(u_{xx} + u_{yy} + u_{zz}), \text{ 혹은 } u_{tt} = c^2 \Delta u$$

이고, 1차원에서의 파동 방정식은

$$u_{tt} = c^2 u_{xx}. \tag{1}$$

여기서 c는 상수이다.

1차원 파동 방정식의 정의역이 실수 전체라고 하자. 즉 무한히 긴 현의 파동을 다룬다라고 생각할 수 있다. 이 경우 방정식의 해를 찾기 위해 다음과 같은 변수 변환을 한다.

$$\xi = x + ct, \quad \eta = x - ct.$$

파동 방정식 (1)의 해 $u(t, x)$에 대해

$$v(\xi, \eta) = u(t, x)$$

로 두면

$$\begin{aligned} u_t &= cv_\xi - cv_\eta, \quad u_x = v_\xi + v_\eta, \\ u_{tt} &= c^2 v_{\xi\xi} + c^2 v_{\eta\eta}, \quad u_{xx} = v_{\xi\xi} + 2v_{\xi\eta} + v_{\eta\eta}. \end{aligned}$$

따라서

$$u_{tt} - c^2 u_{xx} = c^2 v_{\xi\xi} + c^2 v_{\eta\eta} - c^2 v_{\xi\xi} - 2c^2 v_{\xi\eta} - c^2 v_{\eta\eta} = 0.$$

즉

$$v_{\xi\eta} = 0.$$

그러므로 이 편미분방정식의 해는 (두 번 미분가능한) 임의의 함수 f와 g에 대해

$$v(\xi, \eta) = f(\xi) + g(\eta).$$

다시 원래의 변수 (t, x)로 변환하면 실수 전체에 정의된 파동 방정식 (1)의 일반해는

$$u(t, x) = f(x+ct) + g(x-ct). \tag{2}$$

이 해를 파동 방정식 (1)의 D'Alembert의 해라고 한다. 해의 모습에서 알 수 있듯이, 만약 $g \equiv 0$이면 $u(t, x)$는 $x+ct$가 상수인 (t, x)에서는 항상 같은 값을 가진다. 마찬가지로, $f \equiv 0$이면 $x-ct$가 상수인 (t, x)에서 $u(t, x)$는 상수이다.

식 (2)에서 $g(x-ct)$의 그래프는 $g(x)$의 그래프를 ct만큼 우측으로 평행이동시킴으로써 얻을 수 있다. 즉, $g(x-ct)$는 t가 증가함에 따라서 우측으로 이동해가는 파동을 나타내게 된다. 마찬가지로 $f(x+ct)$는 좌측으로 이동해가는 파동을 나타내고, 해 $u(t, x)$는 이 두 개 파동의 중첩으로 이루어진다.

이제 파동 방정식 (1)의 유일한 해를 찾기 위해 초기 조건을 생각해보자. 정의역이 실수 전체일 때 경계조건은 고려하지 않는다. 초기 조건으로 우선 $t=0$일 때 $u(0, x)$의 값, 즉 현이나 파동의 초기 위치가 주어져야 한다. 뿐만 아니라, 악기의 현을 생각해보면 현의 움직임은, 즉 $u(t, x)$의 시간에 따른 변화는 초기 현의 위치뿐만 아니라 현의 초기 속도에 의해서도 달라진다. 따라서 파동 방정식의 초기치 문제는

$$\begin{cases} u_{tt} = c^2 u_{xx}, & -\infty < x < \infty, \\ u(0, x) = \phi(x), \\ u_t(0, x) = \psi(x). \end{cases} \tag{3}$$

(2)에서 구해진 일반해 중 초기치를 만족하는 해를 구하기 위해서 다음을 계산한다.

$$\begin{aligned} u(0, x) &= f(x) + g(x) = \phi(x), \\ u_t(0, x) &= cf'(x) - cg'(x) = \psi(x). \end{aligned} \tag{4}$$

이로부터

$$\phi'(x) = f'(x) + g'(x), \quad \psi(x) = cf'(x) - cg'(x).$$

이 식을 f'과 g'에 대해 풀면

$$f' = \frac{1}{2}\phi' + \frac{1}{2c}\psi, \quad g' = \frac{1}{2}\phi' - \frac{1}{2c}\psi.$$

적분하면

$$f(\xi) = \frac{1}{2}\phi(\xi) + \frac{1}{2c}\int_0^{\xi}\psi(r)dr + C_1,$$
$$g(\eta) = \frac{1}{2}\phi(\eta) - \frac{1}{2c}\int_0^{\eta}\psi(r)dr + C_2.$$

여기서 C_1과 C_2는 상수이다. 그런데 조건 (4)로부터 $C_1 + C_2 = 0$을 얻을 수 있다. 따라서 (2)로부터

$$u(t, x) = \frac{1}{2}\phi(x+ct) + \frac{1}{2c}\int_0^{x+ct}\psi(r)dr + \frac{1}{2}\phi(x-ct) - \frac{1}{2c}\int_0^{x-ct}\psi(r)dr.$$

특히 ϕ의 이계 도함수가 연속이고 ψ의 도함수가 연속이면 u는 t와 x에 대해 두 번 미분가능하고, 직접적인 계산에 의해 파동 방정식 (3)을 만족함을 보일 수 있다.

예제 1 파동 방정식 (3)에서 $\phi(x) = \sin\ x$이고 $\psi(x) = \cos\ x$이면,

$$\begin{aligned} u(t, x) &= \frac{1}{2}[\sin(x+ct) + \sin(x-ct)] \\ &\quad + \frac{1}{2c}\int_0^{x+ct}\cos r\ dr - \frac{1}{2c}\int_0^{x-ct}\cos r\ dr \\ &= \sin x\ \cos(ct) + \frac{1}{c}\cos x\ \sin(ct). \end{aligned}$$

연습문제 7.7

01 $\phi(x) = e^x$이고 $\psi(x) = \cos x$일 때 파동 방정식 (3)의 해를 구하여라.

02 $\phi(x) = x(1-x)$이고 $\psi(x) = 0$일 때 파동 방정식 (3)의 해를 구하여라.

03 $\phi(x) = \sin^2 \pi x$이고 $\psi(x) = 0$일 때 파동 방정식 (3)의 해를 구하여라.

04 지시된 변환을 상용하여 다음 방정식을 풀어라.

$$u_{xx} - 2u_{xy} + u_{yy} = 0 \quad (\xi = x,\ \eta = x + y)$$

05 위 문제에서처럼 적당한 변환을 사용하여 다음 문제의 일반해를 구하여라.

$$u_{xx} - 3u_{xt} - 4u_{tt} = 0.$$

7.8 1차원 파동 방정식: 변수분리법

1차원 파동 방정식이 유한한 정의역에 주어졌을 때 변수분리법을 이용해 해를 구할 수 있다. 정의역의 경계가 있으므로 경곗값을 고려해야 한다. 따라서 다음 식을 다루어야 한다. $c=1$이라고 가정하자.

$$\begin{cases} u_{tt} = u_{xx}, \quad 0 < x < l, \\ u(t, 0) = u(t, l) = 0, \\ u(0, x) = \phi(x), \\ u_t(0, x) = \psi(x). \end{cases} \tag{1}$$

경곗값 $u(t, 0) = u(t, l) = 0$은, 예를 들어, 현의 양 끝이 고정되어 있다고 할 수 있다.

변수분리법을 이용해 파동 방정식 (1)의 해를 구하는 과정은 열 방정식의 경우와 거의 유사하다. 우선, t에만 의존하는 함수 $T(t)$와 x에만 의존하는 함수 $X(x)$의 곱으로 표현되는 해를 찾는다. 즉,

$$u(t, x) = T(t)X(x)$$

이라 놓고, 이 식을 $u_{tt} = u_{xx}$에 대입해

$$T''(t)X(x) = T(t)X''(x)$$

를 얻는다. 양변을 $X(x)T(t)$로 나누면

$$\frac{T''(t)}{T(t)} = \frac{X''(x)}{X(x)} \tag{2}$$

가 되는데, 이 식의 좌변은 t에만 의존하는 함수이고 우변은 x에만 의존한다. 따라서 위의 등식이 성립하기 위해서는 양변 모두 상수 k이어야 한다.

우선 $k \geq 0$이라 가정하자. 이 경우

$$X(x) = c_1 e^{\sqrt{k}x} + c_2 e^{-\sqrt{k}x}$$

이고 $X(x)$가 경계조건을 만족하기 위해서는 $X(x) \equiv 0$이다. 따라서 이 경우 얻을 수 있는 해는 $u \equiv 0$뿐이다. 다음으로 $k < 0$이라 가정하자. 즉 $k = -\beta^2$으

로 두자. 식 (2)로부터

$$\frac{T''(t)}{T(t)} = \frac{X''(x)}{X(x)} = -\beta^2$$

이고, 이것으로부터 두 개의 선형미분방정식

$$T(t) + \beta^2 T(t) = 0, \tag{3}$$

$$X''(x) + \beta^2 X(x) = 0 \tag{4}$$

을 얻는다.

방정식 (4)로부터 일반해

$$X(x) = A\cos\beta x + B\sin\beta x \tag{5}$$

를 얻고 (1)의 경계조건으로부터

$$u(t,\, 0) = T(t)X(0) = 0, \quad u(t,\, l) = T(t)X(l) = 0$$

을 얻는다. 만약 $T(t) \equiv 0$이면 $u \equiv 0$이므로, $X(0) = X(l) = 0$이어야 한다. 이 조건을 일반해 (5)에 대입하면 $A = 0$이고

$$X(x) = B\ \sin\ \beta x$$

가 된다. 여기서 $B \neq 0$이어야 한다. 만약 $B = 0$이면 또다시 $u = 0$을 얻기 때문이다. 조건 $X(l) = 0$으로부터

$$\sin\ \beta l = 0 \ \text{ 또는 } \ \beta = \frac{n\pi}{l}, \quad n = 1,\ 2,\ \cdots$$

를 얻는다. 즉, 모든 $n = 1,\ 2,\ \cdots$에 대해

$$X_n(x) = \sin\frac{n\pi x}{l}$$

는 미분방정식 (4)와 경계조건 $X_n(0) = X_n(l) = 0$을 만족한다.

이제 미분방정식 (3)을 이용해 $T(t)$를 구하자. 위의 논의에 의해 가능한 β의 값은 $\beta_n = n\pi/l,\ n = 1,\ 2,\ \cdots$뿐이다. 이 경우 미분방정식 (3)의 해는

$$T_n(t) = C_n\ \cos\ \beta_n t + D_n\ \sin\ \beta_n t, \quad \beta_n = \frac{n\pi}{l}, \quad n = 1,\ 2,\ \cdots$$

따라서 모든 $n=1, 2, \cdots$에 대하여 함수

$$u_n(t, x) = T_n(t)X_n(x) = (C_n \cos \beta_n t + D_n \sin \beta_n t)\sin\frac{n\pi x}{l} \qquad (6)$$

은 파동 방정식 $u_{tt} = u_{xx}$와 경계조건 $u(t, 0) = u(t, l) = 0$을 만족한다. 여기서 C_n과 D_n은 상수이다. u_n과 같은 함수를 진동하는 현의 고유함수(eigen-function) 또는 특성함수(characteristic function)라 부르고, $\beta_n = n\pi/l$을 고유값(eigen-value) 또는 특성값(characteristic value)이라고 부른다. 또 고유함수의 집합 $\{\beta_1, \beta_2, \cdots\}$을 스펙트럼(spectrum)이라고 한다. 각 함수 u_n은 단위 시간당 진동수 $\beta_n/2\pi = n/2l$를 갖는 조화운동을 나타낸다. 이 운동을 현의 n차 정규진동(n-th normal mode)이라고 한다. 1차 정규진동은 흔히 기본진동(fundamental mode) $(n=1)$이라고 하며, 기타의 진동은 배진동(overtone)이라고 한다.

$\sin\frac{n\pi x}{l}$은

$$x = l/n, \ 2l/n, \ \cdots, \ (n-1)l/n$$

에서 0이므로 (6)에서의 u_n은 양 끝점을 제외한 $n-1$개의 점에서 0의 값을 갖는다. 즉 u_n으로 표현되는 현은 $n-1$개의 점에서 움직임이 없다.

이제 파동 방정식 (1)에 주어진 모든 조건을 만족하는 해를 찾기 위해서, 즉 (1)에 주어진 초기 조건까지 만족하는 해를 찾기 위해 급수

$$u(t, x) = \sum_{n=1}^{\infty} u_n(t, x) = \sum_{n=1}^{\infty} (C_n \cos \beta_n t + D_n \sin \beta_n t)\sin\frac{n\pi x}{l}, \ \beta_n = \frac{n\pi}{l} \qquad (7)$$

을 생각하자. 이 식과 초기조건 $u(0, x) = \phi(x)$로부터

$$u(0, x) = \sum_{n=1}^{\infty} C_n \sin\frac{n\pi x}{l} = \phi(x)$$

를 얻는다. 따라서 (7)이 초기조건 $u(0, x) = \phi(x)$을 만족하기 위해서는 계수 C_n을 $\phi(x)$의 Fourier sine 급수의 계수가 되도록 잡아야 한다. 즉,

$$C_n = \frac{2}{l}\int_0^l \phi(x)\sin\frac{n\pi x}{l}dx, \quad n = 1, 2, \cdots$$

가 되어야 한다. 이제 $u(t, x)$가 초기 속도 $u_t(0, x) = \psi(x)$를 만족하기 위해 (7)을 미분해서 $t = 0$일 때를 계산하면

$$u_t(0, x) = \sum_{n=1}^{\infty} D_n \beta_n \sin \frac{n\pi x}{l} = \psi(x).$$

따라서, 위에서처럼 $D_n \beta_n$이 $\psi(x)$의 Fourier sine 급수의 계수가 되어야 한다.

이 사실과 $\beta_n = n\pi/l$을 이용하면

$$D_n = \frac{2}{n\pi} \int_0^l \psi(x) \sin \frac{n\pi x}{l} dx, \quad n = 1, 2, \cdots$$

예를 들어, 초기 조건이

$$\phi(x) = \sum_{n=1}^{\infty} C_n \sin \frac{n\pi x}{l},$$
$$\psi(x) = \sum_{n=1}^{\infty} \frac{n\pi}{l} D_n \sin \frac{n\pi x}{l}$$

으로 주어진다면 파동 방정식 (1)의 해는 (7)이 된다. 이제 초기 속도가 0이라고 하자. 즉, $\psi(x) \equiv 0$. 이 경우 $D_n = 0$이고, 해 (7)은

$$\begin{aligned} u(t, x) &= \sum_{n=1}^{\infty} C_n \cos \beta_n t \sin \beta_n x \\ &= \frac{1}{2} \sum_{n=1}^{\infty} C_n \sin(\beta_n (x-t)) + \frac{1}{2} \sum_{n=1}^{\infty} C_n \sin(\beta_n (x+t)) \\ &= \frac{1}{2}\phi(x-t) + \frac{1}{2}\phi(x+t) \end{aligned}$$

이다. 여기서 $\beta_n = n\pi/l$. 일반적으로, 구간 $[0, l]$에 정의된 함수 $\phi(x)$가 초기 조건으로 주어지고 초기 속도는 0이라면, 해는 다음과 같다.

$$u(t, x) = \frac{1}{2}\phi^*(x-t) + \frac{1}{2}\phi^*(x+t). \tag{8}$$

여기서 ϕ^*는 ϕ를 주기가 $2l$인 기함수가 되게끔 실수 전체로 확장한 함수이다. 양 끝점에서의 경계 조건 때문에 $\phi(0) = \phi(l) = 0$이어야 한다. 따라서 ϕ^*

는 연속이고 (8)에 의해 $u(t,\ x)$는 모든 $(t,\ x)$에서 연속이다. 만일 $\phi(x)$가 구간 $0<x<l$에서 두 번 미분가능하고 $x=0$과 $x=l$에서 좌측 및 우측 이계도함수값이 0이라면 (8)을 미분함으로써 $u(t,\ x)$가 (1)을 만족함을 확인할 수 있다.

만일 ϕ 혹은 ϕ'이 구간 연속(piecewise continuous)이거나 경계 $x=0$ 혹은 $x=l$에서 좌측 혹은 우측 이계도함수가 0이 아니면, 함수 u의 이계도함수가 존재하지 않는 점이 생길 수 있다. 하지만 이런 점을 제외한 점에서는 여전히 파동 방정식을 만족한다. 이런 해를 generalized solution이라고 한다.

예제 1 초기 위치가 $\phi(x)=\sin(\pi x)+\sin(2\pi x)$이고 초기 속도가 $\psi(x)=0$일 때 $l=1$인 파동 방정식 (1)의 해는

$$u(t,\ x)=\cos(\pi t)\sin(\pi t)+\cos(2\pi t)\sin(2\pi x).$$

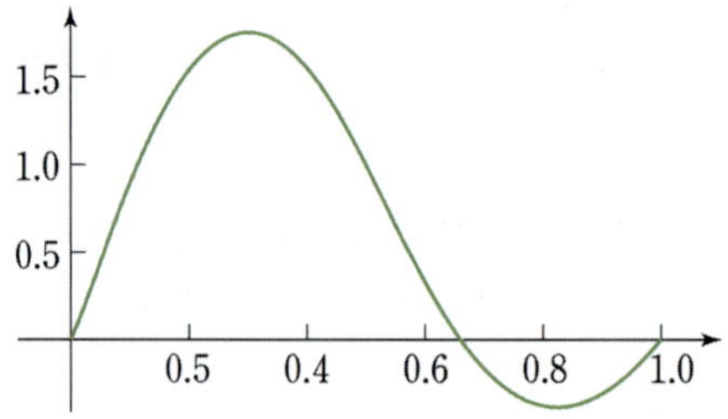

그림 7.2 ▌ $t=0$

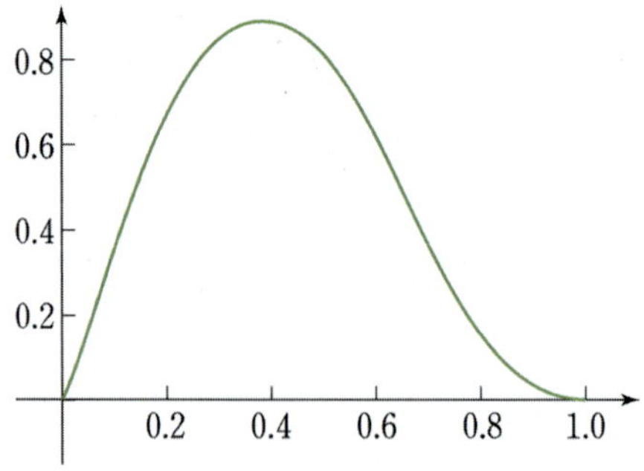

그림 7.3 ▌ $t=0.2$

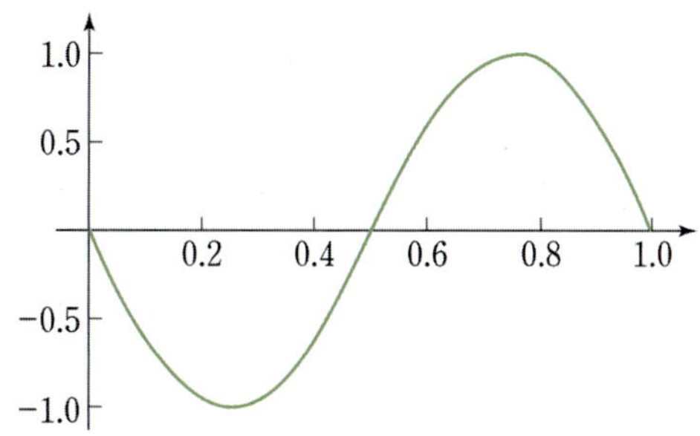

그림 7.4 ▎ $t = 0.5$

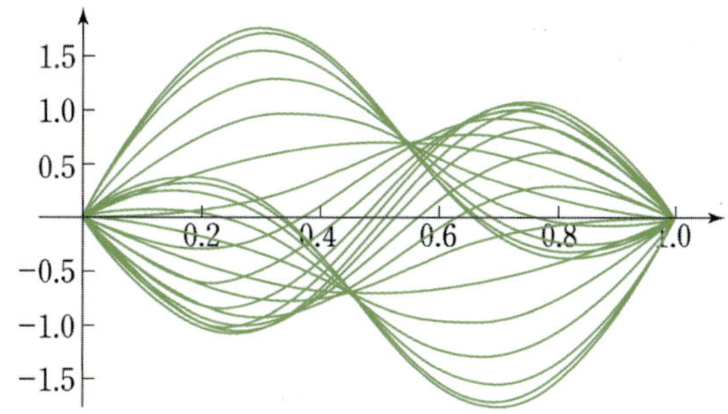

그림 7.5 ▎ 다양한 시간에서의 해의 그래프

연습문제 7.8

01 바이올린이나 기타줄을 팽팽하게 조이면 보다 높은 음이 나는 현상을 설명하여라.

02 초기 위치가

$$\phi(x) = \begin{cases} x, & 0 < x \leq 1, \\ 1, & 1 < x \leq 3, \\ 4 - x, & 3 \leq x \leq 4 \end{cases}$$

이고 초기 속도가 $\psi(x) = 0$일 때, $l = 4$인 파동 방정식 (1)의 해를 구하여라.

03 초기 위치가 $\phi(x) = \sin\ x - \sin\ 2x$이고 초기 속도가 $\psi(x) = 0$일 때, $l = \pi$인 파동 방정식 (1)의 해를 구하여라.

04 초기 위치가 $\phi(x) = 0$이고 초기 속도가

$$\psi(x) = \begin{cases} x/100, & 0 < x \le \pi/2, \\ (\pi - x)/100, & \pi/2 < x \le \pi \end{cases}$$

일 때, $l = \pi$인 파동 방정식 (1)의 해를 구하여라.

05 변수분리법으로 다음 방정식의 해 $u(x, y)$를 구하여라.

(a) $xu_x = u_{yy} + 2u$.

(b) $u_x + u_y = 2(x+y)u$.

00 부록

연습문제 해답

제1장 미분방정식의 기초와 일계미분방정식

1.1 미분방정식의 기초와 응용

2. 주어진 $3x^3y+2y^2-2=0$의 미분을 생각하자.

3. $c=2/\sqrt{e}$

4. 대입하여 확인, 일반해, 특수해, 특이해를 구별

5. $y=\alpha\cos x+\beta\sin x$의 양변을 두 번 미분하면 $y''=-\alpha\cos x-\beta\sin x$이다. 따라서 $y''+y=0$이다. 그러므로 y는 주어진 미분방정식의 일반해이다. 그리고 $y'=-\alpha\sin x+\beta\cos x$이므로 초기조건을 이용하면 $\alpha=1, \beta=2$가 된다. 이것을 일반해에 대입하여 $y=\cos x+2\sin x$를 얻는다.

1.2 변수분리형 미분방정식

1. $y^2=x^2+k$

2. $(x^2-1)(y^2-1)=k$

3. $x^2+y^2=cx$

4. $y=\dfrac{x}{c-x}$

5. $x=cye^{xy}$

6. $2x^2y^2\ln y-2xy-1=cx^2y^2$

7. $y=(2x^4-4x^2)^{\frac{1}{2}}$

8. $y=2,\quad y=\dfrac{2(3-e^{4x-1})}{3+e^{4x-1}}$

9. $x^2+2xy-y^2=c$

10. $x(x-c)=y^2$

11. $x^2+y^2=(y+cx^2)^2$

12. $\sin\dfrac{y}{x}=\ln x+c$

13. $x^3-2y^3=cx$

14. $3x^2-2xy-y^2-3x+y+c=0$

15. $3x-y+19=ce^{(2x-y+4)/15}$

1.3 완전미분방정식과 적분인수

1. $xy-x^2=c$

2. $x^3-6xy(x+y)+y^3=c$

3. $x\tan y-x^3=c$

4. $x-\dfrac{y^2}{x}=c$

5. $\ln(x^2+y^2)-\tan^{-1}\dfrac{y}{x}=c$

6. $\lambda(x, y)=e^x$, 일반해는 $2e^x-e^y=c$

7. $\lambda(x, y)=e^{x^2}$, 일반해는 $e^{x^2}\dfrac{y}{x}-2x=c$

8. $\lambda(x, y) = \dfrac{1}{x^2+y^2}$, 일반해는 $\tan^{-1}\dfrac{y}{x} - 2x = c$

9. $\lambda(x, y) = 4x$, 일반해는 $4x^3y - x^4 = c$

10. $\lambda(x, y) = \dfrac{1}{xy}$, 일반해는 $\dfrac{x^2}{y^2} + \dfrac{1}{xy} = c$

1.4 일계선형미분방정식

1. $y = x - 1 + ce^{-x}$
2. $y = \left(-\dfrac{5}{8}x^3 + cx^{-5}\right)^{-\frac{1}{5}}$
3. $y = ce^x - 3$
4. $y = ce^{-x} + \dfrac{1}{2}(\sin x - \cos x)$
5. $xy - x^2 = c$
6. $xe^y = c$
7. $y = \dfrac{1}{ce^{-2x} + 2}$
8. $y^2 = 1 + ce^{-x^2}$
9. $\dfrac{1}{y} = cx + \ln x + 1$
10. $y = \dfrac{1}{2}x\ln x - \dfrac{x}{4} + \dfrac{1}{4x}$
11. $x = \dfrac{1}{2}y^4 + cy^2$
12. $y = ce^{-4x} - \cos x + 4\sin x$

1.5 일계미분방정식의 응용

1. $y = ce^{-\frac{x}{2}}$
2. $y^2 = cx^3$
3. $y^2 - x^2 = c$
4. $x - y = c(x+y)^3$
5. $x^2 + y^2 = a^2$
6. $y = \ln|x| + c$

1.6 해의 존재성과 유일성

1. $y = 0$, $y = x$

2. (a) $y(0) = c \neq 0$ (b) $y(x_0) = y_0$, $x_0 \neq 0$ (c) $y(0) = 0$

3. 해는 $y = c(x^3 - x)$이다.

   $x^3 - x = 0 \Rightarrow x = 0, \pm 1$

   따라서 $x_0 = 0, \pm 1$이면 $y_0 = 0$이므로, $y(0) = 0$, $y(-1) = 0$, $y(1) = 0$일 때 무수히 많은 해를 갖는다.

4. $f(x, y) = \sqrt{y}$이므로 $|f(x, y_2) - f(x, y_1)| = |\sqrt{y_2} - \sqrt{y_1}| = \dfrac{1}{\sqrt{y_2} + \sqrt{y_1}}|y_2 - y_1|$이고, $y_1, y_2 \to 0$ 이면 $\dfrac{1}{\sqrt{y_2} + \sqrt{y_1}} \to \infty$이므로, Lipschitz 조건을 만족하지 않는다.

5. $|y| - 1 \leq |y - 1| < b$에서 $|y| < 1 + b$이다.

   $|f(x, y)| = |y'| = |y|^2 \leq (1+b)^2 = K$

$\alpha = \min\{b/K, a\}$이므로, b/k의 최대값을 구하자.

$g(b) = b/K = \dfrac{b}{(1+b)^2}$라 하면 $g'(b) = \dfrac{1-b^2}{(1+b)^4}$이고, $g'(b) = 0 \Rightarrow b = 1$

$\therefore b = 1$일 때 α의 최대값은 $g(1) = \dfrac{1}{4}$이다.

6. $|f(x, y_2) - f(x, y_1)| = ||x| + |y_2| - |x| - |y_1|| = ||y_2| - |y_1|| \le |y_2 - y_1|$

$\therefore M = 1$이라 하면 Lipschitz 조건을 만족한다.

(a) $y > 0$이면 $f(x, y) = |x| + y \Rightarrow \dfrac{\partial f}{\partial y} = 1$

(b) $y < 0$이면 $f(x, y) = |x| - 1 \Rightarrow \dfrac{\partial f}{\partial y} = -1$

(c) $y = 0$이면 우편도함수 $= 1$, 좌편도함수 $= -1$

따라서 $\dfrac{\partial f}{\partial y}$는 $y = 0$일 때 존재하지 않는다.

제2장 선형미분방정식

2.1 n계 선형미분방정식

1. $n = 3$, 동차, 선형

3. $n = 5$, 동차, 비선형

2.2 이계 동차선형미분방정식

1. $e^{-2y} = c_1 x + c_2$

3. $y = c_1 \ln|x| + c_2$

5. $y = c_1 x^3 + c_2$

7. $ye^y - e^y = c_1 x + c_2$

2.3 기저, 일반해, 초기값 문제

1. 일차독립

3. 일차종속

5. 일차독립

7. 일차종속

9. $y = x - x\ln x$

2.4 계수축소법(Reduction of order)

1. $y = c_1 e^x + c_2 e^{3x}$

3. $y = c_1\left(-2 + x\ln\left|\dfrac{x+1}{x-1}\right|\right) + c_2 x$

5. $y = c_1 x e^x + c_2 e^x$

2.5 상수계수 이계 동차선형미분방정식

1. $y=c_1e^{-5x}+c_2e^{5x}$

3. $y=e^{-2x}(c_1\cos 3x+c_2\sin 3x)$

5. $y=e^{2x}(c_1\cos\sqrt{3}x+c_2\sin\sqrt{3}x)$

7. $y=c_1e^{-3x}+c_2e^{-5x}$

9. $y''+\frac{1}{2}y'-\frac{1}{2}y=0$

11. $y''+\frac{\pi^2}{4}y=0$

13. $y=e^{-2x+1}\sin\pi x$

15. $y=\frac{2}{\sqrt{a^2-b^2}}e^{-bx}\sin\sqrt{a^2-b^2}\,x$

17. $y=\frac{k-1}{2k}e^{-kx}+\frac{k+1}{2k}e^{kx}$

19. $y''-y=0,\quad c_1=0,\quad c_2=1$

21. $y''+9y=0,\quad c_1=4,\quad c_2=-1$

2.6 미분연산자

1. $4\sinh 2x+2\cosh 2x,\quad 2e^x+2e^{-2x},\quad -\sin x+\cos x$

3. $-4e^x+4xe^x,\quad 4e^x,\quad 16e^{-x}$

5. $y=c_1e^{-\frac{1}{2}x}+c_2e^{\frac{1}{2}x}$

7. $y=e^{-\frac{3}{2}x}\left(c_1\cos\frac{1}{2}x+c_2\sin\frac{1}{2}x\right)$

9. $y=e^{-2x}(\cos x+\sin x)$

11. $y=3e^{-x}\cos\pi x$

2.7 동차선형미분방정식의 응용

1. 힘으로써 물체의 무게 W는 98이고 용수철의 길이와 평형상태 사이의 길이 S는 $S=2$ m이다. 따라서 Hooke의 법칙에 의하여 용수철 상수 $k=W/s=9.8/4.9=2$이고, 물체의 질량은 $m=W/g=98/9.8=10$이다. 따라서 조화진동의 방정식은 다음과 같다.

$$10x''+2x=0$$

대응하는 특성방정식 $10\lambda^2+2=0$의 근은 $\lambda_1=\pm i\sqrt{\frac{1}{5}}$ 이므로, 일반해는

$$x(t)=c_1\cos\sqrt{\frac{1}{5}}t+c_2\sin\sqrt{\frac{1}{5}}t$$

이다. 2 m 아래로 잡아당긴 후 놓았으므로 $x(0)=2$, 초기 속도가 0 (m/sec)이므로 $x'(0)=0$이다. 따라서 $c_1=3,\ c_2=0$이고, 물체의 해는

$$x(t)=3\cos\sqrt{\frac{1}{5}}t$$

이다.

3. $x(t)=\frac{2}{3}e^{-2t}-\frac{5}{3}e^{-8t}$

4. 물체의 질량 $m = W/g = \frac{10}{32} = \frac{5}{16}$, 용수철 상수 $k = W/s = \frac{10}{8} = \frac{5}{4}$이다.

따라서 $\beta^2 - 4mk = \beta^2 - 4 \cdot \frac{5}{16} \cdot \frac{5}{4} = \beta^2 - \left(\frac{5}{4}\right)^2$

(a) 과잉감쇠 : $\beta > \frac{5}{4}$　(b) 임계감쇠 : $\beta = \frac{5}{4}$　(c) 부족감쇠 : $0 < \beta < \frac{5}{4}$

5. $I(t) = e^{-5t}\left(2\cos 5\sqrt{3}t + \frac{2}{3}\sin 5\sqrt{3}t\right)$

$I'(t) = 0 \Rightarrow t = \frac{\sqrt{3}}{15}\pi$

2.8 Euler-Cauchy 방정식

1. $y = c_1 x^{-\frac{1}{2}} + c_2 x^{-\frac{1}{2}} \ln x$

3. $y = x^{-1}\left[c_1 \cos(\sqrt{2}\ln x) + c_2 \sin(\sqrt{2}\ln x)\right]$

5. $y = c_1 x^{-2} + c_2 x^{-2} \ln x$

7. $y = \frac{2}{x\sqrt{x}} - \frac{1}{\sqrt{x}}$

9. $y = -\frac{1}{10x^3} + \frac{3}{5}x^2$

2.9 n계 동차선형미분방정식

1. 일차종속

3. 일차종속

5. 일차종속

7. $W[y_1, y_2, y_3] = -\frac{3}{2}e^{\frac{1}{2}x}$

2.10 상수계수 n계 동차선형미분방정식

2. $y''' - 6y'' + 11y' - 6y = 0$

3. $y''' - 3y'' + 3y' - y = 0$

4. $y = c_1 e^{-x} + (c_2 + c_3 x)e^{x}$

5. $y = c_1 \cos x + c_2 \sin x + c_3 \cos 2x + c_4 \sin 2x$

6. $y = (c_1 + c_2 x)e^{-x} + (c_3 + c_4 x)e^{x}$

8. $y = c_1 x^{-1} + c_2 x + c_3 x^2$

9. $y = (2 + 4x^2)e^{x}$

10. $y = (1 + x)e^{-x}\cos x$

2.11 비동차선형미분방정식

1. $y = c_1 e^{-x} + c_2 e^{x} + e^{-3x}$

2. $y = c_1 e^{-x} + c_2 e^{x} + e^{-3x}$

3. $y = A\cos 2x + B\sin 2x + 3x\cos 2x$

4. $y = c_1 e^{-4x} + c_2 e^{x} - \cos 2x$

5. $y = c_1 e^{3x} + c_2 e^{x} + xe^{3x}$

8. $y = c_1 e^{x} + c_2 e^{-4x} + \sin x + 0.6\cos x + 2xe^{x}$

9. $y = c_1 e^{2x} + c_2 e^{-x/2} + x^2 - 3x$

10. $y = e^{-x}(A\cos x + B\sin x - \cos 2x)$

2.12 이계 비동차선형미분방정식의 해법

1. $y_p = -\frac{1}{5}\sin 3x$

2. $y_p = \frac{5}{2}x^2 - x$

3. $y_p = -3x\cos x$

4. $y_p = \frac{1}{2}e^{4x} + \frac{7}{2}e^{-4x}$

5. $y_p = \cos x$

6. $y = c_1 e^{-3x} + c_2 e^{2x} + x^3$

7. $y = c_1 e^{-7x} + (c_2 + x)e^{5x} - 0.1\cos 5x - 0.6\sin 5x$

8. $y = (c_1 + c_2 x)e^{-5x} + \frac{1}{2}x^2 e^{-5x}$

9. $y = -\frac{3}{32} + \frac{1}{96}e^{4x} + \frac{1}{8}x + \frac{1}{4}x^2 + \frac{1}{12}e^{-2x}$

10. $y = e^{3x} - 2e^x + 2xe^{3x}$

11. $y = 3\cos 2x - e^{-2x}$

12. $A\cos 2x + B\sin 2x + \cos 2x \ln|\cos 2x| + 2x\sin 2x$

13. $(c_1 + c_2 x)e^x + 6e^x/x$

14. $(c_1 + c_2 x + x\ln x)e^{2x} + 1.5$

15. $(c_1 + c_2 x)e^{-x} + x^2 e^{-x}(2\ln x - 3)$

16. $e^{-x}(A\cos x + B\sin x - \cos 2x \sec x)$

17. $(c_1 + c_2 x + 4x^{7/2})e^x$

18. $c_1 x^{-1} + c_2 x - 10$

19. $c_1 x^2 + c_2 x^3 + x^{-4}$

20. $c_1 x + c_2 x^2 - 5x\cos x$

21. $c_1 x + c_2 x^2 + x^{-1}$

22. $c_1 + c_2 x^2 + (x-1)e^x$

23. $c_1 x + c_2 x^2 + 2x^{-2}$

24. $c_1 e^{-x} + c_2 e^{-3x} + 8\sin 2x - \cos 2x$

2.13 비동차미분방정식의 응용

1. $A\cos 2t + B\sin 2t + 5\sin t$. 자유운동에 대응되는 일반해는 제동이 없기 때문에 감소되지 않음에 유의하자.

2. $2\sin t - 6\cos t$

3. $-\frac{5}{87}\cos 3t + \frac{2}{87}\sin 3t + 2\cos t - \sin t$

4. $e^{-t}(A\cos 2t + B\sin 2t) + 0.1\cos t - 0.2\sin t$

5. $e^{-t}(A\cos t + B\sin t) + 0.2\cos t + 0.4\sin t$

6. $e^{-t/4}[A\cos(\sqrt{31}/4)t + B\sin(\sqrt{31}/4)t] + 4\cos t + 2\sin t$

7. $e^{-2t}\cos 4t + \sin t - \cos t$

8. $[y_0 - (1-\omega^2)^{-1}]\cos t + v_0 \sin t + (1-\omega^2)^{-1}\cos\omega t$

9. $y = \begin{cases} (1+2/\pi^2)(1-\cos t) - t^2/\pi^x & (0 \le t \le \pi) \\ -(1+4/\pi^2)\cos t + (2/\pi)\sin t & (t > \pi) \end{cases}$

10. $I = A\cos 5t + B\sin 5t + [275\omega/(25-\omega^2)]\cos\omega t$

11. $I = A\cos 20t + B\sin 20t + 0.02t$

12. $I = 10(\cos t - \cos 2t)$

13. $I = 1 - \cos t$

14. $I = 0$

15. $I = (4\cos t - 198\sin t)/1961$

16. $I = e^{-t}(A\cos t + B\sin t) + \cos t + 2\sin t$

17. $I = 5e^{-2t}\sin t$

18. $I = e^{-3t}(3\sin 4t - 4\cos 4t) + 4\cos 5t$

제3장 연립미분방정식, 상평면, 안정성

3.1 연립미분방정식

1. $\mathbf{y} = c_1\begin{bmatrix}1\\1\end{bmatrix}e^{\lambda_1 t} + c_2\begin{bmatrix}-1\\1\end{bmatrix}e^{\lambda_2 t} \quad (\lambda_1 = 2,\ \lambda_2 = 3)$

2. $\mathbf{y} = \left[c_1\begin{bmatrix}1\\0\end{bmatrix} + c_2\begin{bmatrix}0\\1\end{bmatrix}\right]e^{t}$

3. $\mathbf{y} = \left[c_1\begin{bmatrix}1\\-1\end{bmatrix} + c_2\begin{bmatrix}1\\0\end{bmatrix}\right]e^{3t} + c_2\begin{bmatrix}1\\-1\end{bmatrix}te^{3t}$

4. $\mathbf{y} = c_1\begin{bmatrix}1\\1\end{bmatrix}e^{t} + c_2\begin{bmatrix}1\\-3\end{bmatrix}e^{-3t}$

3.2 상평면

1. $y = \sin t$

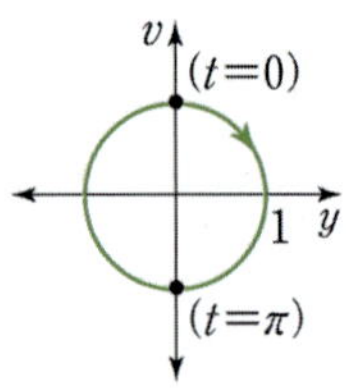

2. $v = 1 + y^2$

3. $y = c_1 e^{t} + c_2 e^{-t}$; 쌍곡선 $y^2 - v^2 =$ 상수

4. 평행인 직선 $v = y + c$

5. 쌍곡선 $yu =$ 상수

6. $y = A\cos\omega_0 t + B\sin\omega_0 t$; 타원 $\omega_0{}^2 y^2 + v_2 =$ 상수

7. 타원

9. $dv/dy = 0$을 생각하여라.

10. $\dfrac{dv}{dy} = \mu(1 - y_2 - r^2 v^2) - \dfrac{y}{v} = k$

3.3 임계점, 안정성

3. $A \neq 0$이면 $x = Ae^{-t},\ y = Be^{-2t},\ y = (B/A^2)x^2$ 포물선의 호

5. $A \neq 0$이면 $x = Ae^{t},\ y = Be^{2t},\ y = (B/A^2)x^2$ 포물선과 $y-$축의 호
$(0, 0)$에서 불안정 이상절점

6. $\ddot{x} = -x,\ x^2 + y^2 =$ 상수, 시계방향의 방위

7. 안장점

8. 불안정 나선점 또는 절점, 비감쇠

9. $(0, 0)$ 안장점, $(-2, 0)$과 $(2, 0)$중심. 힌트: $(-2, 0)$에서 선형화하기 위하여, 즉

$\dot{u} = y, \dot{y} = -8u + 6u^2 - u^3$을 얻기 위하여 $x = -2 + u$로 놓아라.

10. 앞에서와 같이 안장점, 중심 대신에 안정적이고 흡인적인 나선점, 비감쇠와 감쇠진자방정식의 경우에 대한 유사성에 유의한다.

11. 임계점 : $(0, 0)$, $(\pm\pi, 0)$, $(\pm 2\pi, 0)$, $\cdots$

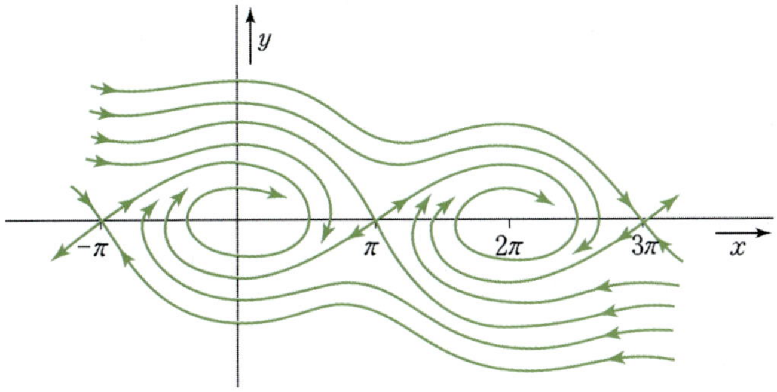

감쇠추에 대한 상평면의 경로: (18), (19) 참조

제4장 미분방정식의 거듭제곱급수 해법

4.1 거듭제곱급수 해법의 이론적 기초

1. $m = p + 1 = s + 2$

3. ∞

5. 1

4.2 미분방정식 거듭제곱급수 해법

3. $y(x) = c_1 y_1(x) + c_2 y_2(x)$

$$y_1(x) = 1 + \frac{1}{2}x^2 + \frac{1}{6}x^3 + \frac{1}{24}x^4 + \frac{1}{160}x^5 \cdots$$

$$y_2(x) = x + \frac{1}{6}x^3 + \frac{1}{12}x^4 + \frac{1}{120}x^5 \cdots$$

5. $y(x) = c_1 y_1(x) + c_2 y_2(x)$

$$y_1(x) = 1$$

$$y_2(x) = x + \frac{1}{2}x^2 + \frac{1}{3}x^3 + \frac{1}{4}x^4 \cdots$$

7. $y = -1 + c_3 x^3$

9. $y = c_0 + c_1 x + \left(\frac{3}{2}c_1 - c_0\right)x^2 + \left(\frac{7}{6}c_1 - c_0\right)x^3 + \cdots$, $c_0 = A + B$, $c_1 = A + 2B$라 놓으면 $y = Ae^x + Be^{2x}$을 얻는다.

11. $y = c_0(1+t) + (1+t)\left(t - \frac{1}{2}t^2 + - \cdots\right) = c_0 x + x\ln x$

12. $y = c_0\left(1 - \frac{t^2}{2!} + \frac{t^4}{4!} - \cdots\right) + c_1\left(t - \frac{t^3}{3!} + \cdots\right) = c_0 \cos(x-1) + c_1 \sin(x-1)$

13. $y(x)=x-2e^{x}$

4.3 거듭제곱급수 해법의 확장

1. $y_1=c_0(1+x+x^2+\cdots)=\dfrac{c_0}{1-x},\ \ y_2=\dfrac{c_0^*}{x}$

2. $y_1=\sqrt{x},\ \ y_2=1+x$

3. $y_1=\dfrac{c_0}{x^2}\left(1+\dfrac{x^2}{3!}+\dfrac{x^4}{5!}+\cdots\right)=\dfrac{c_0}{x^3}\sinh x,\ \ y_2=\dfrac{c_1^*}{x^3}\cosh x$

5. $y_1=e^{x},\ \ y_2=e^{x}\ln x$

6. $y_1=\dfrac{c_0}{x^2}\left(1-\dfrac{x^2}{2!}+\dfrac{x^4}{4!}+\cdots\right)=c_0\dfrac{\cos x}{x^2},\ \ y_2=c_0^*\dfrac{\sin x}{x^2}$

7. $y_1=x^{-2}\sin x^2,\ \ y_2=x^{-2}\cos x^2$

8. $y_1=1+x,\ y_2=(1+x)\ln x$

9. $y_1=\sqrt{x}\,e^{x},\ \ y_2=(x+1)\,e^{x}$

10. $y_1=\sqrt{x}\,e^{x},\ \ y_2=e^{2x}$

4.4 Bessel 방정식

5. 근사값 $\dfrac{3}{4}\pi+k\pi=2{,}356,\ 5.498,\ 8{,}639,\ 11.781,\ 14.923$

7. (30)에 미분을 하고 x^{ν}를 $\nu-1$로 나눈다. (31)에 미분을 하고 x^{ν}를 곱한다. 끝으로 얻어진 두 공식을 더한다.

8. (31)에서 ν를 $\nu-1$로 바꾸고, (30)을 써서 $J_{\nu-1}$를 바꾸어라.

14. $-2J_2(x)-J_0(x)+c$

15. $\int x^3J_0\,dx=\int x^2(xJ_0)\,dx=x^2(xJ_1)-2\int x^2J_1\,dx=x^3J_1(x)-2x^2J_2(x)+c$

16. $AJ_{\nu}(\lambda x)+BY_{\nu}(\lambda x)$

17. $AJ_{\nu}(\sqrt{x})+BY_{\nu}(\sqrt{x})$

18. $x[AJ_1(x)+BY_1(x)]$

19. $x^{-n}[AJ_n(x)+BY_n(x)]$

20. $x^2[AJ_2(x^2)+BY_2(x^2)]$

21. $x^{\nu}[AJ_{\nu}(x^{\nu})+BY_{-\nu}(x^{\nu})]$

23. 1.1

24. $H_{\nu}^{(1)}=kH_{\nu}^{(2)}$라 두고 (10)을 이용하면, 모순을 얻는다.

25. $x\neq 0$에 대하여 (13)의 모든 항은 양의 실수이다.

4.5 직교함수계

1. $1/4,\ 1/\sqrt{3},\ 1/\sqrt{5},\ 2/15$

2. $1/\sqrt{2}\pi,\ (\cos x)/\sqrt{x},\ (\cos 2x)/\sqrt{x},\ \cdots$

4. $\sin\pi x,\ \sin 2\pi x,\ \cdots$

5. $1/\sqrt{T},\ \sqrt{2/T}\cos(2n\pi x/T)$

6. $P_0/\sqrt{2},\ \sqrt{\frac{3}{2}}P_1(x),\ \sqrt{\frac{5}{2}}P_2(x)$

7. $x=ct+k$라고 가정하자.

제5장 Laplace 변환

5.1 Laplace 변환식, 역변환, 선형성

1. $\frac{2+6s}{s^2}$

3. $\frac{\pi}{s^2+\pi^2}$

5. $\frac{s^2+2}{s(s^2+4)}$

12. $5\cos 5t$

13. $-4e^{2t}+3e^{-t}$

15. $\frac{1}{\sqrt{3}+\sqrt{2}}\{e^{\sqrt{3}t}-e^{-\sqrt{2}t}\}$

17. $e^{-\frac{1}{2}t}\left(\cos t-\frac{1}{2}\sin t\right)$

5.2 도함수와 적분의 Laplace 변환식과 초기값 문제

1. $-\cos t+3\sin t+e^{-3t}$

3. $2e^{-2at}+4e^{at}$

5. $\frac{11}{2}e^{-3t}-\frac{3}{2}e^{t}-2e^{-2t}$

9. $-\frac{1}{4}(e^{-4t}-1)$

11. $\cosh t-1$

12. $-\cos 3t-\frac{1}{3}\sin 3t+t+1$

5.3 s-축상에서의 이동, t-축상에서의 이동, 단위계단함수

1. $\frac{2}{(s-1)^2}$

3. $\frac{A(s+\alpha)}{(s+\alpha)^2+\beta^2}+\frac{B\beta}{(s+\alpha)^2+\beta^2}$

4. $e^{-2t}\sin n\pi t$

6. $e^{\frac{1}{2}t}(3\cos 3t+3\sin 3t)$

8. $3e^{t}\cos 3t$

9. $2e^{t}\sin\frac{1}{2}t$

12. $f(t)=2u_0(t)-2u_\pi(t),\ \frac{2}{s}(1-e^{-\pi s})$

13. $f(t)=ku_0(t)-ku_a(t)+ku_{2a}(t)-ku_{3a}(t)+\cdots,\ \frac{k}{s}\left(\frac{1}{1+e^{-as}}\right)$

14. $f(t)=u_0(t)+u_1(t)+u_2(t)+\cdots,\ \frac{1}{s}\frac{1}{1-e^{-s}}$

16.

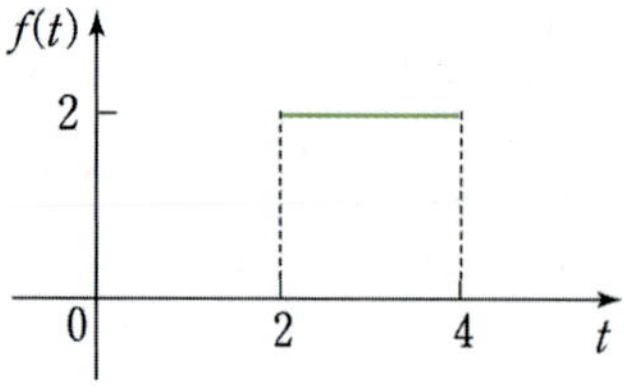

$$f(t)=\begin{cases}2, & 2\le t<4\\ 0, & other\ wise\end{cases}$$

20.

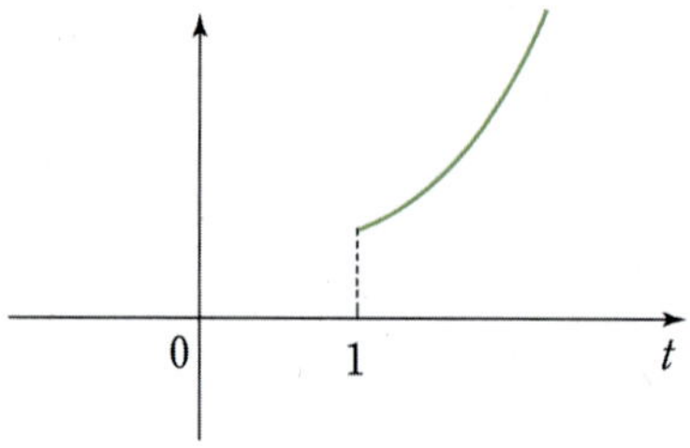

$$\frac{2}{s^3}e^{s}+\frac{2}{s^2}e^{-s}+\frac{e^{-s}}{s}$$

21.

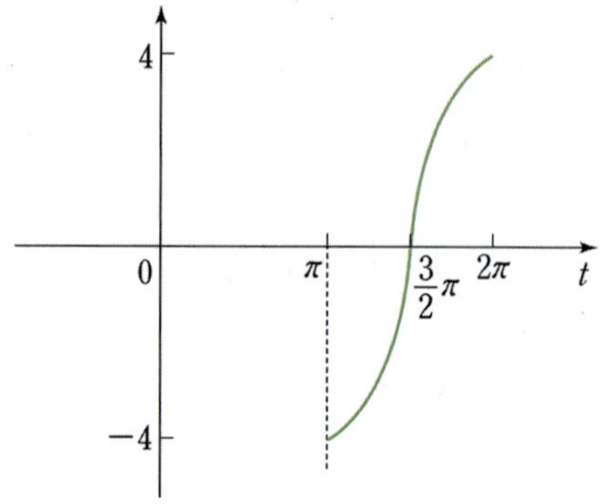

$$\frac{-4se^{-\pi s}}{s^2+1}$$

23.

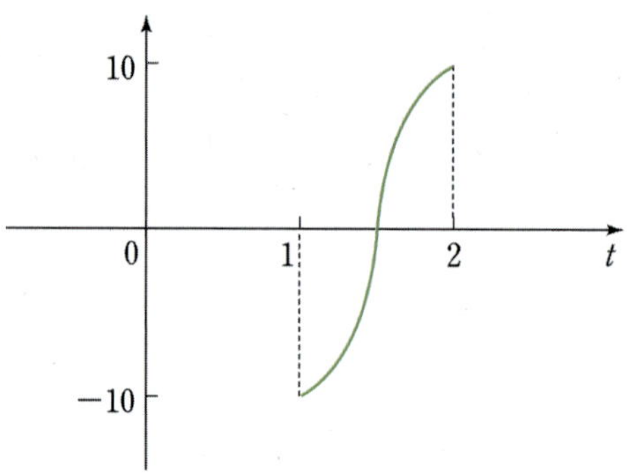

$$\frac{-10se^{-2s}(e^{s}+1)}{s^2+\pi^2}$$

26. $\frac{1}{2}(t-3)^2u_3(t)$

31. $\begin{cases}0, & t<1\\ \frac{1}{3}\sin 3(t-1), & t\ge 1\end{cases}$

5.4 변환식의 미분과 적분

2. $\frac{2s^3+6s\omega^2}{(s^2-\omega^2)^3}$

4. $\frac{2(s+1)}{\{(s+1)^2+1\}^2}$

5. $\frac{1}{2}t\sin t$

6. $\frac{1}{2}t^2e^{3t}$

7. $\frac{1}{16}(\sin 2t - 2t\cos 2t)$

9. $\frac{\sin \omega t}{t}$

5.5 대합

2. $\sin t$

4. $\frac{1}{a^2}(e^{at} - at - 1)$

6. $\frac{1}{2} t \sin \omega t$

8. $-\frac{1}{4}(\cos 2t - 1)$

10. $-\frac{1}{2\omega^2}\left(t\cos \omega t - \frac{1}{\omega}\sin \omega t\right)$

11. $\frac{1}{2} t\cos 2t + \frac{1}{4}\sin 2t$

16. $\cos t - \cos 2t$

19. e^t

21. $\cos t$

5.6 부분분수

1. $\frac{1}{6}(e^{4t} - e^{-2t})$

3. $2e^{3t} + \cos t + \sin t$

5. $\frac{1}{2} t^2 (e^{-t} + t)$

8. $e^t + 2e^{3t}$

9. $-\frac{2}{3}e^t - 2e^{-3t} + \frac{5}{3}e^{-2t} + e^{2t}$

11. $y_1(t) = \cos t,\ y_2(t) = \sin t$

5.7 주기함수, 응용

2.

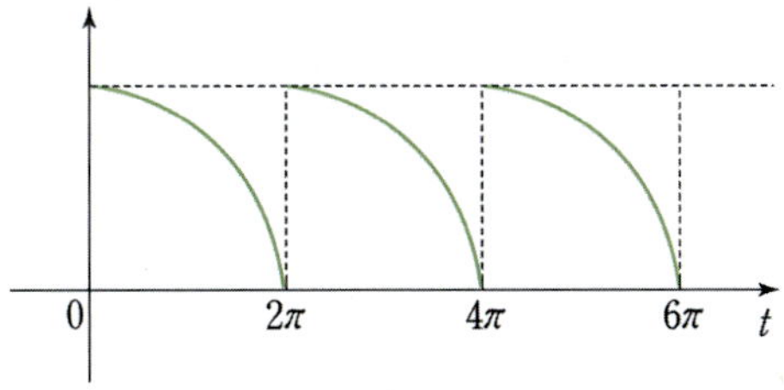

$\frac{1}{s^3(1-e^{-2\pi s})}(4\pi^2 s^2 + 4\pi s e^{-2\pi s} - 2 + 2e^{-2\pi s})$

3.

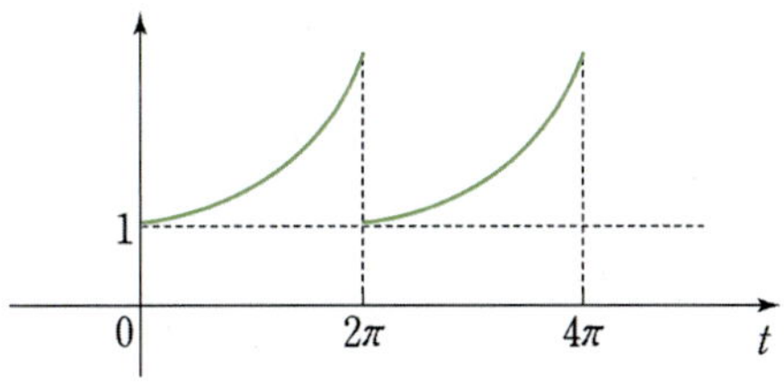

$\frac{1}{1-e^{-2\pi s}}\left[\frac{1}{1-s}(e^{(1-s)2\pi} - 1)\right]$

5.

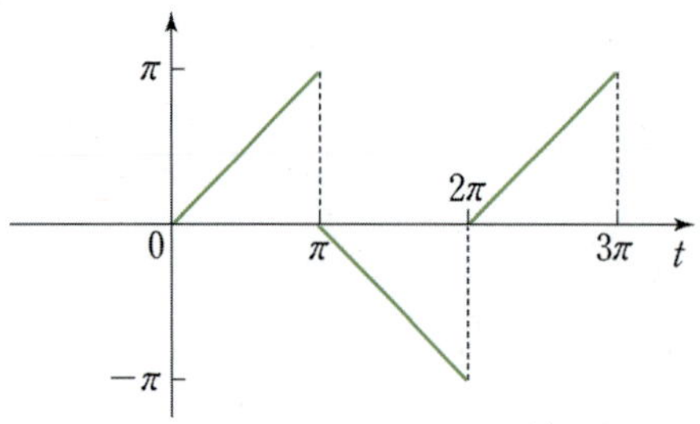

$$\frac{1}{1-e^{-2\pi s}}\left[\frac{\pi}{s}(e^{-2\pi s}-e^{-\pi s})+\frac{1}{s^2}(e^{-2\pi s}-2e^{-\pi s}+1)\right]$$

6. $\dfrac{1}{1-e^{-\frac{2\pi s}{\omega}}}\dfrac{\omega}{s^2+\omega^2}\left(e^{-\frac{\pi s}{\omega}}+e^{-\frac{2\pi s}{\omega}}\right)$

제6장 Fourier 급수

6.1 주기함수와 삼각급수

1. $2\pi,\ 2\pi,\ \pi,\ \pi,\ 2,\ 2,\ 1,\ 1$

9. 0(n은 짝수), $2/n$(n은 홀수)

11. 0

13. $2\pi^3/3\,(n=0),\ (-1)^n 4\pi/n^2\,(n=1,\ 2,\ \cdots)$

6.2 Fourier 급수

1. $\dfrac{1}{2}+\dfrac{2}{\pi}\left(\cos x-\dfrac{1}{3}\cos 3x+\dfrac{1}{5}\cos 5x-\cdots\right)$

3. $2\left(\sin x-\dfrac{1}{2}\sin 2x+\dfrac{1}{3}\sin 3x-\dfrac{1}{4}\sin 4x+\cdots\right)$

5. $\dfrac{\pi}{2}+\dfrac{4}{\pi}\left(\cos x+\dfrac{1}{9}\cos 3x+\dfrac{1}{25}\cos 5x+\cdots\right)$

11. $\dfrac{1}{2}+\dfrac{2}{\pi}\left(\sin\dfrac{\pi}{2}t+\dfrac{1}{3}\sin\dfrac{3\pi}{2}t+\dfrac{1}{5}\sin\dfrac{5\pi}{2}t+\cdots\right)$

13. $\dfrac{2}{3}+\dfrac{4}{\pi^2}\left(\cos\pi t-\dfrac{1}{4}\cos 2\pi t+\dfrac{1}{9}\cos 3\pi t-\cdots\right)$

14. $-\dfrac{4}{\pi^2}\left(\cos\pi t+\dfrac{1}{9}\cos 3\pi t+\cdots\right)+\dfrac{2}{\pi}\left(2\sin\pi t-\dfrac{1}{2}\sin 2\pi t+\cdots\right)$

6.3 Fourier cosine과 sine 급수

1. 어느 쪽도 아니다, 우함수, 기함수, 우함수, 기함수, 어느 쪽도 아니다, 우함수, 우함수.

3. 기함수

5. 기함수

9. $-x^2/(1-x^2)+x/(1-x^2)$

13. $\frac{4}{\pi}\left(\sin x-\frac{1}{9}\sin 3x+\frac{1}{25}\sin 5x-\cdots\right)$

15. $\frac{\pi^2}{12}-\cos x+\frac{1}{4}\cos 2x-\frac{1}{9}\cos 3x+\frac{1}{16}\cos 4x-\cdots$

6.4 Fourier 급수의 응용

1. $y=C_1\cos\omega t+C_2\sin\omega t+A(\omega)\sin t,\ \ A(\omega)=1/(\omega^2-1),$

$A(0.5)=-1.33,\ A(0.7)=-0.20,\ A(0.9)=-5.3,\ A(1.1)=4.8,$

$A(1.5)=0.8,\ A(2)=0.33,\ A(10)=0.01$

2. $y=C_1\cos\omega t+C_2\sin\omega t+B_1\sin t+B_3\sin 3t+B_5\sin 5t$, 여기에서

ω	0.5	0.9	1.1	2.0	2.9	3.1	4.0	4.9	5.1	6.0	8.0
$B_1=1/(\omega^2-1)$	−1.33	−5.3	4.8	0.33	0.13	0.12	0.07	0.04	0.04	0.03	0.02
$B_3=1/9(\omega^2-9)$	−0.013	−0.014	−0.014	−0.02	−0.19	0.18	0.02	0.01	0.01	0.004	0.002
$B_5=1/25(\omega^2-25)$	−0.002	−0.002	−0.002	−0.002	−0.002	−0.003	−0.004	−0.04	0.04	0.004	0.001

3. $y=C_1\cos\omega t+C_2\sin\omega t+\sum_{n=1}^{N}\frac{b_n}{\omega^2-n^2}\sin nt$

5. $y=-\frac{K}{c}\cos t$

7. $y=A_1\cos t+B_1\sin t+A_3\cos 3t+B_3\sin 3t+\cdots$

여기에서 $A_n=-ncb_n/D,\ B_n=(1-n^2)b_n/D,\ D=(1-n^2)+n^2c^2.$

제7장 편미분방정식

7.1 편미분방정식 소개

1. (1) 선형 (3) 비선형 (5) 비선형

2. (1) 선형 비동차 (3) 선형 동차 (5) 선형 비동차

7. (1) $u(x,y)=xy+f(x)+g(y)$

7.3 열 방정식의 최대원리

1. $(0,0)$에서 최댓값, $(T,1)$에서 최솟값

7.4 1차원 열 방정식: 변수분리법

3. $u = \frac{k_2 - k_1}{l} x + k_1$ **5.** $u = l^2/4$

7.5 무한히 긴 막대에서의 열전도

1. $c=1$일 때, $u(t, x) = 1 + \frac{1}{\sqrt{\pi}} \int_{x/\sqrt{4t}}^{\infty} e^{-z^2} dz$

7.6 Laplace 방정식

5. $\triangle u = \frac{\partial^2 u}{\partial r^2} + \frac{2\partial u}{r \partial r}, \quad u(r) = c_1 \frac{1}{r} + c_2$

7.7 파동 방정식

1. $u(t, x) = \frac{1}{2}(e^{x+ct} + e^{x-ct}) + \frac{1}{c} \cos x \sin(ct)$

5. $u(t, x) = f(x-t) + g(4x+t)$

7.8 1차원 파동 방정식: 변수분리법

3. $u(t, x) = \cos t \sin x - \cos(2t) \sin(2x)$

5. (a) $u(x, y) = 2x^2(c_1 y + c_2)$,

$u(x, y) = |x|^{\beta^2+2}(c_1 e^{\beta y} + c_2 e^{-\beta y}), \quad \beta > 0,$

$u(x, y) = |x|^{2-\beta^2}(c_1 \cos(\beta y) + c_2 \sin(\beta y)), \quad \beta > 0$

찾아보기

기타

미분방정식과 응용 제3판

지은이 김혜현 · 김경수 · 이선미 · 최선호 · 박준표
펴낸이 조경희
펴낸곳 경문사
펴낸날 2014년 9월 1일 1판 1쇄
2022년 9월 1일 3판 1쇄
등 록 1979년 11월 9일 제1979-000023호
주 소 04057, 서울특별시 마포구 와우산로 174
전 화 (02)332-2004 팩스 (02)336-5193
이메일 kyungmoon@kyungmoon.com

값 25,000원

ISBN 979-11-6073-576-5